建设部、人事部、国家文物局联合资助项目

王瑞珠 编著

世界建筑史

美洲古代卷

·下册·

中国建筑工业出版社

第八章　玛雅
（托尔特克时期）

第一节　概论

到古典后期，来自玛雅西北海湾地区的一些从事海上贸易活动的武装商业集团，即所谓普彤玛雅人为玛雅文化注入了新的要素。约翰·埃里克·悉尼·汤普森相信，普彤玛雅（琼塔尔玛雅）和伊察玛雅为相关的两个或同一个部族。普彤人及其文化是玛雅人和纳瓦特人的混合体，同时掺和了墨西哥的血统和许多邻近部族的习俗，后者操初始形态的纳瓦特语，住在他们的发源地附近（坎佩切州南部和塔瓦斯科州乌苏马辛塔河和格里哈尔瓦河三角洲处）。和玛雅东部及东北地区的居民不同，这些巡回商人对艺术、建筑或天文学实际上并没有多少兴趣。

下面有关普彤玛雅人，以及他们对古典后期和后古典时期玛雅世界发挥巨大影响的材料大都来自著名的英国美洲考古学家和人类学家约翰·埃里克·悉尼·汤普森爵士（1898~1975年）的巨著《玛雅历史和宗教》（Maya History and Religion，1970年）。这些普彤玛雅人控制了尤卡坦半岛周围的海上通道。约公元730年，其中一些部族已控制了亚斯奇兰，并在位于帕西翁和奇霍伊河汇交处战略要地的阿尔塔-德萨克里菲西奥斯建了一个商业基地。帕西翁河边的塞瓦尔和其他伯利兹盆地的城市到约850年才被征服。但如我们前面所见，塞瓦尔石碑上表现的部族首脑并没有玛雅文字的标示（见图6-279）。普彤玛雅人的另一个在尤卡坦半岛被称为伊察（Itzá）的分支，在科苏梅尔岛上定居。从那里他们来到大陆上，征服了包括奇琴（公元918年）在内的许多中心。当托尔特克文化的英雄魁札尔科亚特尔（玛雅语称库库尔坎）于10或12世纪带着他的信徒逃离图拉的时候，这些托尔特克人已经在奇琴伊察创建了一种属墨西哥中部类型

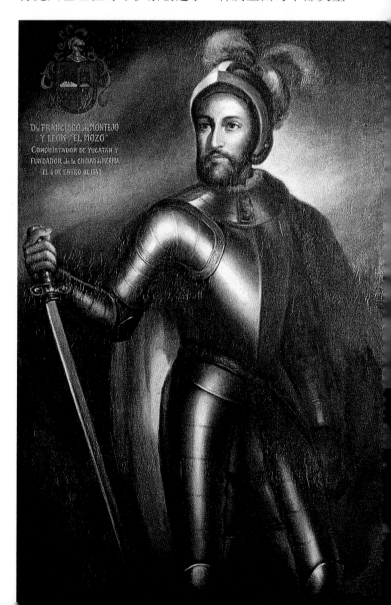

图8-1 弗朗西斯科·德蒙特霍二世像

的文化，并在尤卡坦半岛扩展了墨西哥-托尔特克文化的影响。

随着古典时期的结束和玛雅贵族的没落，最后到来的普彤族首领逐渐失去了他们在这个地区的权力。有些普彤人来到帕西翁河南部，并按自己的发源地为这个新领地起名为阿卡兰（Acalan，意"划舟者之乡"）。他们在那里作为一个独立的社会实体一直延续到1695年，被称为拉坎东斯人。伊察人在12世纪舍弃了奇琴，来到危地马拉的佩腾伊察，在那里，他们直到1697年才被西班牙人降服。

在公元850~950年期间，玛雅的大部分地域都部分或全部处在普彤人的统治下（西面自塔瓦斯科和坎佩切起至尤卡坦半岛东海岸，北面自半岛最北端至南面危地马拉帕西翁河流域）。普彤风格的影响表现得最明显的是奇琴伊察；墨西哥中部地区的影响则同样见于普克地区的城址，如乌斯马尔和卡瓦。乌斯马尔的君主们（称Xiuh）从没有忘记自己的托尔特克出身。

玛雅的三个主要城市——奇琴伊察、乌斯马尔和玛雅潘——于1194年结成了三城同盟，它不仅是用来防御共同的外敌，同时也是保护每个城市免受另两个城市的攻击，因为崇尚武力本是所有这三个城市的共同特色。一个世纪之前，中央高原地区的影响促成了艺术及商业的复兴和托尔特克文化的扩散，如冶金术（可能起源于中美洲），韦拉克鲁斯和塔瓦斯科的"橙陶"（poterie orange，因制陶器的橙色精细黏土而名），危地马拉的"金属陶"（plumbate，因黏土中含石墨，使产品具有金属的外观），洪都拉斯的雪花石膏瓶罐，以及效法米斯特克人的绿松石马赛克和图卢姆、圣丽塔手稿风格的壁画。玛雅潘成为这时期最重要的政治中心，并在阿兹特克雇佣军的支持下维持着这样的地位。在三城联盟之后，玛雅文明实际上已开始走向衰落。这些城市均有设防工程，人祭越来越流行，艺术则停滞不前。玛雅潘于1441年在内战中被抢劫焚毁后弃置。约1450年，联盟破裂，玛雅社会复归地方政权，艺术也随之蜕变为地方水平，直到1544年西班牙人重新统一尤卡坦地区[1541年，西班牙征服军首领弗朗西斯科·德蒙特霍二世[1]（图8-1）攻占了特奥（今梅里达城）]。这一历史进程已由大量的考古学证据证实。它主要包括三个阶段：古典后期（到公元1000年左右）；托尔特克统治下的玛雅（延续到13世纪）；玛雅重新占领时期（至16世纪）。

第二节 奇琴伊察和玛雅潘

一、奇琴伊察

如前所述，在9~10世纪期间，玛雅古典文化几乎全部神秘地消失了。不断迁移的人流加速了一度生机勃勃的玛雅世界的衰退（几乎所有的城市都被弃置），并在佩腾南部帕西翁流域这样一些地区留下了相应的印记。古典末期塞瓦尔最后一批石碑的逐渐演变可能就是由于出现了来自中美洲其他地区的新统治集团。

在公元1191~1448年，奇琴伊察成为尤卡坦半岛主要的政治中心。直到13世纪，这个城市可说一直处在外来人的统治下。这些来自墨西哥高原极为强势的托尔特克部族（有的自古典早期起始就住在这里，如齐维尔查尔通或阿坎塞）可能早在8世纪就开始征服和统治尤卡坦半岛。在石板浮雕、壁画和锻压金器表面描绘的各种场景上可看到这些穿着托尔特克风格的戎装、趾高气扬的新统治者的形象（图8-2），他们或在征讨玛雅的村落，或坐在由玛雅船员操桨的船上沿尤卡坦岸边航行。随着这个成为地区主要城市文明中心的新奇琴伊察的建设，开始了一个玛雅-托尔特克的新阶段。托尔特克人统治时期奇琴伊察那些宏伟壮观的建筑，就是这些年轻尚武的墨西哥高原部族留下的主要遗存。

[总体布局及年代序列]
由松散的建筑群组合而成的奇琴伊察占地

图8-2表现托尔特克人
征服尤卡坦半岛地区玛
雅人的锻压金盘（奇琴
伊察出土，11世纪，直
径约20厘米）

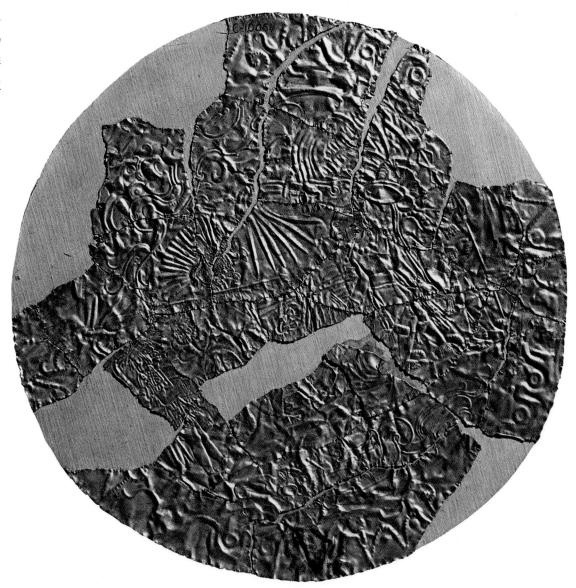

2×1.25英里，面积约为特奥蒂瓦坎的一半，略小于蒂卡尔或霍奇卡尔科（总平面及复原图：图8-3~8-5）。石灰岩平原每隔一定距离就会有自然塌陷生成的锥形岩坑和带有陡峭岸壁的露天水池（称cenotes，井坑）。最北面的井坑即著名的"献祭井"，正是在这里，E.H.汤普森发掘出来自各地的许多牺牲者的骸骨和珍贵文物（图8-6、8-7）。在这个井坑南面，建造了托尔特克时期最早的巨大平台，上承托尔特克时期的主要建筑：球场院、城堡、柱廊和武士殿。从托尔特克时期的建筑再向南约500米，为两座采用普克风格的古典后期建筑："修院组群"和所谓"奇文宅"（Akab Dzib，玛雅语，意"奇异文字之宅"，因在南侧一个边门的楣梁上刻有一个祭司的雕像，手持花瓶上有无法解读的象形文字而名）。其他同属早期的一些小建筑散布在这些主要组群南面各处

的丛林中。南北两个区——北面托尔特克时期的玛雅和南部普克风格（所谓"丘陵地玛雅风格"，约770~1000年）的玛雅——的共同边界位于圆柱形的天象台（Caracol，原意"蜗牛"或"螺旋梯"）和相邻的墙板殿附近。

下面我们进一步考察主要建筑的年代序列。总体而论，在公元800年前，奇琴伊察的建筑已开始向北扩展，包括天象台的拱顶、城堡的下部结构和西柱廊。1050年前，估计已向东扩展到千柱群，包括重建武士殿和位于查克莫尔神殿内部时间上稍早的"化石"殿。到12世纪，主要球场院建筑标志着向西的扩展，另有圆锥平台对着一条南北向的铺砌道路，大路直达最北面边界处的献祭井。最后形成了一个近似十字形的遗址，南北轴线自"修院组群"直达最北面的井坑，东西轴线自主要球场院跨过城堡广场至千柱

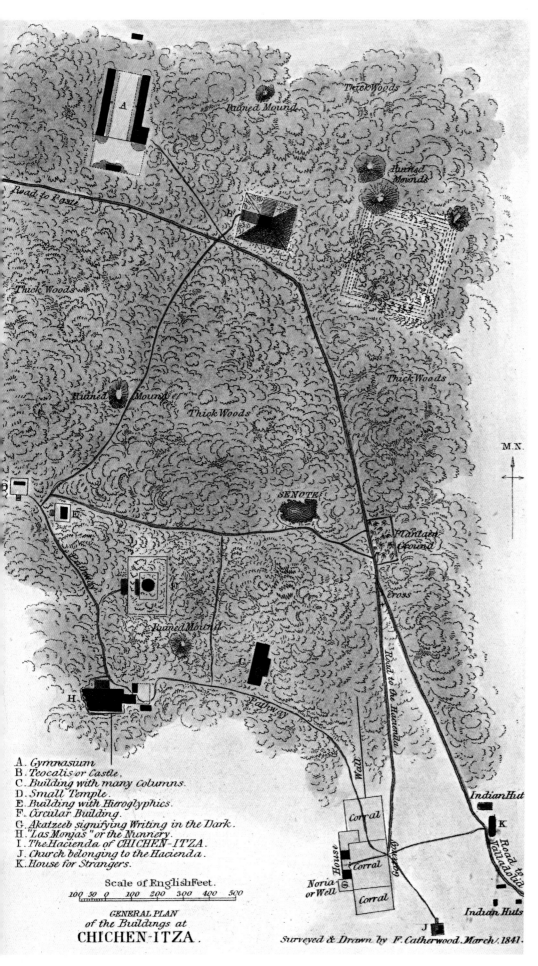

A. *Gymnasium.*
B. *Teocalis or Castle.*
C. *Building with many Columns.*
D. *Small Temple.*
E. *Building with Hieroglyphics.*
F. *Circular Building.*
G. *Akatzeeb signifying Writing in the Dark.*
H. *"Las Monjas" or the Nunnery.*
I. *The Hacienda of CHICHEN-ITZA.*
J. *Church belonging to the Hacienda.*
K. *House for Strangers.*

Scale of English Feet.
100 50 0 100 200 300 400 500

GENERAL PLAN
of the Buildings at
CHICHEN-ITZA.

Surveyed & Drawn by F. Catherwood. March, 1841.

本页：

图8-3奇琴伊察 遗址区。总平面（图版，作者弗雷德里克·卡瑟伍德，取自Fabio Bourbon：《The Lost Cities of the Mayas, the Life, Art, and Discoveries of Frederick Catherwood》，1999年）

右页：

图8-4奇琴伊察 遗址区。总平面（取自Nikolai Grube：《Maya, Divine Kings of the Rain Forest》），图中：1、"献祭井"（圣井），2、圣路，3、球场院，4、美洲豹神殿，5、头骨祭坛（平台），6、鹰平台（鹰豹平台），7、金星平台（圆锥平台），8、武士殿（金字塔），9、千柱院，10、市场，11、球场院，12、"城堡"（库库尔坎神殿），13、蜥蜴井，14、"奇文宅"，15、"修院组群"，16、"教堂"，17、墙板殿，18、天象台，19、"红宅"，20、"鹿宅"，21、结构3C6，22、高级祭司墓（金字塔）

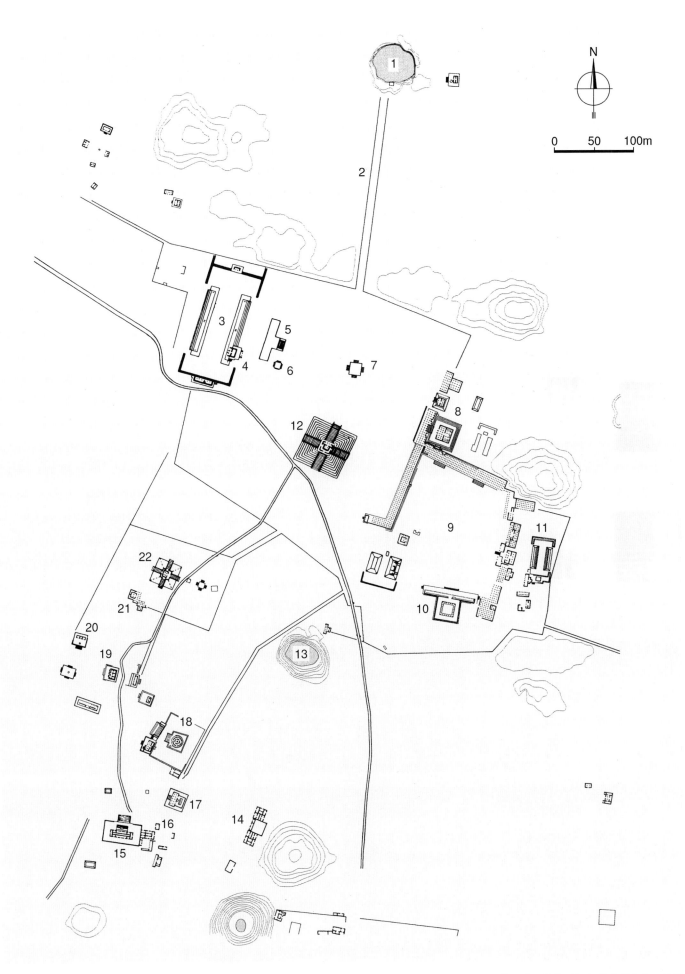

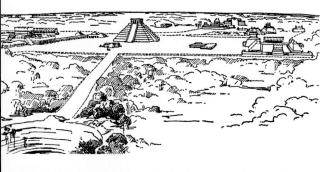

本页：

（上及中）图8-5奇琴伊察 遗址区。全景复原图（从北面圣路望去的景色，作者塔季扬娜·普罗斯库里亚科娃，取自Tatiana Proskouriakoff：《An Album of Maya Architecture》，2002年）

（下）图8-7奇琴伊察 "献祭井"。出土金面具（后古典时期，13世纪，高约3厘米，现存马萨诸塞州剑桥Peabody Museum of Archaeology and Ethnology）

右页：

图8-6奇琴伊察 "献祭井"。现状（按16世纪主教弗雷·迭戈·德兰达的说法，每至干旱季节，祭司会把许多奉献物和活人——青少年和妇女——投入这个为灌木林所环绕的井中作为献给神的祭品，这一说法已为考古发现证实）

（上）图8-8奇琴伊察高级祭司墓。现状外景（新近修复，四面台阶前均设张开大口的羽蛇头像）

（下）图8-9奇琴伊察高级祭司墓。台阶近景

（上）图8-10奇琴伊察 高级祭司墓。平台转角处近景

（中）图8-11奇琴伊察 高级祭司墓。台阶端头羽蛇头像雕刻

（下）图8-12奇琴伊察 "修院组群"。残迹外景（版画，作者弗雷德里克·卡瑟伍德，取自Fabio Bourbon：《The Lost Cities of the Mayas, the Life, Art, and Discoveries of Frederick Catherwood》，1999年）

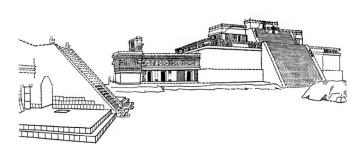

群。新的构图要素包括柱廊厅，支承在木楣梁上的悬挑拱顶，市场那样的围柱式前庭，以及穿过平台基部的柱廊和通向神殿处的带顶楼梯等。通过这些创新，托尔特克时期奇琴伊察的玛雅建筑师们获得了新的空间形态，并在其古典时代的先驱无法企及的规模上，提供了内部设计的可能性。

尽管托尔特克时期重要建筑的具体年代排序尚欠完善，但大的序列还是清楚的。A.M.托泽还提出过一个较为具体的五阶段论，即奇琴伊察I（尤卡坦玛雅），600~1000年；奇琴伊察II（托尔特克玛雅A），约948~约1145年；奇琴伊察III（托尔特克玛雅B），约1150~1260年；奇琴伊察IV（解体阶段），

本页及左页：

（左上）图8-17奇琴伊察 "修院组群"。东翼，东立面（历史照片，Teobert Maler摄于1894年，Maler在拍摄时非常注意光影效果，因而照片具有清晰的细部，为了避免在运送途中损坏，照片都就地冲洗完成，同时他还有意将雇佣的劳工安排在古迹周围，使拍摄的照片具有真实的尺度感）

（左下）图8-18奇琴伊察 "修院组群"。东侧地段全景（自东南方向望去的景色，左侧为东翼，右侧小建筑即所谓"教堂"）

（右）图8-19奇琴伊察 "修院组群"。东侧地段全景（自东面望去的景色，左侧为东翼，右侧为"教堂"，华美的装饰混合了切内斯和普克风格的各种要素）

图8-20奇琴伊察 "修院组群"。东翼，东立面现状（雨神查克面具是普克风格的表现，门上的巨牙则使人想起切内斯风格那种张口状的门饰）

图8-21奇琴伊察 "修院组群"。东翼，东立面近景（大门两侧为两个叠置的头像，另两组位于角上；上部檐壁由更为逼真的面具和门上的椭圆形图案组成，后者边饰如羽毛，中间为一尊显贵人物的坐像）

图8-22奇琴伊察 "修院组群"。东翼，东立面北侧近景

（上）图8-23奇琴伊察 "修院组群"。东翼，东立面南端及其他附属建筑，现状

（中及下）图8-24奇琴伊察 "修院组群"。东翼，东门上雕饰细部（椭圆形边框饰羽毛状图案，中间被神化的统治者头戴羽冠，盘腿而坐；立面图作者塔季扬娜·普罗斯库里亚科娃）

（上）图8-25奇琴伊察
"修院组群"。东翼，北
侧现状

（下）图8-26奇琴伊察
"修院组群"。修院金
字塔，现状（系列房间
上起"芒萨尔式"屋
顶，外墙饰回纹及格构
式图案）

1280~1450年；奇琴伊察V（弃置阶段），1460~1542
年。总的来看，大致可概括为早期阶段（可识别出普
克地区的特征），中期阶段（带倾斜基部，蛇形柱，
叙事体的壁画和柱子浮雕）和后期阶段（墙面上有装
饰性的叙事浮雕，倾斜的基部和复杂的线脚）。按乔

治·库布勒的说法，这三个阶段每个都持续了200年左
右，主要建筑如下所述：

　　第I阶段（至公元800年）。天象台下部结构（部
件属普克玛雅风格，建筑可能按托尔特克风格进行了
改造，见图8-50）。城堡内部的小平台和圆柱形的天

左页：

（上）图8-27奇琴伊察 "修院组群"。
柱列厅堂，现状

（下）图8-28奇琴伊察 "修院组群"。
外围建筑，现状

本页：

（上）图8-29奇琴伊察 "修院组群"。
面具雕饰细部

（下）图8-30奇琴伊察 "教堂"（古
典后期，7世纪）。东南侧外景（彩
画，取自Nigel Hughes：《Maya Monu-
ments》，2000年）

象台主体属同一时期。大体同时的还有最初的西柱廊，其基础和城堡的朝向相互呼应。主要球场院处美洲豹下殿的结构部分亦属这一时期。

第II阶段（800~1050年）。属这一阶段的查克莫尔金字塔位于武士平台（见图8-104）内。其台地剖

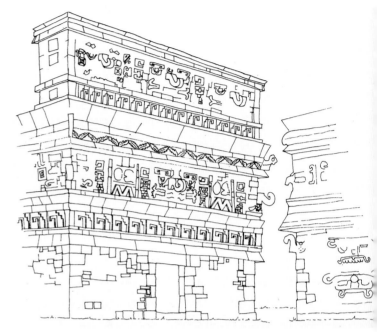

（左上）图8-43奇琴伊察"红宅"。自西南方向望去的地段全景
（右上）图8-44奇琴伊察"红宅"。主立面（西南侧）景色
（下）图8-45奇琴伊察"红宅"。自东南方向望去的地段全景

第III阶段（1050~1200年）。球场院的主体部分（见图8-151）虽不能完全归入这一系列，但从剖面形式和华美的人物浮雕等细部上看，北殿、南殿和美洲豹上殿有可能和市场（见图8-144）同时建成。属于这一阶段（可能一直延续到13世纪）的还有鹰豹平台、圆锥平台和头骨祭坛。

[南部组群]

到古典后期，奇琴伊察等靠近尤卡坦半岛东北方向的城市已开始受到普克风格的影响。在这里，

发展出一种在许多方面都与之类似的建筑风格。最典型的就是"修院组群"（历史图景及全景复原图：图8-12~8-17；外景及细部：图8-18~8-29）、"奇文宅"和被称为"教堂"的一栋建筑。

"修院组群"平台的圆角，高两层的建筑，以及自主体部分向东伸出的矮翼（具有切内斯风格的蛇形立面），多少有些使人想起乌斯马尔的巫师金字塔。"奇文宅"平面上类似查克穆尔通的层叠建筑。7世

纪建的所谓"教堂"是个朝西的小型独立神殿，好似划出一个沿"修院组群"东侧的院落（外景图：图8-30~8-32；现状及细部：图8-33~8-40）。它和"修院组群"的线脚元素看来代表了这种地方风格的初始阶段（有的尺度特大，有的在门上中断）。这座建

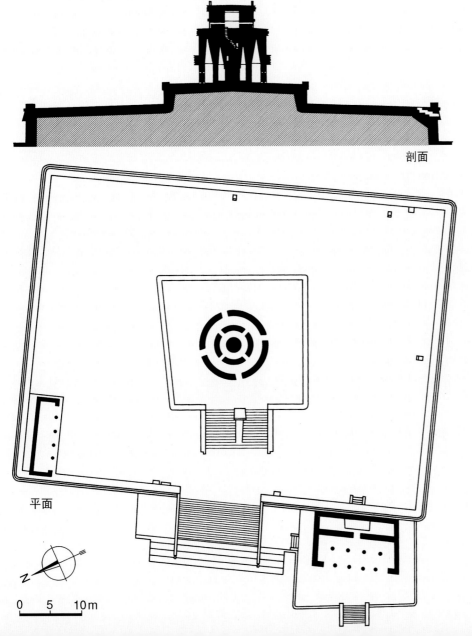

剖面

平面

0 5 10m

本页及左页：

（左上）图8-46奇琴伊察"红宅"。
东南侧景色

（左下）图8-47奇琴伊察"红宅"。
东北侧现状

（中上）图8-48奇琴伊察 三梁殿。外景（彩画，取自Nigel Hughes：《Maya Monuments》，2000年）

（右上）图8-49奇琴伊察 三梁殿。
现状

（右下）图8-50奇琴伊察 天象台（"蜗牛"，公元800年前，最后阶段约906年）。平面及剖面（据Ruppert，各平台边线并不平行，而是具有一定的角度，圆塔底层四个开口按正朝向布置，顶层设观测口）

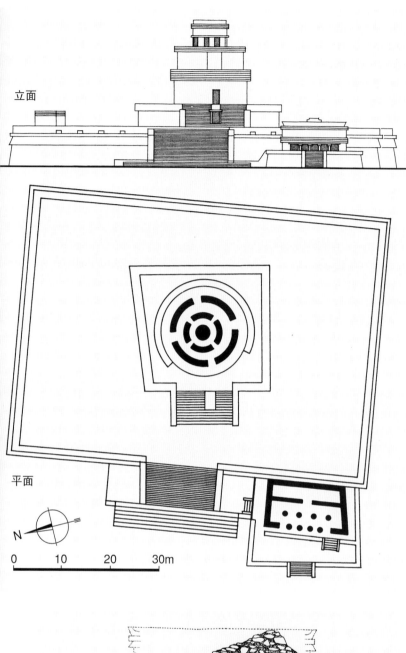

立面

平面

N

0 10 20 30m

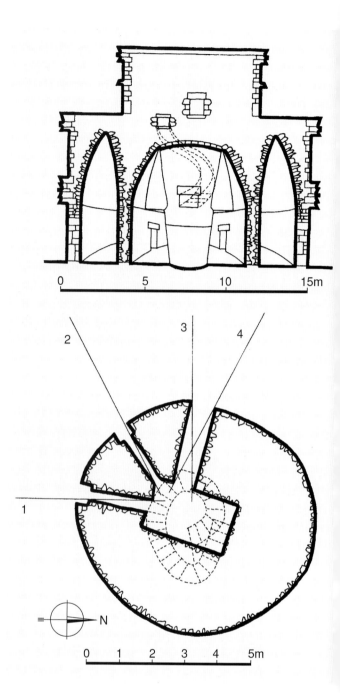

0   5   10   15m

2   3   4

1

N

0 1 2 3 4 5m

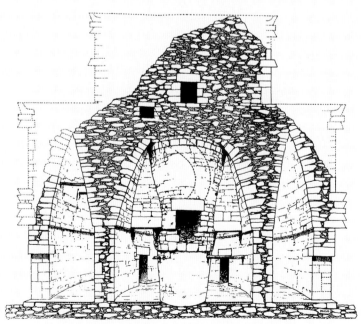

（左上）图8-51奇琴伊察 天象台。平面及立面（1:750，取自Henri Stierlin:《Comprendre l' Architecture Universelle》，第2卷，1977年）

（右）图8-52奇琴伊察 天象台。塔楼剖析图及顶层房间平面（平面图中：1、南向；2、西南向，3月21日月落方向；3、西向，3月21日春分和9月21日秋分日落方向；4、西北向，6月22日夏至日落方向）

（左下）图8-53奇琴伊察 天象台。塔楼，剖析图（取自Mary Ellen Miller:《The Art of Mesoamerica, from Olmec to Aztec》，2001年）

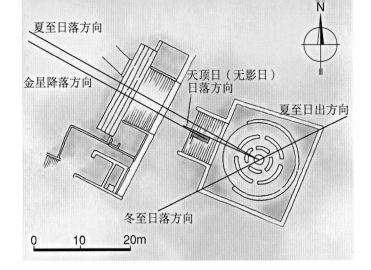

夏至日落方向
金星降落方向
天顶日（无影日）日落方向
夏至日出方向
冬至日落方向
0   10   20m

（左上及左中）图8-54奇琴伊察 天象台。平面分析图

（右中）图8-55奇琴伊察 天象台。复原模型

（下）图8-56奇琴伊察 天象台。历史图景（遗址清理和整修前，版画，作者弗雷德里克·卡瑟伍德，1844年，取自Fabio Bourbon：《The Lost Cities of the Mayas，the Life，Art，and Discoveries of Frederick Catherwood》）

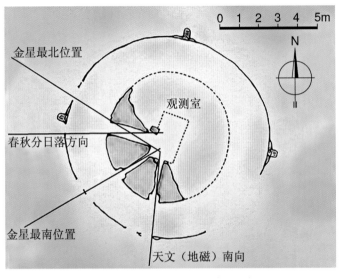

0 1 2 3 4   5m
N
金星最北位置
观测室
春秋分日落方向
金星最南位置
天文（地磁）南向

本页:

（上）图8-57奇琴伊察 天象台。外景（彩画，取自Nigel Hughes:《Maya Monuments》，2000年）

（下）图8-58奇琴伊察 天象台。西南侧俯视全景（远景左为库库尔坎神殿，右为武士殿）

右页:

图8-59奇琴伊察 天象台。自西南方向望去的地段景色，远景为库库尔坎神殿（城堡）

左页：

（上）图8-60奇琴伊察 天象台。西南侧全景

（下）图8-61奇琴伊察 天象台。西南侧大平台近景

本页：

（上）图8-62奇琴伊察 天象台。西南侧小平台及柱廊建筑近景

（中及下）图8-63奇琴伊察 天象台。西侧全景

筑还在主要立面上用了"飞屋脊"（在普克及邻近地区，作为屋顶装饰，这种形式用得相当多）。

"修院组群"东面的"奇文宅"（因内部书记官雕像上的神秘文字而名，图8-41）同样属托尔特克人占领之前，为一栋带中央厅堂的单层建筑。在这一区域，其他古典时期的建筑还包括位于天象台西北7世纪的"红宅"和"鹿宅"。所谓"红宅"是如今已知唯一具有两种屋脊的建筑：一是"飞屋脊"，另一个位于中央墙体上（地段复原图：图8-42；外景：图8-43~8-47）。如果说，在我们刚提到的这些建筑中，还可以看到某些地方特色的话，另一些，如三梁殿（图8-48、8-49），显然属更纯粹的普克风格实

（上及中）图8-64奇琴伊察 天象台。西侧近景

（下）图8-65奇琴伊察 天象台。西北侧景色

（左上）图8-66奇琴伊察 天象台。北侧现状

（右上）图8-67奇琴伊察 天象台。塔楼，自平台上望去的景色

（下）图8-68奇琴伊察 天象台。塔楼，近景（门上绕一圈厚重的檐口线脚，檐壁查克头像上可能还有另一道檐口，顶上为观测室）

本页及右页：

（左上及中上）图8-69奇琴伊察 天象台。拱顶环廊内景

（左下）图8-70奇琴伊察 天象台。装饰入口台阶护墙的羽蛇雕刻（塔季扬娜·普罗斯库里亚科娃绘）

（中下）图8-71奇琴伊察 库库尔坎神殿（城堡，1050年前）。平面、立面及剖面（据Marquina）

（右）图8-72奇琴伊察 库库尔坎神殿。平面、立面及剖面（1：750，取自Henri Stierlin:《Comprendre l' Architecture Universelle》，第2卷，1977年；剖面灰色部分示最初的城堡）

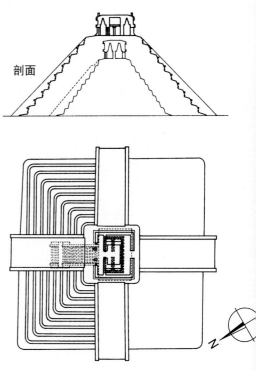

剖面

剖面

立面

平面

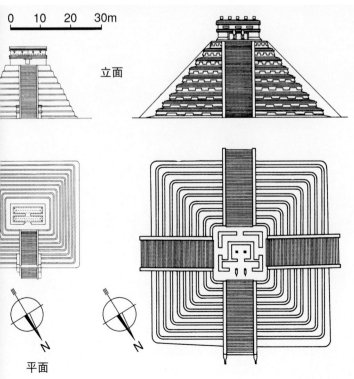

立面

平面

例。此外，在"修院组群"以南约500米处尚有另一个建筑群，包括约6个小的组群，建筑属托尔特克玛雅和普克玛雅两个时期。

[天象台]
在奇琴伊察，新城的构图要素在很大程度上背离

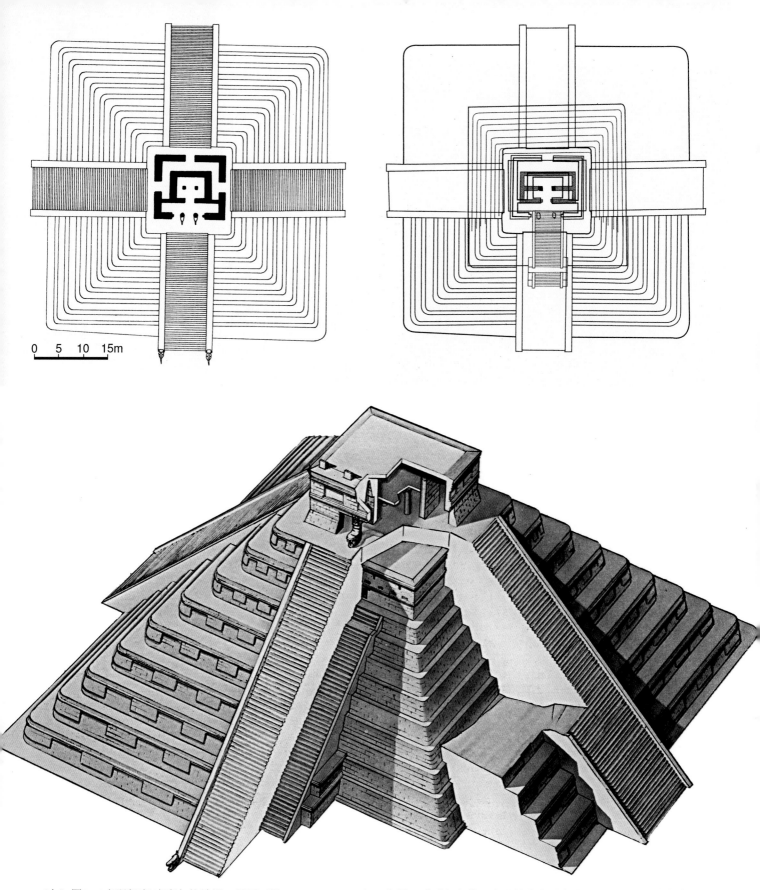

（上）图8-73奇琴伊察 库库尔坎神殿。平面（据Marquina，1964年；右图可看到卡内基研究院的考古学家在塔体内发现的尚保存完好的早期建筑的平面位置）

（下）图8-74奇琴伊察 库库尔坎神殿。剖析图（塔体内最早的金字塔平台同样高9层，上置神殿，但仅一面设台阶，在顶上找到了一尊查克莫尔雕像和红色的豹形宝座；图版取自George Mansell：《Anatomie de l' Architecture》，1979年）

（上）图8-75奇琴伊察 库库尔坎神殿。外景（版画，作者弗雷德里克·卡瑟伍德，约1840年，图示未清理前状态，取自Fabio Bourbon：《The Lost Cities of the Mayas，the Life，Art，and Discoveries of Frederick Catherwood》，1999年）

（下）图8-76奇琴伊察 库库尔坎神殿。正面景观（版画，作者弗雷德里克·卡瑟伍德，图示未清理前状态）

了尤卡坦半岛的古典传统，采用了明显来自墨西哥的文化语汇。但在运用这些要素时表现出来的熟练技巧和创造精神表明，在这种托尔特克艺术的发展上，地方很可能起到了积极的作用。在推动这个充满活力的新兴传统的诞生上，无疑有玛雅匠师的一份功劳。

这种文化综合的一个明显实例，即被称为"蜗

本页及右页：

（左两幅）图8-77奇琴伊察 库库尔坎神殿。西面远景

（右）图8-78奇琴伊察 库库尔坎神殿。西面全景（9个平台象征9级天宇，4个正向
台阶通往顶部的神殿，后者入口两侧设两根蛇形柱）

本页及右页：

（左上）图8-79奇琴伊察 库库尔坎神殿。自西北面金星平台处望去的景色

（下两幅）图8-80奇琴伊察 库库尔坎神殿。西北侧全景

（右上）图8-81奇琴伊察 库库尔坎神殿。北面全景

牛"的著名天象台（平面、立面、剖面及剖析图：图8-50~8-54；复原模型：图8-55；历史图景：图8-56、8-57；外景：图8-58~8-66；塔楼：图8-67、8-68；内景：图8-69）。这也是在这座城市，尊崇羽蛇神（魁札尔科亚特尔-库库尔坎）的最早和最具有特色的表现。在墨西哥高原，羽蛇形式很早就在特奥蒂瓦坎出现，远在其托尔特克复兴之前。墨西哥理念和玛雅形式的相互渗透和融合，至少和卡米纳尔胡尤的古典早期艺术同样古老。[2]这座天象台形如巨大的蘑菇，圆筒状的主体结构内设两圈同心的拱顶环廊，上层螺旋楼梯（见图8-50）可能是表现海螺壳的形式（作为风神，这亦是羽蛇神的标志属性之一，建筑的"蜗牛"之名即由此而来）。楼梯（见图8-52）通向一个半倾

毁的房间，尚存的窗口体现了一系列复杂的天文学关系（为观测太阳及行星，自中心开始，设置了许多不同角度的辐射状窗口），充分证实了建筑作为天象台的初始功能。

左页：

（上）图8-82奇琴伊察 库库尔坎神殿。东北侧远景（左侧前景为千柱廊，右侧远处可看到球场院和美洲豹神殿）

（下）图8-83奇琴伊察 库库尔坎神殿。自千柱廊望去的景色

本页：

图8-84奇琴伊察 库库尔坎神殿。自武士殿柱墩望去的景色

本页及左页：

（上两幅）图8-85奇琴伊察 库库尔坎神殿。东北侧全景

（左下）图8-86奇琴伊察 库库尔坎神殿。东北侧夕阳景色

（左中）图8-87奇琴伊察 库库尔坎神殿。东面全景

（右下）图8-88奇琴伊察 库库尔坎神殿。东面近景（台阶未修复）

（上）图8-89奇琴伊察 库库尔坎神殿。东南全景（饰面及台阶未修复）

（下）图8-90奇琴伊察 库库尔坎神殿。南面近景

由于在尤卡坦半岛，这种圆形建筑很少，因而它很早就引起学界和游人的注意，但直到19世纪20年代，才由华盛顿卡内基研究所的专家进行了科学的考察。建筑经历了几个建造阶段。最早的部分是平面方形的平台。接着是圆柱形基础，后建的第二个平台又将这部分基础掩埋。再后才是现在可以看到的带两圈

CASTILLO

（上）图8-91奇琴伊察
库库尔坎神殿。西南侧
全景

（下）图8-92奇琴伊察
库库尔坎神殿。西南侧
近景

拱顶回廊的圆柱形主体部分。西台阶通过增建蛇形栏
墙达到最后的宏伟规模。从铭文上可知，建筑的最后
阶段属906年。

总的来看，天象台可说是采用了墨西哥的构思
（特别是引人注目的圆形平面，在古典时期的玛雅建
筑中，除了新近在里奥贝克区发现的一个圆形塔楼

本页及右页：

（左上）图8-93奇琴伊察 库库尔坎神殿。北面台阶近景及雕刻细部（版画，作者弗雷德里克·卡瑟伍德，未清理前状态）

（中）图8-94奇琴伊察 库库尔坎神殿。西侧大台阶近景

（左下及右上）图8-95奇琴伊察 库库尔坎神殿。北侧大台阶基部

（右下）图8-96奇琴伊察 库库尔坎神殿。西南侧上部近景

外，很少有这种形式；但如前所述，可在这时期的墨西哥高原看到），但所用的技术和主要的拱顶结构形式都是来自玛雅。和所有的奇琴伊察建筑一样，其中表现出许多地方的特色，如精心加工相互吻合的石构件、叠涩拱顶的使用，以及像倒棱线脚和查克头像这样一些玛雅风格的特征。装饰依然保留了很强的普克特色，特别是位于各个门道上的四块蛇形面具嵌板，

均按当时的技术用马赛克部件制作。拱顶环廊起拱处的华美束带线脚同样是普克风格的表现。线脚由5部分构成，按环状拱顶的特殊尺度，采用了带榫头的石块砌造，在玛雅建筑中仅此一例。外圈拱顶高度逾30英尺，是所有玛雅拱顶中最高的一个。来自托尔特克建筑的要素则表现在装饰入口台阶护墙的羽蛇造型（图8-70）、上层平台边上的托尔特克武士头像，以

及原立在观测塔楼顶上的雕刻雉堞等方面。

[城堡（库库尔坎神殿）]

在奇琴伊察，从城市规划本身也可看到和地方古代传统的决裂，各类建筑布局紧凑（属卫城类型或取四边形），工整地布置在宽阔的旷场中央。其朝向大都按几个世纪前墨西哥高原确立的模式，即所谓"墨西哥式"（见图8-4）。

（左上）图8-97奇琴伊察 库库尔坎神殿。顶上圣所，北立面近景

（左下）图8-98奇琴伊察 库库尔坎神殿。顶上圣所，门柱浮雕（版画，作者弗雷德里克·卡瑟伍德）

（右上）图8-99奇琴伊察 库库尔坎神殿。顶上圣所，东面门柱雕刻

（右下）图8-100奇琴伊察 库库尔坎神殿。顶上圣所，内景（版画，作者弗雷德里克·卡瑟伍德）

（上）图8-101奇琴伊察 库库尔坎神殿。顶上圣所，内景（现状，和图8-100对照，可知卡瑟伍德的版画还是相当准确的）

（下两幅）图8-102奇琴伊察 库库尔坎神殿。美洲豹宝座（塔内第一城堡处发现，可能公元800年前，石材镶玉石和贝壳，着红色，现存墨西哥城国家人类学博物馆）

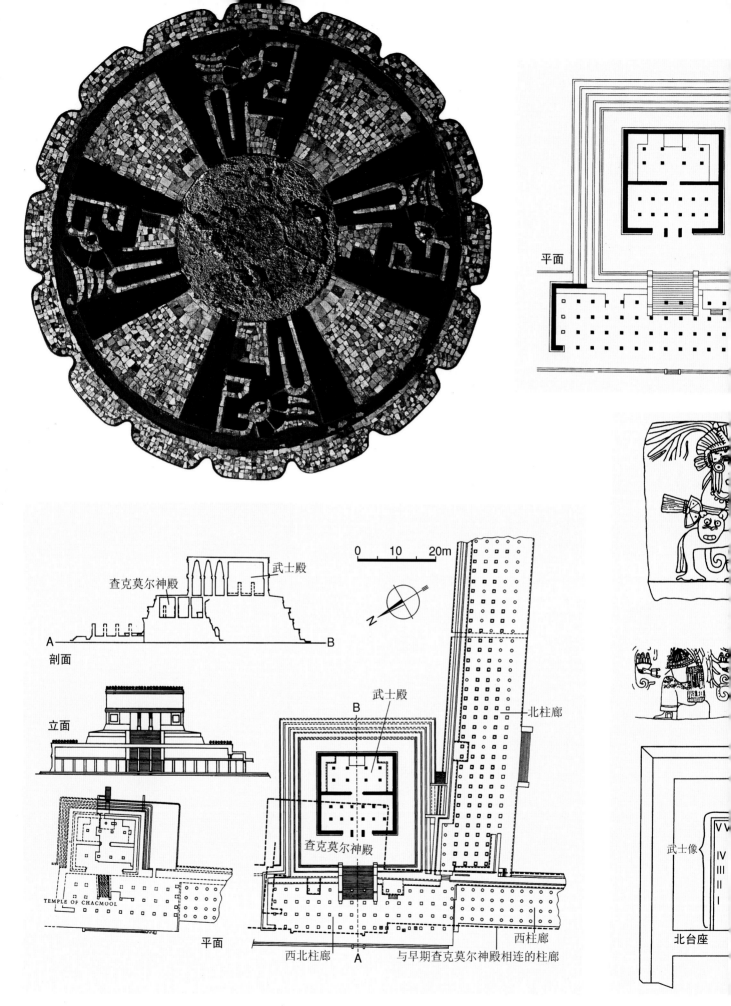

平面

武士殿

查克莫尔神殿

武士殿

剖面

立面

TEMPLE OF CHACMOOL

平面

查克莫尔神殿

B

武士殿

北柱廊

西北柱廊

A

与早期查克莫尔神殿相连的柱廊

西柱廊

武士像

北台座

0   10   20m

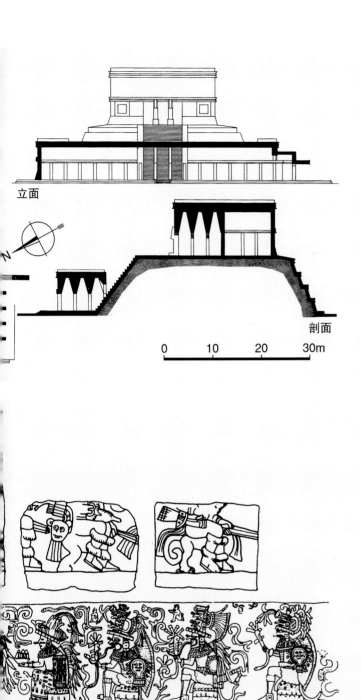

立面

剖面

0   10   20   30m

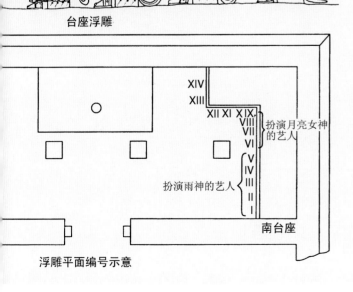

台座浮雕

XIV
XIII
XII XI X IX
VIII   扮演月亮女神
VII   的艺人
VI
V
IV   扮演雨神的艺人
III
II
I

南台座

浮雕平面编号示意

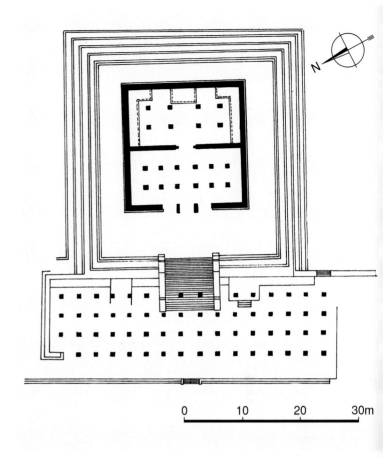

0   10   20   30m

本页及左页：

（左上）图8-103奇琴伊察 库库尔坎神殿。美洲豹宝座，座位（豹背）上的绿松石镶嵌圆盘（直径24厘米，表现蛇的母题，中间为黄铁矿制作的镜面）

（左下）图8-104奇琴伊察 "武士殿"（约1000~1100年）。平面、立面及剖面（据Marquina，可看到被后期建筑掩盖的早期查克莫尔神殿；来到尤卡坦半岛的托尔特克人创造出一种新的类型，把图拉的多柱厅和玛雅的拱顶结合在一起，和蒂卡尔和帕伦克相比，圣所的空间显得更为宽阔，相对下部金字塔基座的尺寸也要大得多，金字塔前的大柱厅更是一项引人注目的创新）

（中上）图8-105奇琴伊察 "武士殿"。平面、立面及剖面（1:750，取自Henri Stierlin:《Comprendre l'Architecture Universelle》，第2卷，1977年）

（右）图8-106奇琴伊察 "武士殿"。平面（据Marquina，1964年）

（中下）图8-107奇琴伊察 "武士殿"。早期查克莫尔神殿，台座浮雕及平面编号（浮雕图据Schele和Freidel，1990年；平面据A.Morris，1931年）

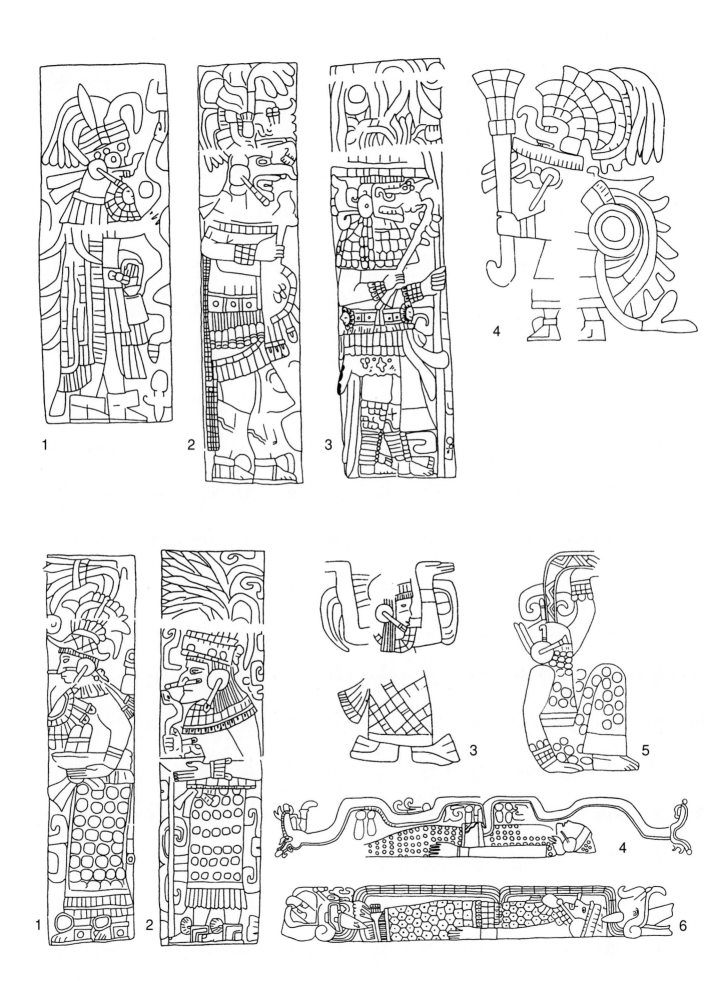

左页：

（上）图8-108奇琴伊察 "武士殿"。神殿及周围廊道各部浮雕图（扮演查克神像的艺人，据Charlot，1931年），图中：1、西北柱廊，柱48N；2、武士殿，柱11E；3、查克莫尔神殿，柱6E；4、西北柱廊，雕刻板

（下）图8-109奇琴伊察 浮雕：月亮女神（Ixchel，德累斯顿抄本作Chac Chel）及其扮演者。图中：1、武士殿，柱12S（据Charlot，1931年）；2、查克莫尔神殿，柱4S（据Charlot，1931年）；3、大台神殿（据Andrea Stone照片绘制）；4、美洲豹上殿（据Miller，1977年）；5、南球场院神殿（据Andrea Stone照片绘制）；6、北球场院神殿（据Tozzer，1957年）

本页：

图8-110奇琴伊察 月亮女神形象及和其他来源的比较。图中：1、德累斯顿抄本（据Lee，1985年）；2、马德里抄本（据Lee，1985年）；3、美洲豹下殿（左图据Andrea Stone照片绘制，右图据Tozzer，1957年）；4、武士殿，柱12W（据Charlot，1931年）；5、武士殿，柱12N（据Charlot，1931年）；6、查克莫尔神殿，柱4N（据Charlot，1931年）；7、图卢姆 结构5，壁画1（据Miller，1982年）

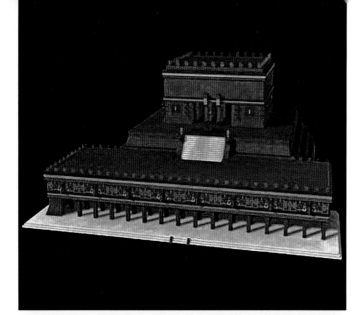

在这方面，最突出的表现即城市最重要的作品——耸立在宽阔和不规则的主要旷场中央的库库尔坎神殿（城堡；平面、立面、剖面及剖析图：图8-71~8-74；历史图景：图8-75、8-76；外景：图8-77~8-92；台阶及雕刻细部：图8-93~8-95；上部圣所：图8-96~8-101）。和特奥蒂瓦坎、乔卢拉、蒂卡尔及其他一些城市的大金字塔相比，这座体现玛雅和托尔特克文化综合特色的建筑尺寸并不是很大，它所

本页及左页：

（右上）图8-111奇琴伊察"武士殿"。外景复原图
（据Kenneth G.Conant，前为西北柱廊）

（左三幅）图8-112奇琴伊察"武士殿"。电脑复原
图，柱廊及圣所门廊细部

（右下）图8-113奇琴伊察"武士殿"。地段俯视景
色（右为千柱群，左侧可看到一座尚未清理发掘的
小金字塔）

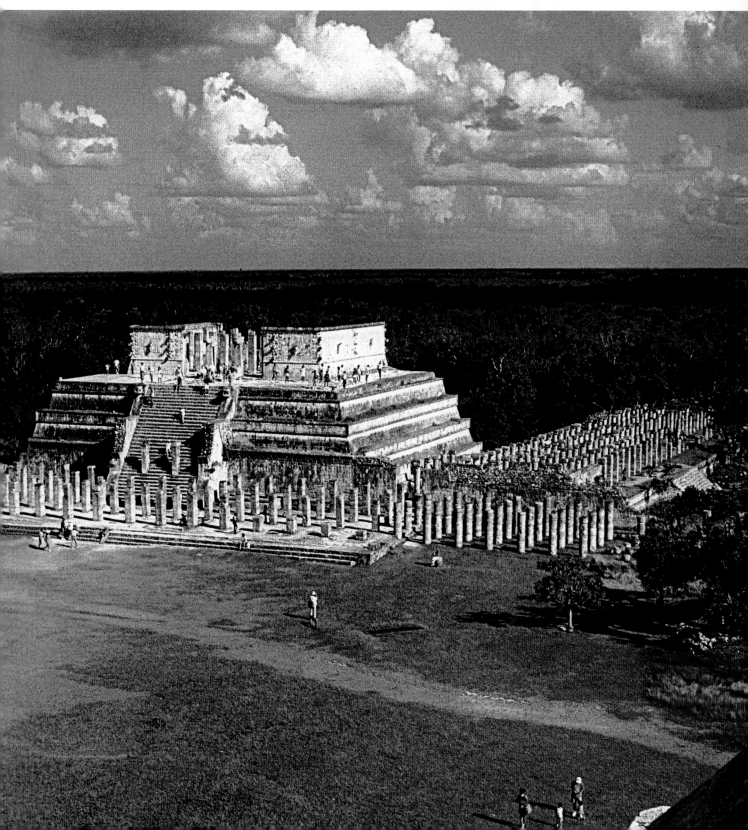

本页及左页：

（左上）图8-114奇琴伊察 "武士殿"。西南侧俯视全景（长长的柱厅和街道为混合墨西哥中部及其他地区各种风格的奇琴伊察建筑的典型特征，武士殿的结构布置在很大程度上类似墨西哥北部高原图拉的所谓晨星殿；通过运用柱子和柱墩，人们有可能创造更大更宽敞的厅堂）

（下）图8-115奇琴伊察 "武士殿"。地段立面全景

（右上）图8-116奇琴伊察 "武士殿"。西南侧景观

（上）图8-117奇琴伊察"武士殿"。立面近景（前方三道柱廊石拱顶俱毁，上部圣所俯瞰着广场）

（下）图8-118奇琴伊察"武士殿"。柱廊柱墩及大台阶近景

以能给人留下深刻的印象，除了因其是城市最大的纪念性建筑以外，正是借助这种位于宽阔的旷场中央，和所有其他建筑脱开的独特位置。

在现存建筑主体下面尚有一个早期结构（尽管同属玛雅-托尔特克时期），这是个比现外廊小得多的金字塔，每边长仅32米（现存建筑为58~59米），高

（上及中）图8-119奇琴伊察"武士殿"。平台竖板近景及雕刻细部（颂扬美洲豹、鹰鹫所象征的军事实力；中图细部示美洲豹正食用自牺牲者胸中扒出的人心，另一侧戴面具的武士取查克莫尔雕像的姿态）

（下）图8-120奇琴伊察"武士殿"。台阶上部及圣所入口部分残迹

17米（现24米）。如今可通过一条地下廊道进去，在保存得很好的圣所里有一个引人注目的美洲豹造型的红色宝座。雕刻风格显然更接近玛雅而非托尔特克，座身上镶着许多石头及贝壳（图8-102、8-103）。

下面这个早期建筑和大多数古典时期的金字塔平台一样，仅有一个梯道。但现由9个阶台构成的外平台各面均布置台阶（共4个梯道，大体对着正方位，见图8-71~8-74），类似瓦哈克通最早的前古典时期的金字塔（编号E VII sub），或奥乔布、蒂卡尔和亚克萨的4梯道平台，平面类似玛雅代表"0"的符号。这种做法颇为特殊，在中美洲建筑中，可说是一种不同寻常的布局，显然具有某种特别重要的宇宙象征意义。特别是，所有台阶的总数刚好等于365（每边91

步，在旷场地面围着整个基部的台座亦算一步），看来绝非偶然。

顶上圣所由若干房间组成，如天象台的拱顶环道那样精心布置。北面入口厅门道两侧饰一对蛇形柱；其后内殿立两根柱墩，上承3个叠涩拱顶；另有连续的拱顶房间绕内殿三面，每面中央开门，分别朝东、西、南三个方向。

本页及左页：

（左上）图8-121奇琴伊察 "武士殿"。圣所入口蛇形柱及查克莫尔雕像（自台阶上望去的效果）

（左下）图8-122奇琴伊察 "武士殿"。圣所，残迹现状（自西南侧望去的景色）

（右）图8-123奇琴伊察 "武士殿"。圣所，自西面中轴线上望去的景色（前景为查克莫尔像，后为入口蛇形柱）

图8-124奇琴伊察 "武士殿"。圣所,自
西北方向望去的残迹景色

图8-125奇琴伊察"武士殿"。圣所,入
口处查克莫尔像及残柱近景

左页:

图8-126奇琴伊察 "武士殿"。圣所,入口处蛇形柱近景

本页:

(上)图8-127奇琴伊察 "武士殿"。圣所,自大门处向西南方向望去的景色[左面可看到城堡(库库尔坎神殿),右面为球场院和美洲豹神殿]

(下)图8-128奇琴伊察 "武士殿"。圣所,门柱羽蛇神雕刻细部

本页及右页:

(左上)图8-129奇琴伊察 "武士殿"。圣所,查克莫尔像

(左中)图8-130奇琴伊察 "武士殿"。柱廊,西南侧景色

(左下)图8-131奇琴伊察 "武士殿"。柱廊,柱墩及柱子(向东南方向望去的景色)

(中及右)图8-132奇琴伊察 "武士殿"。柱墩雕饰细部(右图示圣所内部柱墩,表现身着豪华服饰的武士)

　　圣所的剖面和天象台一样，和托尔特克盛期建筑相比，更接近普克地区的做法，甚至起拱处和檐口线脚都使人想起古典后期开始阶段里奥贝克的模式（如斯普伊尔的结构1，见图7-60）。在小型双室殿堂的立面上部，一系列带心形图案的圆形墨西哥盾牌下，队列里有浮雕的美洲豹侧面形象。整个装饰体系似乎仍处在试验阶段，雕刻师似乎是力图再现某种语言描述的事件而不是视觉范本，表现得有些犹豫不决。目前尚无明显的证据可用来确定城堡的下部结构和天象台的年代关系。两者估计都接近普克时期将结束之时，天象台的施工期限可能要比城堡更长。

　　城堡和埋在武士金字塔内部的查克莫尔平台在形式上亦非常相似（如神殿立面的倾斜基部、嵌板式的檐壁和平台的圆角，线脚上的表现尤为突出），但和

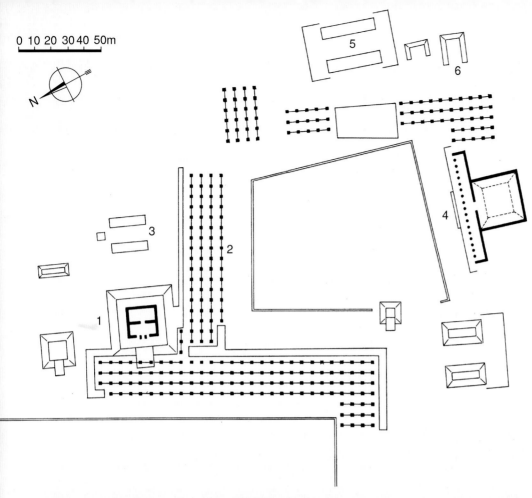

0 10 20 30 40 50m

N

5

6

3

2

4

1

（本页上）图8-133奇琴伊察 遗址西部地区。总平面（取自Henri Stierlin:《Comprendre l'Architecture Universelle》，第2卷，1977年），图中：1、"武士殿"（前为"千柱群"的拱顶厅堂），2、东北柱廊，3、球场院，4、市场，5、球场院，6、蒸汽浴室

（本页下及右页左上）图8-134奇琴伊察"千柱群"。东北柱廊，内景，复原图（作者塔季扬娜·普罗斯库里亚科娃，取自Tatiana Proskouriakoff:《An Album of Maya Architecture》，2002年）

（右页右上）图8-135奇琴伊察"千柱群"。东北柱廊，俯视全景

（右页下）图8-136奇琴伊察"千柱群"。东北柱廊，端头俯视景色

查克莫尔神殿及金字塔相比，城堡在各方面（无论是神殿本身还是金字塔式平台）设计上都要更为复杂，更为先进，也更为成熟。从其他建筑体系（如哥特大教堂）类似量级的演变速率来看，两个建筑之间估计最多相差50年，有人甚至认为两者很可能是同一位设计师的作品。

实际上，这座建筑的许多部件可能都是来自托尔特克——或从更广泛的意义上说，来自墨西哥，即中部高原——的传统：如主要台阶脚下的蛇头石雕（见图8-93、8-95），同一侧支撑圣所入口楣梁的蛇形柱，加固神殿墙基部的斜面（talud），以及屋顶边

本页及右页：

（中上）图8-137奇琴伊察 "千柱群"。东北柱廊，自台阶下向 "武士殿"望去的景色

（左上）图8-138奇琴伊察 "千柱群"。东北柱廊，向北面"武士殿"望去的内景

（左下）图8-139奇琴伊察 "千柱群"。东北柱廊，残柱内景

（中下）图8-140奇琴伊察 "千柱群"。东北柱廊，柱子及柱头近景

（右上）图8-141奇琴伊察 "千柱群"。西北柱廊，自东北方向望去的景色，远景为城堡

（右下）图8-142奇琴伊察 "千柱群"。西北柱廊，北望景色

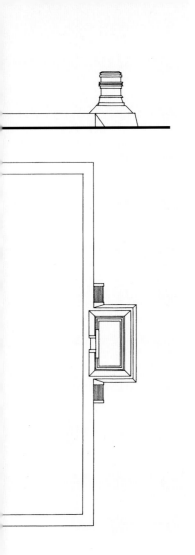

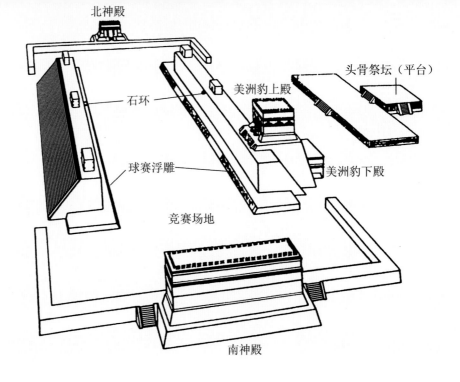

北神殿

头骨祭坛（平台）

美洲豹上殿

石环

球赛浮雕

美洲豹下殿

竞赛场地

南神殿

本页及左页：

（左上）图8-152奇琴伊察 球场院。平面及立面（1∶750，取自Henri Stierlin：《Comprendre l'Architecture Universelle》，第2卷，1977年）

（右上）图8-153奇琴伊察 球场院。组群透视复原图

（左下）图8-154奇琴伊察 球场院。遗址景观（19世纪状态，版画，作者弗雷德里克·卡瑟伍德，取自Fabio Bourbon：《The Lost Cities of the Mayas，the Life，Art，and Discoveries of Frederick Catherwood》，1999年）

（右下）图8-155奇琴伊察 球场院。地段全景（自左至右，分别为球场院，美洲豹上殿及下殿，头骨祭坛及鹰豹平台；彩画，取自Nigel Hughes：《Maya Monuments》，2000年）

本页及右页：

（左上）图8-161奇琴伊察 球场院。北面神殿（贵宾阁?），远景

（左中及左下）图8-162奇琴伊察 球场院。北面神殿，近景

（中上）图8-163奇琴伊察 球场院。自北神殿柱廊向南望去的景色

（右下）图8-164奇琴伊察 球场院。沿场地西墙向南望去的情景

（右上）图8-165奇琴伊察 球场院。南端建筑，残迹现状（向东南方向望去的景色，远处可看到城堡）

本页及左页：

（左上）图8-156奇琴伊察 球场院。南端俯视景色（自城堡顶上望去的景况，右侧为美洲豹上殿及下殿）

（左下）图8-157奇琴伊察 球场院。南端现状（右侧为美洲豹上殿及下殿）

（右上）图8-158奇琴伊察 球场院。自北神殿洞口向南望去的景色

（中下）图8-159奇琴伊察 球场院。自南端向北望去的景色（右侧为美洲豹上殿）

（右下）图8-160奇琴伊察 球场院。自场地内向北望去的景色

的许多品性。不过，在平台剖面上有一个值得注意的变化。其4个台地不再类似阿尔万山的做法，而是更接近特奥蒂瓦坎，于倾斜的基面上挑出带框架的垂直嵌板。奇琴伊察的建筑师似乎是努力在此前500到1000年的高原建筑中，寻求最佳的历史范本作为模仿对象并进行折中的组合。不过，从比例上看，武士殿的阶台看上去不免显得有些笨拙。浮雕嵌板如檐口般悬在显得过大的倾斜基面上（见图8-114、8-119）。这种组合不同体系的努力看来并不是很成功。从其他

的柱子支撑。正是这些木构件的损毁导致建筑上部的倒塌。

圣所入口前另有一尊按通常样式取半卧姿态的查克莫尔雕像（见图8-129）。立面外墙在基部墨西哥式的斜面以上，布置查克头像和玛雅传统的倒角线脚。这后一个部件直观地表现出玛雅-托尔特克艺术的折中特色。在像天象台和城堡这样一些建筑，两种不同的文化遗产紧密地融为一体，而在武士殿，来自不同传统的部件只是生硬地叠置在一起。在这里，或许只是反映了对地方传统的简单让步，因为构成圣所内部的几乎所有其他部件，同样是来自托尔特克传统，如表面刻低浮雕的高柱墩，靠后墙布置的祭坛（饰羽蛇造型并以小人像柱作为支撑）。

上部台地属危地马拉和墨西哥高原常用的那种"裙板-斜面"类型。尽管在玛雅低地，后古典时期社会和技术均呈颓势，但这座建筑仍保留了古典时期

（上）图8-149奇琴伊察"市场"。外廊，祭坛基座中央浮雕（立面图，作者塔季扬娜·普罗斯库里亚科娃）

（中）图8-150奇琴伊察"市场"。外廊，祭坛竖板浮雕（羽蛇，立面图，作者塔季扬娜·普罗斯库里亚科娃）

（下）图8-151奇琴伊察球场院（公元900~1000年）。平面、立面及剖面（据Marquina，场地形成拉长的"H"形平面，中部两侧设以斜面支撑的高墙）

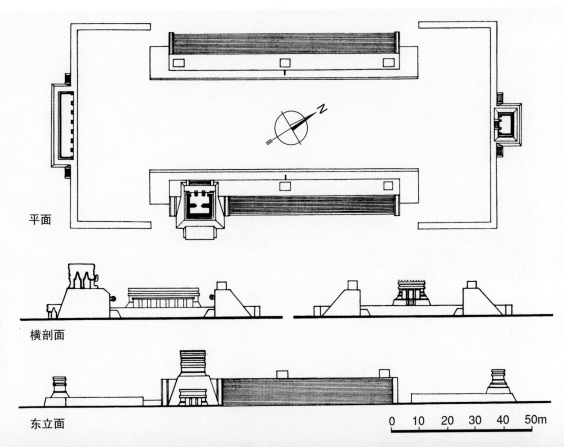

平面

横剖面

东立面

0 10 20 30 40 50m

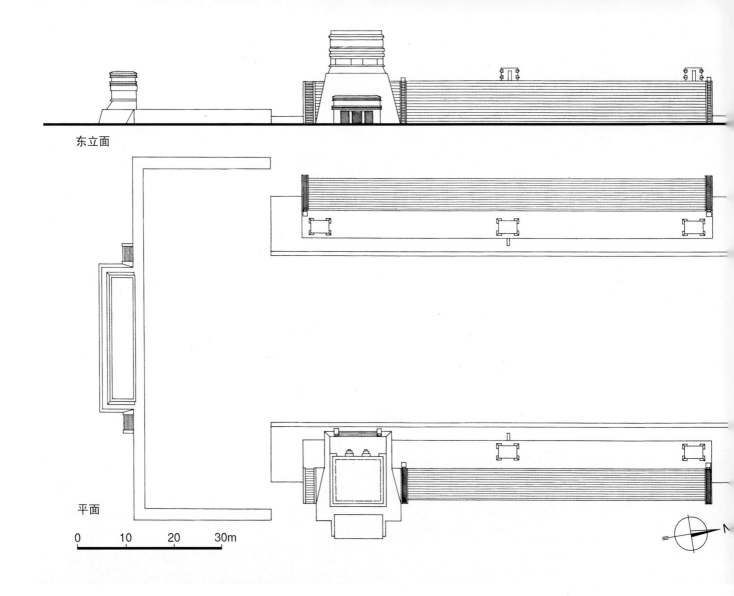

东立面

平面

0   10   20   30m

建筑形式的演进规律来看，自建造查克莫尔神殿到用武士殿覆盖它估计至少经历了两代人时间，即50年或更多。

尽管和托尔特克建筑相比，在这里，带斜面及裙板的基座类型更接近特奥蒂瓦坎的流行样式，但其装饰母题却是来自前者，如鹰鹫或正在吞食人心的美洲豹、环绕基部并和它连为一体的托尔特克式长凳（有的地方向前凸出充当祭坛，并通过羽蛇和着华美服饰的托尔特克武士浮雕烘托效果）。在神殿入口柱廊，托尔特克武士的题材和特拉维斯卡尔潘特库特利（"晨星之神"）的形象在柱墩各面多次重复（见图8-132）。在图拉，尚可看到许多已经残缺或碎裂的这类雕刻，在奇琴伊察，当年想必也可见到，包括在墨西哥高原建筑中习见的台阶端头处的石雕（所谓dés）、大门两边作威胁状的羽蛇头像，以及顶层平台上的旗杆座雕刻（如图8-112台阶栏墙顶上细部所示）等。

[拱顶柱廊及市场]

早在古典末期，即托尔特克人统治前2或3个世纪，在尤卡坦建筑中已开始出现了提升室内空间并把它和宽阔的外部空间相结合的倾向。以后更通过普遍采用圆柱，使建筑面貌变得更具生气和活力；从这时开始，这些成组布置的柱子，不仅用于支撑门的楣梁，同样用于支撑建筑的屋顶（玛雅式的叠涩拱顶或墨西哥风格的平屋顶）。墙体厚度减少或为成排的圆柱或柱墩取代（还经常采用两者相互交替的布置方

本页及右页：

（中上）图8-166奇琴伊察 球场院。石靶环（位于两边墙中线上方，饰两条缠绕的羽蛇形象；从球场院的尺寸和靶环的位置上看，在奇琴伊察，比赛的规则和玩法可能与其他玛雅地区不完全一样）

（左上）图8-167奇琴伊察 球场院。基台浮雕（得胜的一方将对手作为牺牲献祭，线条画，取自Mary Ellen Miller：《The Art of Mesoamerica，from Olmec to Aztec》，2001年）

（下）图8-168奇琴伊察 球场院。基台浮雕带（位于两边基台的斜面上）

（左中）图8-169奇琴伊察 球场院。基台浮雕，现状

（中中、右上及右中）图8-170奇琴伊察 球场院。基台浮雕，细部

式）。由此产生的柱列效果在此前的中美洲可说从未见过，从而令这批新的奇琴伊察建筑具有真正革命性的外貌。在空间的处理上更是表现得极为灵活。大量的列柱（有时由建筑立面或薄墙限定）形成了宽阔的带顶柱廊。如今被称为"千柱群"的这些巨大的拱顶廊道形成了城堡大院东侧的边界（地段总平面：图8-133；东北柱廊：图8-134~8-140；西北柱廊：图8-141~8-143）。庞大的群组分几个阶段建成，朝城堡东立面的列柱可能最为古老，要早于查克莫尔神殿

和武士殿的平台。其北端（即现武士殿金字塔西北角处）曾向西朝城堡大院伸出。该部分先是被一个和查克莫尔平台相连的西北柱廊取代（后拆除），最后代之以现在这个构成武士金字塔拱顶前厅的柱廊。最初这个西柱廊的南端尚未发掘，但它可能和城堡的下部结构属同一时期，因该柱廊和这个早期金字塔的朝向完全一致。在初始状态下，西柱廊形成位于城堡东侧一个宽阔但进深较浅的院落边界。柱廊深4排，向南扩展部分上承低矮的平角叠涩拱顶，内倾坡度约

50°~55°。柱子均为圆柱形。在建造查克莫尔平台改造柱廊时，改用了方形柱墩，在最后武士殿的柱廊里，再次重复了这种形式。北柱廊要比武士殿平台为晚，由5排支柱组成，其中南侧最外一排为方形柱墩，其他为圆柱（见图8-134）。

位于柱廊组群最南端的建筑即所谓"市场"（西班牙语：Mercado；平面、立面及复原图：图8-144~8-146；现状及细部：图8-147~8-150），在图拉，尚存它的一个变体形式。因立面上部的涡卷装饰

和既宽且深的线脚，一般认为它应和美洲豹神殿属同一时期。由于市场的涡卷装饰和美洲豹神殿的极为相近，因而很多都被用于球场院建筑的修复。也有人认为，前面的大院（千柱院）很可能是市场，配有许多小型建筑，如南北向成排的店铺和货摊；市场本身则可能是在市场院敷设了红色灰泥后建的法庭。其立面廊道颇似古罗马时期前庭院落前的柱廊，圆柱和柱墩交替布置，以此改变36个柱间距可能给人们造成的单调印象。内部中庭院落同样采用柱廊作为联系室内外

本页及左页：

（左两幅）图8-171奇琴伊察 球场院。基台浮雕，中心石（位于浮雕带中央，以浅浮雕表现死者的头颅，显然是暗示被击败球队的命运）

（中上左）图8-172奇琴伊察 美洲豹上殿（1200年前）。地段全景（自西南方向望去的景色）

（中上右）图8-173奇琴伊察 美洲豹上殿。地段全景（自东南方向望去的景色，下方为美洲豹下殿）

（右）图8-174奇琴伊察 美洲豹上殿。西立面（正面），全景

（中下）图8-175奇琴伊察 美洲豹上殿。西南侧，近景

空间的过渡要素，其柱子比例修长，在中美洲建筑中极为少见（见图8-144、8-146~8-148）。

[球场院及周边建筑]

在奇琴伊察，最后一组重要建筑是在上述各组群西北方向、主要广场西端规模不同寻常的球场院（公元900~1000年，平面、立面、剖面及复原图：图8-151~8-153；外景：图8-154~8-165）；在许多方面它都类似规模更大的图拉场院。奇琴伊察这个宏伟的场院本身长168米，赛场面积146×36.6米，在中美洲已知的这类建筑中，大约有700个规模不如它。其独特的音响效果，尤为令人惊异。

球场院主要场地两侧起垂直墙体，每侧自墙面上部向外伸出一个饰有交织羽蛇图案的石靶环（图8-166），靶环高出地面6.1米。在沿墙基部伸展的台座中间及两端布置精美的浮雕（图8-167~8-171）。

本页：

（左）图8-179奇琴伊察 美洲豹上殿。蛇形门柱细部

（右）图8-180奇琴伊察 美洲豹上殿。蛇形门柱（版画，塔季扬娜·普罗斯库里亚科娃绘）

右页：

（左上）图8-181奇琴伊察 美洲豹上殿。室内壁画细部

（右上）图8-182奇琴伊察 美洲豹下殿。地段全景（东侧，顶上为美洲豹上殿背面）

（下）图8-183奇琴伊察 美洲豹下殿。东北侧全景[入口中心布置一尊取美洲豹造型的御座（也有人认为是祭坛），室内基部浮雕表现两队球员，每队由7人组成；背后平台上为美洲豹上殿]

浮雕表现具有仪式特色的这类比赛的最后结局，一个被当作牺牲斩首的球员。还可看到两支身着华丽服装、佩带保护腰带和其他器物的球队。一个球员一手持刀，一手提着跪下的牺牲者的头，从后者的颈部象征性地冒出六条蛇和一根主干上开满鲜花的植物。在这类场景中间的圆盘上，呈现出死神的笑脸，优雅的涡卷则象征嘴里说出的话（见图8-170、8-171）。

场院北端和南端由神殿平台封闭，东部平台上有两个神殿，位于南端上下两个标高上，分别称美洲豹上殿（外景：图8-172~8-176；门廊及细部：图8-177~8-180；壁画：图8-181）和下殿（外景：图8-182、8-183；细部：图8-184~8-188）。这些神殿的

剖面形式及其低浮雕属奇琴伊察最复杂华美的一批，是熟练地综合运用雕刻的实例（其中占主导地位的是托尔特克的要素）。其粗壮的蛇形柱可能和图拉晨星殿的柱子相似，只是后者带獠牙的嘴和带羽毛的响尾蛇尾巴已缺失（美洲豹上殿入口蛇形柱的尾巴是重新安置到楣梁上的）。

主要球场院组群的日期并没有最后搞清楚。汤普森、S.K.洛思罗普和 塔季扬娜·普罗斯库里亚科娃相信，这组建筑风格较早，和城堡的下部结构属同一时期。按他们所采用的玛雅历法和公历的换算法[3]，在古典时期的玛雅和托尔特克玛雅艺术之间并没有很大的间隔。他们认为，托尔特克时期的玛雅、普克-切内斯和佩腾-乌苏马辛塔风格差不多属同一时期，即托尔特克人统治奇琴伊察初期。S.K.洛思罗普和塔季扬娜·普罗斯库里亚科娃倾向于这些风格属11世纪左右。而H.J.斯平登和E.W.安德鲁斯将佩腾-乌苏马辛塔后期、普克-切内斯和托尔特克玛雅风格的时间跨度扩大到600年（最近L.帕森斯、M.科霍达斯和巴尔也同意这一看法）。然而，这仍然无法解释许多托尔特克玛雅形式和古典玛雅浮雕的相似表现。而在普克-切内斯风格中，则没有出现类似的形式。S.K.洛思罗普不同意H.J. 斯平登关于复古的解释，看来还是有一定的根据。后面讨论奇琴伊察的雕刻时，我们还要进

一步研讨这个问题。

如果只是从建筑形式出发，显然球场院的建筑（见图8-151）要晚于千柱院，因其剖面形式和位于院落连续铺地端头的市场（见图8-144）极为相近。

这些院落铺地本身的建造日期，据推测应早于北柱廊，后者则晚于武士殿。如果这一年代排序可信的话，球场院的建筑就应晚于武士组群，这样，古典风格和托尔特克风格的关系，正如卡内基基金会的考

本页及左页：

（左上）图8-184奇琴伊察 美洲豹下殿。立面南角浮雕细部

（左下）图8-185奇琴伊察 美洲豹下殿。入口柱墩及御座（或祭坛），现状

（右上）图8-186奇琴伊察 美洲豹下殿。入口处御座（或祭坛，形式颇似城堡早期建筑里发现的那个，只是造型更为原始粗糙）

（中下）图8-187奇琴伊察 美洲豹下殿。室内浮雕（于浅浮雕上着色，版画，作者弗雷德里克·卡瑟伍德，取自Fabio Bourbon：《The Lost Cities of the Mayas，the Life，Art，and Discoveries of Frederick Catherwood》，1999年）

（右下）图8-188奇琴伊察 美洲豹下殿。室内浮雕，现状（表现托尔特克人的迁移）

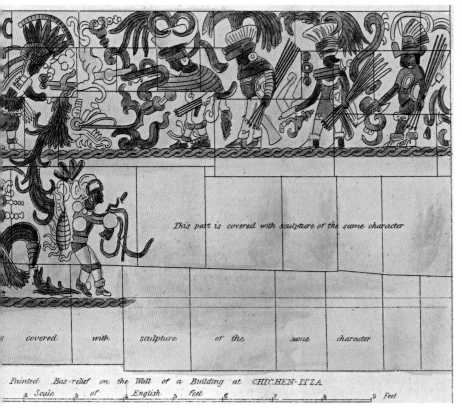

古学家所提出的，与其说是同期不如说是复兴更为合适。

球场院本身主要建筑的年代排序目前还是比较清楚的。最早的是朝东的美洲豹下殿（见图8-183）。接下来是平行的赛场面，南面和北面的神殿，最后是面朝西的美洲豹上殿（见图8-174、8-175）。美洲豹下殿（A. P.莫兹利命名为神殿E）的立面类似城堡的下部结构，可能要早于现在的球场院。长长的东丘台最后将这个样式古老的小殿纳入其中，并通过增建倾斜的南北基台和内部华美的叙事浮雕赋予它新的面貌。这次更新改造和球场院本身倾斜台凳的雕刻大约

同时。

除下神殿外部的包砌工程外，球场院的整个施工看来应在托尔特克统治崩溃前不久。同一时期建的还有位于球场院和城堡之间的一个不高的建筑——鹰平台（又称鹰豹平台；地段复原图：图8-189；外景：图8-190~8-195；雕饰细部：图8-196~8-200）。它和

左页：

（左上及下）图8-189奇琴伊察 鹰平台（鹰豹平台）。地段复原图[右侧为头骨祭坛（平台），复原图作者塔季扬娜·普罗斯库里亚科娃，取自Tatiana Proskouriakoff：《An Album of Maya Architecture》，2002年]

（右上）图8-190奇琴伊察 鹰平台。地段全景（自东面望去的景色，右侧背景为头骨祭坛）

本页：

（上）图8-191奇琴伊察 鹰平台。北侧全景

（中）图8-192奇琴伊察 鹰平台。西侧全景

（下）图8-193奇琴伊察 鹰平台。东侧台阶近景

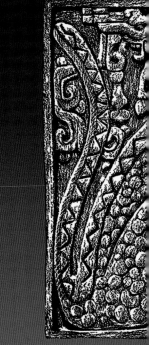

本页及右页：

（左上）图8-194奇琴伊察 鹰平台。东南角近景

（左下）图8-195奇琴伊察 鹰平台。西南角近景

（中上及右上）图8-196奇琴伊察 鹰平台。栏墙顶端雕刻细部

（中中两幅）图8-197奇琴伊察 鹰平台。浮雕（鹰鹫和美洲豹，前者象征白天的太阳，以人类的心脏作为能量的来源，后者象征日落后的太阳）

（右下）图8-198奇琴伊察 鹰平台。浮雕，细部（正在食用人心的鹰鹫）

（中下）图8-199奇琴伊察 鹰平台。浮雕，细部（抓着人心的美洲豹，图版，作者塔季扬娜·普罗斯库里亚科娃）

本页及右页：

（左两幅）图8-200奇琴伊察 鹰平台。查克莫尔像（1875年Augustus Le Plongeon在平台处发现，立面图作者塔季扬娜·普罗斯库里亚科娃）

（中上）图8-201奇琴伊察 金星平台（1100~1300年）。现状全景

（右两幅）图8-202奇琴伊察 金星平台。平台及台阶近景（台阶14步）

东面另一个金星平台（图8-201~8-204）一起，位于城堡北面，面对着主要广场。从线脚和浮雕上看，鹰平台和球场院建筑关系密切。浮雕采用托尔特克题材，四个台阶护墙上挑出羽蛇头像。由于更加大胆地利用基部斜面上带粗大边框、造型突出的裙板和悬挑檐口，促成了强烈的阴影效果。按16世纪编年史作者、主教弗雷·迭戈·德兰达（1524~1579年，图8-205）的说法，这两个仪礼平台是进行戏剧表演、

"供人们消遣娱乐"的舞台[4]；从形式上看，它们和图拉主要广场中央那座半残毁的祭坛倒是颇为相像。

在美洲豹及鹰平台北面为巨大的头骨祭坛（立面及外景：图8-206~8-211；近景及细部：图8-212~8-214）。它位于最后的广场地面上，因而和市场一样，应晚于柱廊的建设，和球场院一起，属公元1200年左右。其侧面表现穿在木桩上的成排头骨，显然是表现集体人祭的可怖场景（这种做法在西班牙人到来

本页及右页:

（中上及左下）图8-203奇琴伊察 金星平台。台阶及栏墙近景

（左上）图8-204奇琴伊察 金星平台。台阶端头雕刻细部

（中下）图8-205弗雷·迭戈·德兰达（1524~1579年）像

（右上）图8-206奇琴伊察 头骨祭坛（古典末期及后古典早期，
850~1100年）。凸台主立面及南立面（据Salazar，1952年）

（右中）图8-207奇琴伊察 头骨祭坛。凸台雕饰细部（表现各类武
士形象，据Seler，1915年）

（右下）图8-208奇琴伊察 头骨祭坛。凸台东侧（主立面）台阶

之前的几个世纪变得颇为流行）。

　　除了技术和施工质量，奇琴伊察的许多建筑看来
都是以托尔特克建筑为样板。所有这些和球场院同期
的建筑，都通过混合传统的玛雅束带线脚和外来的沉

重部件及比例造型获得了复杂的剖面形式。各个洞口均由统一的门框围括，展现出位于室外几个层面上的嵌板式隔间。在美洲豹下殿未曾有过的新型廓线在上殿得到了充分的表现（见图8-177）。玛雅传统的两条立面水平区段在这里变为四条。立面上部分为顶上的蛇檐壁和下部的虎檐壁。下部承重墙同样分成两部分，在垂直墙体下面另出倾斜的基座。这种位于几个层面上的嵌板构造使人想起城堡台地上的悬挑和退阶

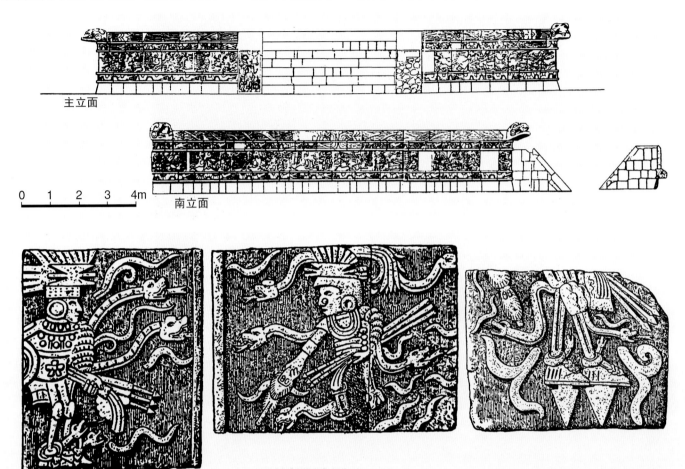

主立面

0 1 2 3 4m

南立面

（上）图8-209奇琴伊察 头骨祭坛。凸台东北角近景

（中）图8-210奇琴伊察 头骨祭坛。东面景色（未整修前，历史照片，现存哈佛大学Peabody Museum）

（下）图8-211奇琴伊察 头骨祭坛。东南侧现状

部分，尽管在这里，嵌板是垂面而不是斜面。市场的廊道具有几乎同样的剖面（见图8-144），只是两个倾斜基部的坡度不一样，立面起拱线以上部分亦分为两部分。

在新奇琴伊察，艺术就这样继续得到发展，托尔特克的匠师们在古代玛雅的基础上又续添了表现武士的各种装备和血腥仪式的题材。在差不多两或三个世纪期间，创造出一种于豪华中带着某种野蛮气息的艺术，哈里·伊夫林·多尔·波洛克把这种文化的杂交现象视为"生命的最后颤抖……玛雅大地上伟大建筑传统的终结。"[5]

[和图拉的关系]

1880年左右，克劳德-约瑟夫·德西雷·夏内在考察

（上下两幅）图8-212奇琴伊察 头骨祭坛。平台墙上的头骨雕刻

了奇琴伊察和墨西哥高原的图拉两个遗址后，首先注意到奇琴伊察的某些建筑和图拉的极为相似。1940年，当墨西哥政府在图拉开始发掘时，夏内的这一观测得到了最后的证实。起源于墨西哥的羽蛇神崇拜、墨西哥的取心人祭方式，展示牺牲者的头骨祭坛，和许多其他墨西哥高原的特征一起，都表明尤卡坦的墨西哥统治者和图拉的领主来自同一种族。托尔特克的奇琴和墨西哥谷地的图拉之间在建筑、雕刻和陶器上的相似是如此突出，以致长期以来奇琴被认为是托尔特克国家（如危地马拉高原的卡米纳尔胡尤）的外延

（本页左上及左页）图8-213奇琴伊察 头骨祭坛。头骨雕刻近景

（本页右上、中及下）图8-214奇琴伊察 头骨祭坛。头骨雕刻细部

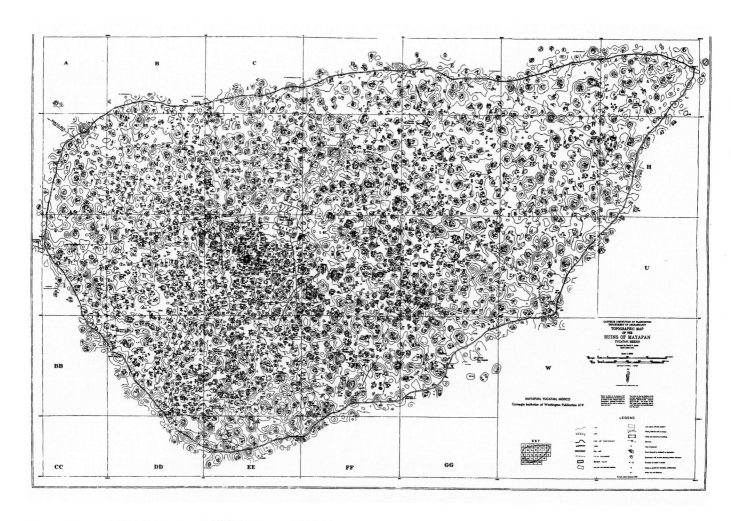

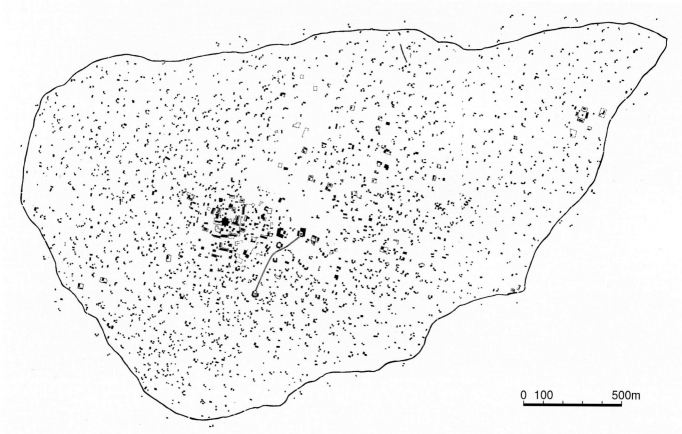

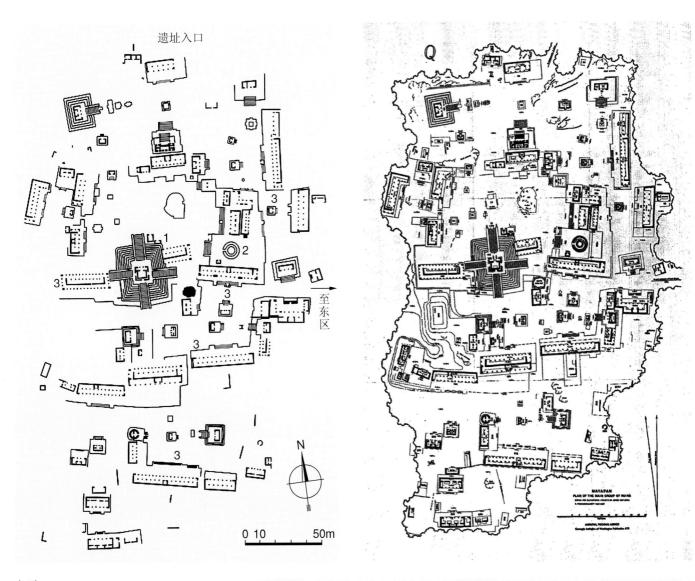

遗址入口

Q

0 10   50m

N

左页：

（上）图8-215玛雅潘 遗址区。地形图（华盛顿卡内基研究院考古部编制，1949~1951年）

（下）图8-216玛雅潘 遗址区。总平面（取自Leonardo Benevolo:《Storia della Città》，1975年；从图上可看到，这是一个居民密集的城邦-国家，延伸面积达3×2平方公里；祭祀中心占地2.5公顷，在平面方形的城堡金字塔周围，布置了包括天象台、神殿、平台等一系列建筑，最大的柱厅也位于统治者家族居住的这一区内）

本页：

（上两幅）图8-217玛雅潘 遗址中心区。总平面（据塔季扬娜·普罗斯库里亚科娃，1957年），线条图中：1、城堡，2、天象台，3、柱廊平台

（下）图8-218玛雅潘 遗址中心区。总平面

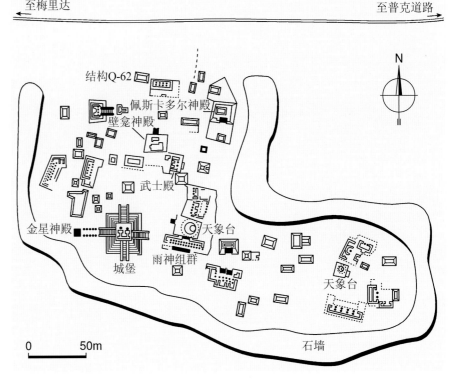

至梅里达   至普克道路

N

结构Q-62

佩斯卡多尔神殿

壁龛神殿

武士殿

天象台

金星神殿

城堡

雨神组群

天象台

0   50m   石墙

殖民地（在约一千年前，卡米纳尔胡尤可能是特奥蒂瓦坎殖民的前哨基地）。如今，大多数学者都承认，来自高原地带操纳瓦特语的托尔特克人曾是奇琴伊察的统治者，不仅是非玛雅起源的武士、祭司和神祇，也包括许多建筑和装饰部件的采用[如蛇形柱、巨像柱、深几排的柱廊建筑、收分的墙基、带纹章雕

本页及左页：

（上）图8-219玛雅潘 遗址中心区。北部现状（自城堡上望去的景色）

（左下）图8-220玛雅潘 壁龛神殿（结构Q-80）。地段全景（自城堡上向北望去的景色）

（右下）图8-221玛雅潘 壁龛神殿。西南侧全景（现存建筑位于一个平台上，有6个小房间，主要房间不久前才得到发掘）

饰（称adornos）的雉堞状屋顶、蛇形栏墙、倚靠的人物造型（"查克莫尔"）、带墨西哥雨神（特拉洛克）形象的香炉和镶在平墙面的叙事浮雕嵌板等]，都证实了这一说法。

这些影响的走向是相关的另一个重要问题。有一种看法，认为托尔特克人对尤卡坦地区建筑的影响来

本页及左页:

(左上) 图8-222玛雅潘 壁龛神殿。西南侧近景

(左下) 图8-223玛雅潘 壁龛神殿。砌体细部

(中上) 图8-224玛雅潘 金星神殿。现状全景

(右上) 图8-225玛雅潘 雨神组群。残迹现状

(中下) 图8-226玛雅潘 天象台。残迹景色(版画,作者弗雷德里克·卡瑟伍德,取自Fabio Bourbon:《The Lost Cities of the Mayas, the Life,Art,and Discoveries of Frederick Catherwood》,1999年)

(右下) 图8-227玛雅潘 天象台。西侧俯视全景

左页：

图8-228玛雅潘 天象台。北侧远景

本页：

（上）图8-229玛雅潘 天象台。西侧全景
（中）图8-230玛雅潘 天象台。东侧全景（左侧背景为城堡）
（下）图8-231玛雅潘 天象台。圆塔近景（东南侧景色）

本页及右页：

（左上及右上）图8-232玛雅潘 天象台。南侧近景

（右中）图8-233玛雅潘 天象台。南侧雕饰细部

（左下）图8-234玛雅潘 柱厅（163号结构）。俯视景色（参与玛雅潘发掘工作的塔季扬娜·普罗斯库里亚科娃认为这栋位于城堡西侧的建筑是青年人的宿舍，也有人认为是上层人物聚会的会所，这些柱厅中有的可能还是宫殿）

（右下）图8-235玛雅潘 柱廊平台。俯视景色（图示遗址东北侧各柱廊平台，自城堡上望去的景色）

自图拉地区。但如果我们考察托尔特克人入侵奇琴伊察之前图拉本身的独有要素时，这种说法便显得根据不足。在图拉的发掘仅揭示了奇琴伊察托尔特克时期第2和第3阶段特有的形式。图拉的北金字塔和柱廊（见图3-16）与奇琴伊察武士殿类似；其他建筑则如奇琴伊察的市场那样围着柱廊院布置。在图拉，除了蛇的形象和巨像柱外（见图3-25），同样发现了查克莫尔造像（见图3-49）；但在那里，却没有找到和

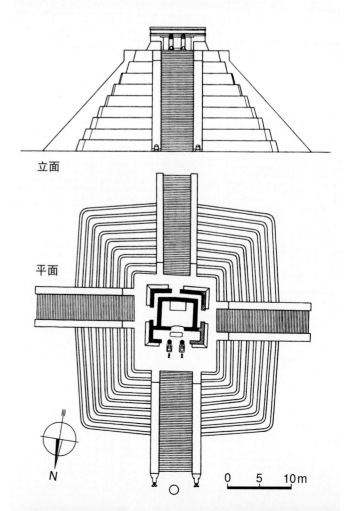

奇琴伊察托尔特克时期第1阶段艺术对应的遗迹。显
然，没有理由认为奇琴伊察（的）托尔特克人创造的
艺术是简单地模仿这时期远方图拉的作品。奇琴伊察
不可能是图拉的一个"更大和更好"的简单复制品，
要想把新奇琴伊察建成一个充满魅力和活力的城市，
作为样板，这个墨西哥高原的都会不仅规模不够，水
平也不上档次（事实上，这样的表现在许多合成艺术

立面

平面

N

0   5   10m

左页：

（上）图8-236玛雅潘 柱廊平台。俯视景色（图示遗址西北侧各柱廊平台残迹）

（左下）图8-237玛雅潘 柱廊平台。俯视景色（图示城堡西北侧一平台，为后清理部分，在图8-236上该部分还在砾石和树丛掩埋下）

（右下）图8-238玛雅潘 城堡（1250年后）。平面及立面（哈佛大学Pea-body Museum资料）

本页：

（上）图8-239玛雅潘 城堡。残迹景观（19世纪景色，版画，作者弗雷德里克·卡瑟伍德，取自Fabio Bourbon：《The Lost Cities of the Mayas，the Life，Art，and Discoveries of Frederick Catherwood》，1999年）

（下）图8-240玛雅潘 城堡。西北侧地段远景（左为天象台）

后阶段出现的一些部件的演进情况[6]（这些看法同样得到乔治·库布勒的响应）。

直至今日，许多人仍然认为，人们把一种外来的艺术强加给奇琴伊察的玛雅匠师。既然在图拉并没有发现这种艺术的形成阶段，只是在奇琴伊察才有，因而外来统治者很可能只是将一些理念而不是产品和匠师带到了奇琴伊察，并最终从他们的玛雅臣民那里获取了这种艺术形式。墨西哥的理念，就这样穿上了玛雅的形式外衣，最后又被移植到图拉。在建筑上，主要的托尔特克形式是平面圆形的神殿（如图8-50）和羽蛇。两者实际上都和羽蛇神（魁札尔科亚特尔，在玛雅，其纳瓦特语名称为库库尔坎）的祭祀有关，这是个在圆形神殿里受祭拜的风神，掌管雨水和植物。

在建筑形式中，像卡利斯特拉瓦卡那样的圆形神殿（见图3-76）和特奥蒂瓦坎的倾斜基部（见图2-52、2-76）可能是墨西哥建筑对玛雅的贡献。带巨

中都可以看到，特别是当被征服民族具有比征服者更优秀更深厚的文化传统时）。实际上，很可能图拉是奇琴伊察风格的前哨基地而不是相反。罗曼·皮尼亚·尚新近（1972年）在墨西哥也提出了这一命题，指出在奇琴伊察的某些建筑里，看到的只是在图拉最

像柱和人像支撑的柱列门道通常都认为是受到托尔特克建筑的影响，但实际上还有时间早得多的奥尔梅克的雕刻先例（新波特雷罗）。就柱廊室内而言，米特拉古典后期的实例（见图5-110）看来要比图拉的柱廊更为重要（后者很难证实属早期）。在奇琴伊察托尔特克时期的建筑中，我们可看到它们和阿尔万山及特奥蒂瓦坎的嵌板式台地极为相似的表现（前者如城堡，后者如武士殿）。和图拉相比，托尔特克时期的玛雅建筑显然更具有泛地域和折中的特色。

二、玛雅潘

然而，正如3个世纪前的乌斯马尔一样，奇琴伊察在经历了约3个世纪的大规模建设之后，很快丧失了它作为尤卡坦地区艺术首府的地位。在震撼半岛的一系列战争中大失元气的奇琴伊察，在1200年左右将领先地位让给了位于今梅里达以南25英里处的玛雅潘；到13世纪20年代，首府正式迁到那里，此后直到

左页：

（上下两幅）图8-241玛雅潘 城堡。北偏西地段全景（左为天象台）

本页：

（左）图8-242玛雅潘 城堡。东北侧远景

（右两幅）图8-243玛雅潘 城堡。西北侧远景

15世纪，在两个世纪的期间里，这座城市都是该地区的政治中心。古典玛雅的某些传统，正是在这里得到了最后一次复兴，如建立记时碑，采用四边形建筑的布局方式等。

这座新都城的城址已经过系统发掘，并在哈

本页：

（上下两幅）图8-244玛雅潘 城堡。东北侧全景

右页：

（上）图8-245玛雅潘 城堡。西北侧全景

（下两幅）图8-246玛雅潘 城堡。台阶近景

里·伊夫林·多尔·波洛克、R.L.罗伊斯、塔季扬娜·普罗斯库里亚科娃和A.莱迪亚德·史密斯的著作《玛雅潘》（Mayapán，1962年）中发表（地形图及总平面：图8-215~8-218；北部现状：图8-219）。在约1200~1450年左右这段时期，它作为奇琴伊察后继城市的地位已经明确，尽管在一些细节上人们的理解还未能一致。发掘提供了无可争辩的证据，表明这是一

个正在衰退的社会。

　　从发掘可知，这是个带围墙的城市，所围面积约1平方英里。带城墙的围地由三个地区统治者组成的联盟统治（三者全都在墨西哥高原的影响下）。城内建筑逾4000座，大部为住宅和祠堂，只有少数为宗教服务的大型建筑（壁龛神殿：图8-220~8-223；金星神殿：图8-224；雨神组群：图8-225）和一座引人注

目的天象台（图8-226～8-233）。建筑中大量采用了
柱廊的形式，可算是一个特色（柱厅：图8-234；柱
廊平台：图8-235～8-237）。柱厅通常不用拱顶，而
是采用梁式屋顶和抹灰。

不过，在玛雅潘，祭祀中心——按哈里·伊夫林·多尔·波洛克的说法——只能算是"奇琴伊察的一个缩小的复制品"。建筑普遍质量不高，平面布局杂乱，完全没有早期玛雅建筑特有的那种宽敞的空间感觉。无数小的祠堂表明公共祭祀活动衰退，神权政治式微。设防城墙标志着城市生活观念的变化，从定期到重要宗教中心聚集的分散农户变为挤在城墙内简陋住房里的居民。其主要建筑城堡（平面及立面：图8-238；外景及细部：图8-239~8-246）只是奇琴伊察的一个简单的复制品，尺寸仅及后者的一半，配有

蛇头柱及用易腐朽的灰泥建造的栏墙。在这里，虽然也有一些石碑雕刻和出土了一批陶器（图8-247~8-250），但质量并不很高。总之，建筑和艺术都反映了不可避免的衰落过程。

然而，值得注意的是，在玛雅潘，可看到人们明显趋向一种新的、"与越来越城市化的环境相适应的生活方式"[7]（从某种意义上说，这也是最接近现代人的生活方式）。A.莱迪亚德·史密斯在谈到一个富足的地方贵族成员的住宅组群时提到，其中有"……一栋属于主人的房屋；各种较小的供某些亲属和仆人

左页：

（左）图8-247玛雅潘 石碑。测绘图（后古典中期，可能1185年，图版取自Nikolai Grube：《Maya，Divine Kings of the Rain Forest》），其中a为1号碑，高175厘米，宽59厘米）

（右）图8-248玛雅潘 小型雕刻及雕刻残段（版画，作者弗雷德里克·卡瑟伍德，取自Fabio Bourbon：《The Lost Cities of the Mayas，the Life，Art，and Discoveries of Frederick Catherwood》，1999年）

本页：

（左）图8-249玛雅潘 香炉[彩绘陶器，取造物神伊察姆纳赫的形象（鹰钩鼻和嘴角的犬牙，均为该神的特征），后古典后期，1200~1500年，高60厘米，宽34厘米，墨西哥城国家人类学博物馆藏品]

（右）图8-250玛雅潘 雨神（彩绘陶像，高21厘米，后古典时期，取人形，但嘴角出尖牙，梅里达博物馆藏品）

的住房；一个厨房；一个家族礼拜堂和一组供奉喜爱偶像的小祭坛……一栋管家（caluac）住宅，以及另一个贮存食物的房屋（各种食品由管家自主人所辖地区内征得）；关鸟及小动物的笼子；可能还有一个人造花园，因这个地区的地面皆由石灰岩组成，需要补充土源并用石墙围护。"[8]

第三节 东部海岸地区

尤卡坦半岛东海岸，系指自北面的卡托切角向南至圣埃斯皮里图湾之间的地区。这些面积不大的城市

构成了尤卡坦半岛玛雅文化的最后堡垒，其中许多可能都建于更早的年代。它们散布在半岛东海岸及一些

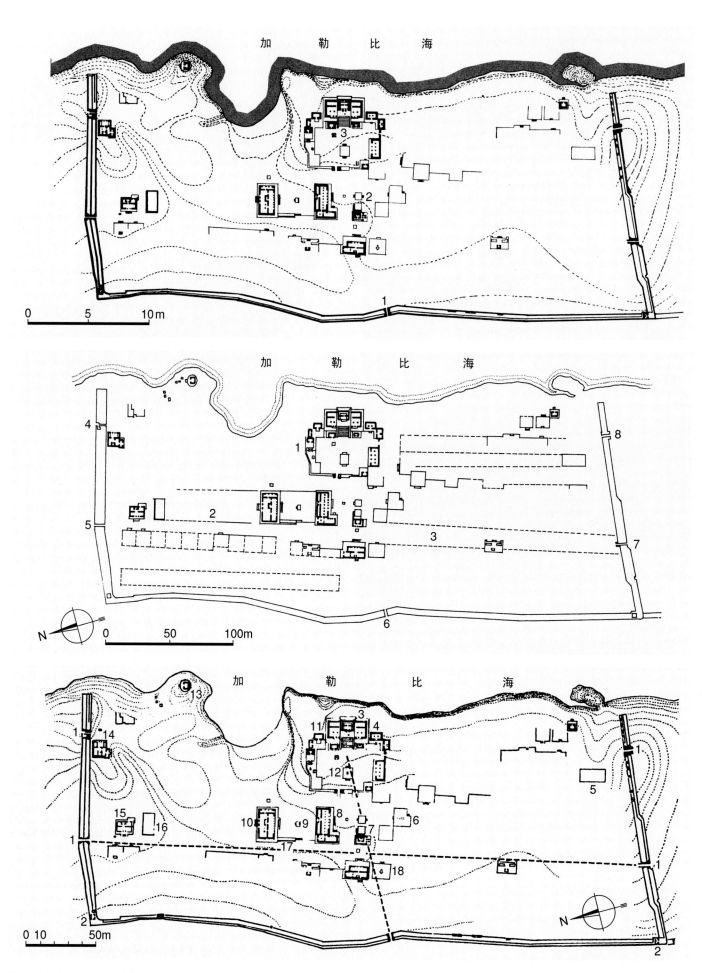

加 勒 比 海

3

0　　　5　　　10m

加　勒　比　海

4

5

1

2

3

6

7

8

N

0　　　50　　　100m

加　　勒　　比　　海

13

11　　3　　4

14

12

15　　16

10　9　8　　7　　6

1　　17

18

5

1

2

N

0 10　　50m

（左页上）图8-251图卢姆 遗址区（12或13世纪）。总平面（1∶3000，取自Henri Stierlin：《Comprendre l'Architecture Universelle》，第2卷，1977年），图中：1、主入口，2、壁画殿，3、城堡

（左页中）图8-252图卢姆 遗址区。总平面（据Lothrop，1924年），图中：1、祭祀中心，2、市场，3、主要街道，4、东北门，5、西北门，6、西门，7、西南门，8、东北门

（左页下及本页上）图8-253图卢姆 遗址区。总平面（据Lothrop，1924年），左页图示南北及东西轴线，城墙内区域大体分为四部分；右图示城堡及壁画殿周围地区；图中：1、城门，2、观测塔殿，3、城堡，4、1号神殿，5、54号神殿，6、13号平台，7、壁画殿，8、大宫，9、23号平台，10、宫殿，11、"降神殿"（神殿7），12、礼拜堂，13、结构45，14、赫诺特宅邸，15、结构34，16、大平台，17、结构22，18、葬仪平台

（本页下）图8-254图卢姆 遗址区。现状全景（北面俯视景色，左为加勒比海）

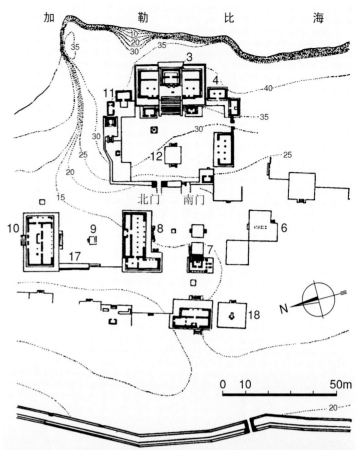

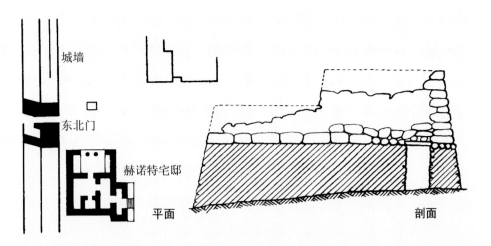

城墙

东北门

赫诺特宅邸

平面

剖面

本页及左页：

（左上）图8-255图卢姆 遗址区。东南侧俯视景色（自加勒比海上望去的情景，前景为城堡）

（中上）图8-256图卢姆 遗址区。东北侧俯视景色

（下）图8-257图卢姆 遗址区。南侧俯视景色[中为城堡，左侧可看到大宫和宫殿，右侧海岬上是迪奥斯神殿（结构45）]

（右上）图8-258图卢姆 遗址区。城墙及城门，平面及剖面

左页：

（上）图8-259图卢姆 城堡（约1400年）。历史景色（图版，作者弗雷德里克·卡瑟伍德，取自Fabio Bourbon：《The Lost Cities of the Mayas，the Life，Art，and Discoveries of Frederick Catherwood》，1999年）

（下）图8-260图卢姆 城堡。历史景色（图版，作者弗雷德里克·卡瑟伍德，取自《Views of Ancient Monuments》）

本页：

（上）图8-261图卢姆 城堡。南侧远景（彩画，取自Nigel Hughes：《Maya Monuments》，2000年；远处可看到位于海岬上的迪奥斯神殿）

（中及下）图8-262图卢姆 城堡。南侧远景[在科尔特斯登陆墨西哥之前，1518年，图卢姆城已给沿尤卡坦海岸航行的西班牙殖民者胡安·德·格里哈尔瓦（1490~1527年）留下了深刻的印象，只是他未敢贸然登陆]

岛上（如穆赫雷斯和科苏梅尔，在这最后几个世纪期间，科苏梅尔岛上建有一个重要圣所）。从现状情况来看，在后古典时期，这一地区政治上显然很不稳定，因而要求采取防卫措施。有的部分或全部设防；可能出于战略上的考虑，每隔一定间距设一个小型瞭望塔。更特殊的如位于一个小半岛上的伊奇帕通和塞拉，其狭窄（宽125米）的地峡由高3米的围墙护卫，S.K.洛思罗普称它为"一个奇特的棱堡，为保护唯一

（上）图8-266图卢姆 城堡。
西南侧远景

（中）图8-267图卢姆 城堡。
南侧全景

（下）图8-268图卢姆 城堡。
东南侧全景

（上）图8-271图卢姆 城堡。西北侧全景

（下）图8-272图卢姆 城堡。西南侧全景

的入口伸出到防卫线以外。"[9]

这一地区的建筑可分为两个主要时期。以科瓦为代表的早期遗址属古典佩腾类型。位于英属洪都拉斯的阿尔通哈的结构A-6B（见图7-392）可能是乌斯马尔那种双列建筑的先声（见图7-219）。后期组群位于沿海地带，在加勒比海近海岛屿上还有些同时期的建筑。许多沿海地区的建筑具有梯形门道和上部外斜、形式夸张的墙体（见图8-280）。这些特色可能

左页：

（上）图8-273图卢姆 城堡。东南角近景

（下）图8-274图卢姆 城堡。西北侧近景

本页：

（上）图8-275图卢姆 城堡。西南侧近景

（下）图8-276图卢姆 城堡。大台阶及圣所近观

察并没有这种外墙反向倾斜的表现，S.K.洛思罗普认
为图卢姆的主要部分建于托尔特克早期的假设因此得
到了证实，尽管他认定的日期（13和14世纪）过于晚
后。普克地区本身后古典时期建筑活动的缺失，使
G.W.布雷纳德相信，托尔特克人曾强令普克地区的
居民背离他们贫瘠的故土。如果他们是迁往东海岸
（从当地的建筑习俗看确有可能），那么风格的演进
序列就应该是自古典时期开始，经普克和托尔特克到
玛雅潘阶段。普克风格的传入当在10世纪左右，12和
13世纪为托尔特克风格，玛雅潘特色的出现则在13世

是来自普克地区，特别是乌斯马尔（在那里，如前所
述，大约在托尔特克人统治下的奇琴伊察崛起时，建
筑活动即告终止）。由于在托尔特克时期的奇琴伊

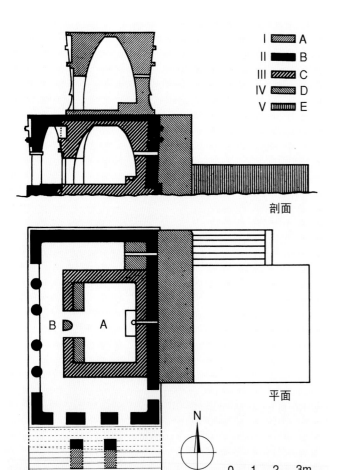

剖面

平面

I ▨ A
II ■ B
III ▨ C
IV ▨ D
V ▥ E

N

0 1 2 3m

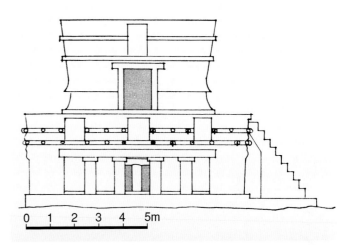

0 1 2 3 4 5m

（左上）图8-280图卢姆 壁画殿（结构16，古典时期及以后）。平面及剖面（据Lothrop）

（右上）图8-281图卢姆 壁画殿。立面（1：150，取自Henri Stierlin:《Comprendre l'Architecture Universelle》，第2卷，1977年）

（下）图8-282图卢姆 壁画殿。外景（19世纪景色，版画，作者弗雷德里克·卡瑟伍德，取自Fabio Bourbon:《The Lost Cities of the Mayas, the Life, Art, and Discoveries of Frederick Catherwood》，1999年）

纪之后。这样的年代序列亦能从奇琴伊察和玛雅潘的发掘中得到证实。古典时期的建筑以完全垂直的厚墙为标志，并带屋顶墙架和简单的矩形线脚。普克风格的建筑具有外倾的墙体，但无托尔特克建筑特有的倾斜基部。凹进的楣梁和带柱子的门道则是普克和托尔特克阶段共同的做法。倾斜的基部和大量采用的门上壁龛，以及图卢姆城堡的蛇形柱，均属来自托尔特克的特征。而灰泥雕塑则是玛雅潘特有的工艺产品。

在这地区的所有遗址中，无论从保存得较好的防卫工程还是从明显的风格特色上看，最值得注意的

本页及左页：

（左上）图8-288图卢姆 壁画殿。壁画（复原图，据Lothrop，1924年；图示早期结构北端，人物由相互缠绕的蛇划分成若干组群，蛇形条带往往象征脐带，是人和神之间的联系纽带，手持权杖和其他标志的人物以玉米面团作为祭品）

（左下）图8-289图卢姆 壁画殿。壁画细部（程式化的神像，沿袭墨西哥后期手抄本的绘画形象）

（右上）图8-290图卢姆 大宫（柱宫）。南侧现状

（右下）图8-291图卢姆 宫殿。东南侧全景

无疑是海岸北部玛雅后古典时期的重要遗址和设防城市图卢姆（总平面：图8-251~8-253；遗址全景：图8-254~8-257；城墙平面及剖面：图8-258）。正如J.E.阿尔杜瓦所说，它"在形式和布局上，最接近我们关于城市的固有观念。在玛雅城市……人们第一次可（在图卢姆）清晰辨认出两条（也可能是三条）具有城市特色的街道，道路边上布置宫殿、宅邸和更小的建筑……反映了一种将城市沿南北向主要干道布置的意图。"[10]

约1400年建造的城堡是图卢姆的主要神殿（历史图版：图8-259~8-261；外景及细部：图8-262~8-276）。其基底面积28×16米，台阶凸出5米。两个拱顶房间建在带楣梁及灰泥屋顶的早期建筑上。从它的许多特色上可看出后古典时期建筑和古典时期的区别：整个结构相对要小，砌体比较粗糙（建筑上部已毁）。图卢姆的这个建筑在西班牙人占领期间仍在使用，仅需局部修复。

和其他海滨城市一样，城堡的蛇形柱和与薄墙一起支撑某些建筑屋顶的柱廊，均反映了几个世纪期间奇琴伊察在这一地区的影响（即玛雅-托尔特克风格）。不过，尽管受到这样一些影响，施工上也欠完美，海岸地区的建筑仍然表现出一种自身固有的风格，特别是外墙，常呈明显的凹面。体量不大的所谓"降神殿"[所谓"降神"（Dieu-descendant）是阿尔贝托·鲁斯-吕利耶起的名称，从形象上看具有鸟类和蜜蜂的特征，亦称 "鸟人"（hommes-oiseaux）]是这种地方倾向的一个最好的证明，在这里，墙面的曲

本页及左页：

（左上）图8-292图卢姆 宫殿。西北侧现状

（下）图8-293图卢姆 诺罗斯特宅邸（或神殿）。历史图景（版画，作者弗雷德里克·卡瑟伍德，1844年；这是仅有的一幅表现卡瑟伍德本人形象的画作，进行测绘的两人无疑是卡瑟伍德和斯蒂芬斯，但究竟哪位是前者，哪位是后者，学者间说法尚未统一）

（右上）图8-294图卢姆 诺罗斯特宅邸。东立面（版画，作者弗雷德里克·卡瑟伍德，取自Fabio Bourbon：《The Lost Cities of the Mayas，the Life，Art，and Discoveries of Frederick Catherwood》，1999年）

本页：

（上）图8-295图卢姆
诺罗斯特宅邸。东南侧
现状

（下）图8-296图卢姆
诺罗斯特宅邸。东北侧
全景

右页：
图8-297图卢姆 迪奥斯
神殿（结构45）。南侧
远景

线通过明显的倾斜得到进一步的强调，但在略呈梯形的大门那里找回了平衡（图8-277~8-279）。

另一个以壁画命名的神殿（壁画殿）位于城堡前方，其壁画和东海岸其他绘画一样，类似玛雅的手稿画，同时使人想起米斯特克的抄本画（平面、立面及剖面：图8-280、8-281；外景及细部：图8-282~8-287；壁画：图8-288、8-289）。内廊角上的雕饰造型和门上壁龛处的所谓"降神"，均为独具特色的地方风格（见图8-282、8-285）。在这个建筑里，人们尚可从许多重建阶段中追溯出完整的风格系列。最初

（上及右下）图8-304圣罗萨-斯塔姆帕克 三层殿。残迹现状（西南侧景色，上下两幅分别示局部整修后及清理前）

（左下）图8-305圣罗萨-斯塔姆帕克 三层殿。雕刻细部

蜘蛛人和海龟人），朝外的第四面刻羽毛。在内殿室内的支柱部件上，再次采用了这类男像题材。在武士殿，雕饰仅在最上层块体两面出现，可视为一种退化形式。美洲豹神殿没有采用这一题材，而是在楣梁鼓石上刻羽毛和鳞片，并不求和内殿壁柱一致。蛇头则依在柱墩或柱子上的背景情况而有所变化和区别。圆柱的头仅为立方形体，嘴巴张开的程度要小于和方形柱墩相连的头。武士殿内殿入口处带角的蛇头则是另一种神话传说中的品种（见图8-126）。

[队列浮雕]

在奇琴伊察，队列人物是最重要的装饰题材。这些以浅浮雕形式表现的人物侧面形象，迈着庄重的步伐向既定方向前进。人像或局限在柱子或门侧柱面上（如美洲豹上殿，见图8-318），或沿台座的斜面

响尾蛇装饰造型的柱头部件，构成了从柱身到檐口部位的过渡。最早的实例是"化石"查克莫尔神殿（该殿现已被埋在武士殿平台内）带最初彩绘的柱头[所谓葬仪块体（buried blocks）]和极为类似的城堡神殿的柱头。两者均于三面饰男像浮雕（分别为贝壳人、

本页：

（上下三幅）图8-306奇琴伊察 武士殿。人像柱（上图外廊呈T形，手臂和两腿处造型较清晰；下两幅属11世纪末或12世纪，高87~88厘米，宽50厘米，墨西哥城国家人类学博物馆藏品；类似的装饰部件往往用来支撑祭坛的石板、檐壁或楣梁）

右页：

图8-307奇琴伊察 立面圆雕装饰（高89厘米，梅里达地方博物馆藏品）

（如市场廊道，见图8-312），或在神庙内殿的墙上（如美洲豹下殿，见图8-315）。古典早期南方城市的所有石碑形象，似乎都汇集到这里，被改造成托尔特克时期玛雅的祭司、武士或神祇的模拟造型，同时更严格地服从建筑构图的需要。

这类浮雕同样可依建筑排序，分辨出三个群组，即早期、中期和晚期。早期浮雕包括（公元800年前）天象台的圆形石板（图8-309，S.K.洛思罗普视其为托尔特克早期作品）。上下两排人物在半圆形角上按比例缩小。其中既有玛雅人也有托尔特克人（从服饰及配器上看，1、5和8号肯定为托尔特克人；3、6、7、9和11号可能是玛雅人），似乎是表现四组玛雅和托尔特克同盟者的对峙。这样的构图安排使人物之间空间很小，显得颇为拥挤。

中期浮雕（800~1050年）为两组柱子嵌板。开始阶段以查克莫尔神殿的柱子为代表，于基部和柱头之间插人像浮雕（图8-310之1）；第二阶段的典型例证是武士殿的柱廊，基部为围着人物头像的美洲豹-鸟-蛇头像，柱头部分饰日轮神祇（图8-310之2）。让·沙里奥进一步看出作品出自不同匠师之手，认为北柱廊系由四位雕刻师完成（图8-310之3），同时还发现了查克莫尔神殿和武士殿浮雕之间的差异和变化，如越来越便于制作，更加世俗化和模式化等等。中期的另一个与雕刻有关的特色是在神殿及柱廊里布置了许多台凳，斜面上雕成排的侧面人像。这类台凳在图拉再次出现，很久以后又以更程式化的形式在特诺奇蒂特兰得到应用。其最精美的实例是奇琴伊察的北柱廊（图8-311）。各面成排的人物向着中央的牺牲容器会聚，上部挑出的檐口上雕波动起伏的羽蛇。大多数行进人物都盘绕着成S形和Z形的蛇身。带斑痕的粗糙表面可能曾有彩绘灰泥罩面。在武士金字塔台地的嵌板檐壁上再次出现了这种形式，鹰、虎和倚靠的武士象征着以心献祭的仪式。

后期浮雕（12世纪）大都集中在奇琴伊察主要球场院附近，如赛场台凳上（见图8-314），美洲豹下殿室内（见图8-315），以及位于球场院和城堡之间的平台上（如鹰平台，见图8-191）。华美的服饰、生动的举止，自正面转到后面的各式行程，是这类后期浮雕的主要特色。市场的台座可视为自中期风格向后期的过渡形态（图8-312）。在带羽蛇雕刻的檐口下，被绳子捆绑并标有名姓的俘虏排成一列，向着中

央人物会聚。这种题材颇似北柱廊，但节奏的编排和表面质感的变化要比早期台座复杂得多。新一代天才雕刻师的情趣，在主要球场院里已经有所表现，市场的台座可能只是其最早的证据之一。

在主要球场院里，从风格的对照及分析来看（尽管并没有确凿的考古学证据），建造时序应是：南神殿、赛场台凳、美洲豹下殿、北神殿，最后是美洲豹上殿。认为南神殿年代最早是因其柱墩和武士殿类似，基部浮雕采用了美洲豹-鸟-蛇的母题（图8-313）。但球场院的雕刻师通过延长羽毛曲线掩盖了将羽毛和爪子分开的不雅中线，使嵌板上下两部分显得更为统一。在球场院设计师的所有作品上，都可以看到这类构图上的改进：姿态更为放松，细部更为

丰富，完全具备了绘画的效果。到美洲豹上殿（见图8-323）和武士殿内殿，人们终于以壁画装饰替代了浮雕。

奇琴伊察最大的队列浮雕位于球场院的两个台凳处，在装饰着玛雅蛇和植物图案的华美底面上，刻着接近真人大小的大量人物形象。建筑环境、盔甲和斩首的场景都令人想起早先韦拉克鲁斯地区的古典雕刻（试比较图8-314、4-147~4-150）。6块嵌板几乎一样，均为两列人物向着一个内刻头骨的圆盘会聚。每块嵌板皆由14个穿着运动服的人物组成，得胜的一

队戴着宽阔的马赛克般的项圈，他们的领队砍掉对方领队的头，从后者的颈中冒出六条蛇，好似韦拉克鲁斯地区阿帕里西奥七蛇碑上表现的场景。人物姿势单调齐整，只是在轻快的步调上可看出一些变化。倒是底面上满布的植物和蛇的涡圈图案，更具生气和动态。同样的场景重复出现在六组嵌板上（每个台凳三组），共有84个人物。4个端头嵌板配檐口，上雕身体断面呈圆形的羽蛇。西墙嵌板更为拥挤，雕工欠

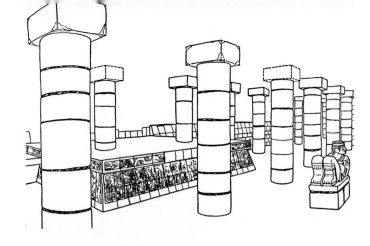

本页及左页：

（左上）图8-308奇琴伊察查克莫尔雕像（梅里达地方博物馆藏品）

（左下）图8-309奇琴伊察 天象台。圆形石板浮雕（公元800年前，表现队列人物）

（右下）图8-310奇琴伊察柱子浮雕（1050年前，线条图，据Morris）：1、查克莫尔神殿，2、武士殿，3、北柱廊

（右上及右中）图8-311奇琴伊察 北柱廊。内景复原图（作者塔季扬娜·普罗斯库里亚科娃）

3

佳，深度也不够，似乎是多次重复已令雕刻师失去耐心。东墙最北面嵌板人物姿态最为生动，底面最为开敞，可惜的是，许多板块已经缺失。东南嵌板羽毛和蛇的涡圈图案较为拥挤，人物之间几乎不留空隙（图8-314）。西墙中央嵌板是所有板块中最拥挤的，浮雕也最浅。题材的局限和独创精神的缺失表明，制作

台凳的这一代匠师，仍然和柱廊那类艺术形式保持着这样或那样的关联，但已开始倾向画面更大的构图，更富有变化的叙事场景和更富有生气的动态效果。

这些新的目标在美洲豹下殿内部的多条带构图中表现得极为清楚（图8-315）。6个条带不间断地跨角绕行整个房间。基部由植物、鱼类和鸟类构成的卷草

本页及右页：

（左中）图8-312奇琴伊察 市场。廊道，台座浮雕（立面图，可能1200年左右，表现队列人物，据Ruppert）

（左上）图8-313奇琴伊察 球场院。南神殿，柱墩基部浮雕（表现美洲豹-鸟-蛇等题材，可能12世纪，哈佛大学Peabody Museum供图）

（下）图8-314奇琴伊察 球场院。基台浮雕（1200年前，图示东南板面，线条图，据Marquina）

（右上）图8-315奇琴伊察 美洲豹下殿。队列浮雕（位于下部墙面，1200年前，线条图，据Maudslay和M.A.Fernández）

条带对称地自四个头像嵌板处浮现。上面五个条带中最下一条表现24个排成一列身着盛装手持长矛的贵族；接下来两个条带宽度一样，但比下面一条略窄；拱顶内斜表面上的两条宽度也一样，但要更窄。上面这四个条带均表现手持短矛及其他武器的武士。顶部条带中央为一个墨西哥式的太阳光盘（日轮）。这一题材再次出现在上殿的木构楣梁及壁画上。仅在下殿后墙中央，一条巨大的羽蛇穿过第2和第3条带的分界，形成平行队列之间的联系，为这种单调的条带式构图增添了一些活力。雕刻质量很接近台凳，但构图更具创意，更有生气。例如，在台凳处，人物之间的涡卷是直立的，但在美洲豹下殿的内殿，它们形成对角曲线，具有舞蹈般的动态。

在奇琴伊察北神殿，除了标示拱顶挑出部分和基座外，带状线脚用得很少。基部如美洲豹下殿那样，配卷草纹条带，但在北墙中央有一个前所未有的形象：一个倚靠着的尸体，所穿长袍上装饰着六角形的鳞片。自腹部升起的两条蛇直达脚部，头在蛇的咽喉内。这种倚靠的尸体形象同样用来环绕每个入口柱子的基部，位于悬垂着花草和果实的格架下。这类表现繁茂的藤本植物和树木的题材再次出现在台阶栏墙上（自雨神的头像中长出来）。在内殿的三个墙面上布置了五个人物条带（图8-316），但仅在拱顶起拱处用带状线脚分开。

在北神殿，如美洲豹下殿内殿的做法，场景自房间角上不间断地绕行，形成囊括三个墙面的连续空间构图。主要组群由向中央会聚的三列人物组成。下面的人物配备有飞镖等武器；中间一排取坐姿，左面的戴头巾，右面的戴羽毛头饰，正在听取中央一个人物讲话，后者站在张开的蛇喉中。上面，直立的武士朝着太阳光盘行进。代表演说词的涡卷是填补空挡的主要元素，整个组群好似三层的台凳行列。左右两边为另外的场景。面朝西并与西墙人物相衔接的是一个戴鸟头的舞者，跟着一个坐在角上的鼓手的节拍在地面

本页：

（上）图8-316奇琴伊察 球场院。北神殿，队列浮雕和叙事场景（1200年前，线条图，据Lothrop）

（下）图8-317抄本画：八鹿王（朱什-努塔尔鹿皮抄本，16世纪）

右页：

（左）图8-318奇琴伊察 美洲豹上殿。门柱浮雕（石灰岩，表现托尔特克武士，可能早于1200年）

（右上）图8-319奇琴伊察 献祭井。压花金盘（约1200年，线条图，据Lothrop）：上、D盘，表现战斗场面；下、L盘，表现鹰和武士

（右下）图8-320奇琴伊察 献祭井。压花金盘（G盘，约1200年，表现海战场景，渲染图，据Lothrop）

上翩翩起舞。统领整个西墙的是一个坐在上角的主人，正在向一些效忠者介绍一个较小的人物。东墙同样包括一些与北墙相衔接的组群，表现两个坐在室内交谈的首领，可惜东面的场景已严重损毁。最清晰的是朝外的下角，两个直立的人物正在讯问一个倚靠着

的人。

各处透视均采用上升系列，即在构图中，远处的空间位于高处；只是人物、树木和涡卷往往混杂在一起，相互干扰，实际事件及其象征图案合在一起，区分颇为不易。拱顶上有一个表现猎人用吹矢枪射击树

上鸟儿的场景，非常类似博德利手稿上表现米斯特克
英雄"八鹿"（Eight Deer，1011~1063年）生平的绘
画（图8-317）。这些拱顶画构图的丰富变化和叙事
细节表明，其范本很可能就是来自这些手稿绘本。在
起拱线以下，北墙浮雕表明，人们已在尝试摆脱这类
程式化的环境和手稿画的局限，将更大的叙事空间统
合到一起。在后面考察奇琴伊察的壁画艺术时，我们
还要追溯这种扩展后的叙事空间的进一步发展。

　　美洲豹上殿门道边上的壁柱雕有武士的形象（图
8-318），其裸露的生殖器显然是对一向保守稳重的

本页：

（上）图8-321奇琴伊察 武士殿。壁画（可能早于1050年，表现海滨村落）

（下）图8-322奇琴伊察 美洲豹上殿。西南墙壁画（12世纪，表现战争场景，线条图，据Charlot；右上房间平面示壁画编号）

右页：

（上）图8-323奇琴伊察 美洲豹上殿。南墙壁画（可能早于1200年，表现围城场景）

（下）图8-324圣丽塔 平台壁画（可能10世纪，表现神祇及历法符号，线条图，据Gann）

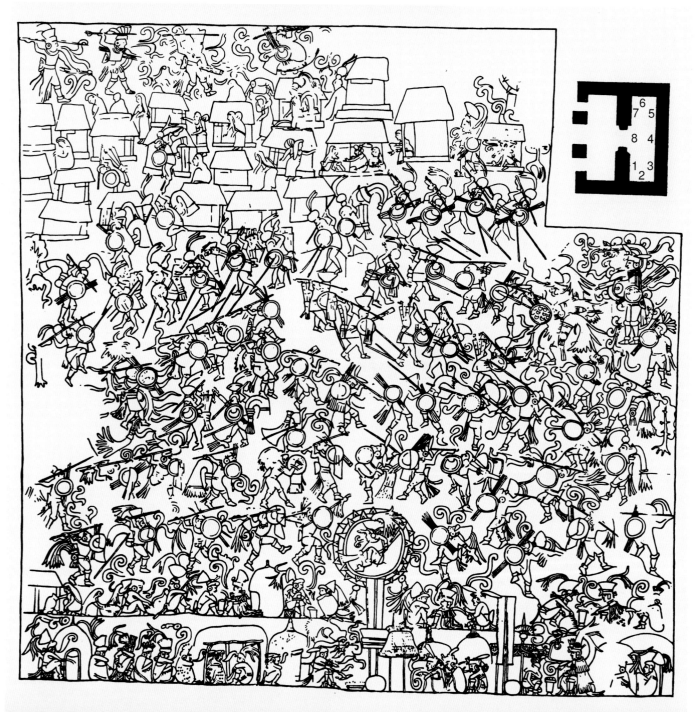

尤卡坦地区玛雅土著居民的冒犯。在这里，宣扬外来统治者的威严，蔑视本地习俗的意图颇为明显。然而雕刻的质量在奇琴伊察仍属一流（特别是在不用灰泥罩面和施彩的情况下）。在附近的一些平台上，再次出现了这种宣扬外来传统及风俗的题材（所尊崇的对象包括金星、以鹰为代表的武士社会，以头骨架为象征的人祭等）。这些后期古迹与图拉的极为相近。头骨架平台（见图8-210）由于建在广场最上层灰泥地面上，因而如市场那样，应属后期作品（可能13世纪）。

其他托尔特克时期的玛雅雕刻还包括自献祭井处挖掘出来的一批带雕饰的金盘。它们与主球场院的雕刻同时，从风格上看可分为三组：有7个盘（编号A~E、I、J）类似表现行进队列的檐壁，于圆形轮辋内表现几个托尔特克及玛雅武士；3个（F、G、H）有明显标识的地面线和一些画面环境的表征，风格上和武士殿及美洲豹上殿的壁画非常接近；其他6个（K~P）图案更具有纹章特色，可能和鹰平台（见图8-191）表现鹰和豹的檐壁浮雕有一定的关联。根据和建筑雕刻的比较，其年代应在12和13世纪。在D盘（图8-319上），行进队列上下蛇的形象显然尚不成熟；而在G盘，位于右侧小船上的类似题材已有了很大的进展（图8-320）；到L盘（见图8-319下），这个古典时期玛雅的题材已被墨西哥的鹰和武士取代。

本页及右页:

(左两幅)图8-325博尔贾抄本(上下两图分别示第21、23页)

(中)图8-326奇琴伊察 献祭井。压花镀金铜盘(可能10~11世纪,表现神祇及历法,墨西哥城国家人类学和历史研究院藏品)

(右)图8-327图卢姆 壁画殿。西通道,壁画(可能11~12世纪,线条图,据Lothrop)

表现海上战斗的G盘和武士殿描绘海岸风光的壁画（图8-321）显然有许多共同之处（特别是层层退后的水波）。在其他古代美洲艺术中，很少像这样表现空间的层次。这些壁画的作者和金器匠师很可能属同一代人，只是这种求实的作风似乎并没有在后世得到进一步的发展和延续。

二、绘画

[壁画]

在奇琴伊察，无论是俯视着球场院的美洲豹上殿还是武士殿的祠堂，都装饰着覆盖大片墙面表现历史和神话场景的壁画。只是保存状况很差，只能通过复

本页：

图8-328恩斯特·弗尔斯特曼（1822~1906年）像

右页：

图8-329德累斯顿抄本（25及26页，新年篇章，1200~1500年，高20.4厘米，宽9厘米）

（图8-323）。东墙上（3、4号）表现两个武士及风景，被爱德华·泽勒解读为"人间天堂"。和它面对的南墙上为战斗场景，表现处在飞矛下的两支军队（西南墙，1号）；南墙（2号）为围攻城市（或神殿）；西北墙（7号）是另一个围城场景。和博南帕克一样，表现大量的入侵者压倒了为数极少的守卫人员。在一个金字塔阶台上（南墙，2号），不到10个守兵受到大批手持标枪和长矛武士的猛烈进攻。门楣上（8号）为一个和北球场院神殿浮雕同样的斜靠人物，从他的腰上伸出蛇的造型。其上拱顶处，在另一组残毁严重的战斗场景下，是一个表现人祭的画面。在靠近地面的地方，环绕整个房间的基部条带如下殿的浮雕那样，饰以围绕着奇异头像和倚靠人物的涡卷图案。

每个墙面的构图都有所变化。在保存得最好的区段（西南墙，1号），总计约有120个人物。左下角一排人物的动作好似掷矛的连续视频（见图8-323）。南墙处（2号）再次重复了这一密集的构图，画面表现一个高3~4层用木料搭建的奇异围城塔，进攻金字塔平台的武士们正在向上攀登。坐镇指挥的神祇坐在右上角的日轮里。在两幅画面上，战场底部及顶端均以成排的房舍和坐着的人物界定。

在东墙（3~5号），已发表的残段图录使人想起武士殿的纵深空间构图，特别在表现树木及起伏的地形时。威拉德发表的一部分表现一群全副武装的战士分成两排在山后前进，去攻打位于画面下方的另一支军队。小人物的表现模式和夸大的风景廓线成为某些墨西哥历史手稿的先声。

武士殿的外表面同样有彩绘。倾斜的基部有131块抹灰区，22块上有成排的人物和动物形象（于红色底面上以黄色、蓝色、白色和绿色表现各种造型），类似平台上的雕饰嵌板。从风格上看，完成的时间应在查克莫尔神殿和武士殿内殿的壁画之间。

在英属洪都拉斯圣丽塔的一个平台上，同样可看

制品进行研究。球场院的壁画规律性较强，许多小型人物密集成组按几何方式布置。武士殿的壁画表现风景（村落及海岸），和球场院的相比，画面空间更为深远。一些学者认为，托尔特克时期玛雅绘画空间的表现是个逐步完善的过程。它放弃了普克时期那种程式化的几何造型，最后演进成如上述锻压金盘、海战和人祭那样的艺术形式。在这个发展过程中，美洲豹上殿那种扁平的、更具几何特色的构图（图8-322），要早于空间更为深远的武士殿的壁画（见图8-321）。从精神实质和构图上看，它们更接近博南帕克的壁画（见图7-591~7-609）。武士殿的风景画则使人们想起墨西哥南部手稿绘本那种条带式构图（见图5-141）。由于在"化石"查克莫尔神殿里并没有发现这类小型人物壁画，因此它们在武士殿的首次出现应属12世纪，即奇琴伊察托尔特克玛雅风格的建筑繁荣期将近结束的时候。

美洲豹上殿内室饰有7幅壁画。位于北墙和东北角的已完全残毁，但在东、南和西墙上的部分尚存

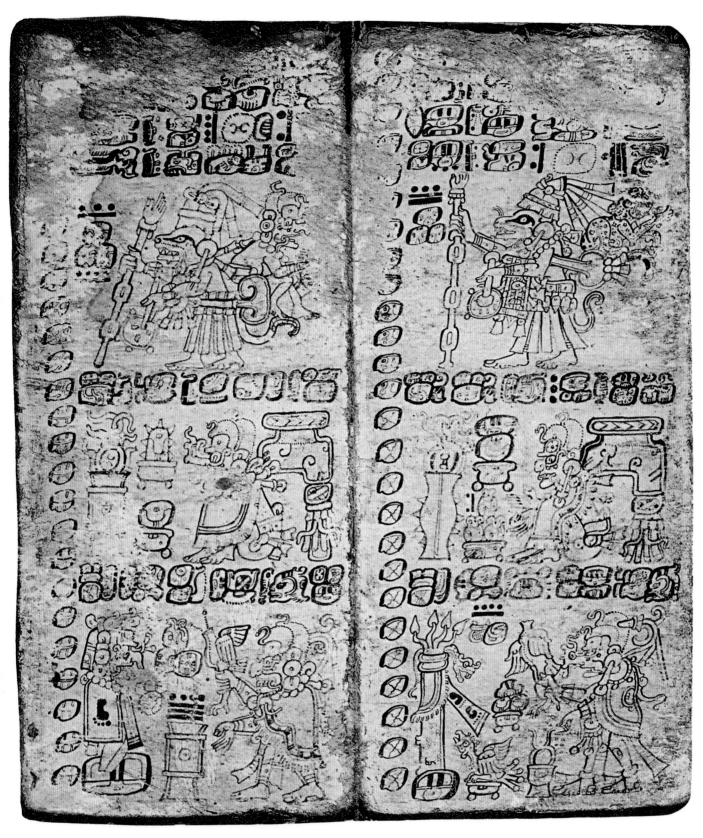

到外部壁画（图8-324）。和奇琴伊察的壁画一样，它们也表现出和墨西哥的联系，但具有不同的来源，更接近米斯特克而不是托尔特克的范本。根据最新的研究成果，圣丽塔的壁画很可能是在玛雅地域内，表现出墨西哥南部影响的最早这类作品。在这里一个长

10.7米的丘台北墙上，发现了丰富的壁画残迹。在绘画遭破坏前已可分辨出三个画面层次[11]。托马斯·甘恩复制的部分高1.47米。他提到，在发掘时找到少量"上釉的残片"，如果是这样，这批遗迹应属托尔特克玛雅时期。在北墙上，一个门洞将队列分为东西两

部分，其中的人物均如市场台座上的队列浮雕那样，手腕被用绳子捆连在一起。扭曲的身体、生硬的嵌板式服装、直线分划的形式、七种色调的浓重色彩，以及附加的流苏、花环、羽饰和珠宝，均为圣丽塔壁画

独有的形式特征。其中许多都在米斯特克手稿（如博尔贾抄本，图8-325）和米特拉的壁画中再次出现。象形文字符号来自玛雅艺术，建筑轮廓使人想起普克玛雅风格，而头像、眼神和手势则酷似德累斯顿手稿（见图1-87）的风格。

和圣丽塔的壁画密切相关的还有来自奇琴伊察献祭井的三个压花镀金铜盘（图8-326）。它们将玛雅的象形文字符号和米斯特克手稿上的人物及程式化图案结合在一起。S.K.洛思罗普认为这批作品属16世

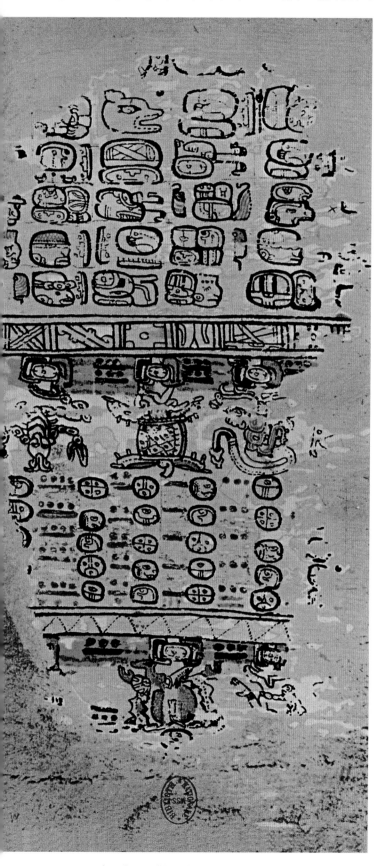

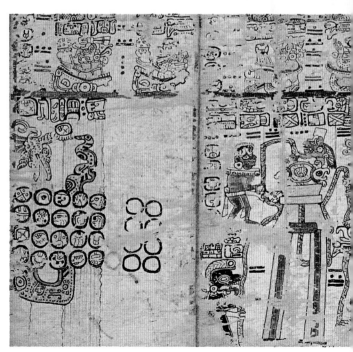

纪，但从现有证据看，也完全可能属普克或托尔特克时期。S.K.洛思罗普通过金属分析认为，这些盘子来自墨西哥南部，压花是在尤卡坦制作的。

在更靠近东海岸的图卢姆，同样发现了带壁画的墙体残段。建筑可能属普克时期。和圣丽塔的壁画相比，内容上更完整地表现出玛雅的特色。S.K.洛思罗普曾将其风格和1859年发现的佩雷西阿努斯抄本（Codex Peresianus，即巴黎抄本，为已知三个主要玛雅手抄本之一，见图8-330）及奇琴伊察的某些

彩绘陶片进行了类比。他指出有三种风格类型，主要变化表现在尺度和细部数量而非制作年代上。例如，在壁画殿檐口上，有一个正在磨盘上磨谷物的妇女形象（用蓝色与黑色线条在黑色底面上绘出，图

本页及左页：

（左）图8-330巴黎抄本（23页，1200~1500年，高23.5厘米，宽12.5厘米，巴黎国家图书馆藏品）

（中上）图8-331马德里抄本（页码25b，记述农作物，1350~1500年，高23.2厘米，宽12.2厘米，马德里美洲博物馆藏品）

（中下）图8-332马德里抄本（18~21页，1450~1650年，高23厘米，宽12厘米，马德里美洲博物馆藏品）

（右）图8-333格罗利尔抄本（第6页，表现死神和战俘，1100~1350年，高19厘米，总长125厘米；1965年，一位墨西哥艺术收藏家自盗墓者手中获得，1971年首次在纽约格罗利尔俱乐部展出并因此得名，现存墨西哥城国家人类学和历史博物馆）

8-327），身体和磨盘的每个构造部分均绕以金属线似的外廓，好似用失蜡法（cire perdue）浇铸时的蜡线。在下部墙面上，由缠绕的蛇体围括的矩形板块内安置同样风格的人物及装饰，在线条表现上显示出和金属工艺品的联系，将墙面划分为条带和隔间则是来自手稿的画风。阿瑟·米勒认为，板块之间缠绕的绳状镶边是表现作为宗族延续象征的脐带，为一种和前古典后期伊萨帕的纪念性浮雕相联系的古代习俗。

[手稿画]

在西班牙人占领之前的玛雅，共有三本带插图的史籍留存下来。它们分别保存在德累斯顿、马德里和巴黎。马德里手稿112页，页面高22.6厘米；巴黎手稿22页，页面高22厘米；德累斯顿手稿74页，页面要小得多（高18.5厘米，释读者为恩斯特·弗尔斯特曼，图8-328）。不过，玛雅手稿的页面比例属狭高类型，不像墨西哥的页面为方形或矩形。汤普森认为，德累斯顿手稿是三者中年代最早的，因其画面中出现了"托尔特克玛雅"的容器形式。巴黎本稍晚，马德里本已接近西班牙人占领时期。

所有这三个抄本均有配图，人物中许多都具有神的属性（德累斯顿和马德里抄本中主要内容为卜占历法，通常占每页的1/3）。1897年，P.舍尔哈斯首先对这些图形进行了分类，他发现在1000多个图形中，仅有15个人物类型（他分别用字母对其命名）。这种鉴别方式一直得到应用，仅有很少的变化。使用频率最多的几个是神B（God B，雨神）、神D（God D，天神伊察姆纳）、神E（God E，年轻的玉米神）和神A（God A，死神）。

这些手稿显然属不同的地方风格和不同的时代，但由于均为后世的复制或校订本，因而在年代的确定上颇为不易。德累斯顿抄本在风格上最接近古典时期玛雅的先例，尽管某些插图表现出很强的墨西哥影响（图8-329）。巴黎抄本每页角上损坏较多（图8-330），构图拥挤，人物大小差别甚大，形象也比德累斯顿抄本更为随意。马德里抄本在三者中最为粗糙和潦草，但提供了许多宗教和社会活动的细节（如捕鹿、养蜂、农耕、牺牲和战争，图8-331、8-332）。阿瑟·米勒新近还在东海岸的坦卡发现了在风格和图像上与马德里抄本颇为相似的壁画。

1965年，在墨西哥发现了第四个抄本[格罗利尔抄本（Grolier Codex），根据首次展出的画廊而名，仅11张残页，图8-333]。最近（2014年3月），危地马拉两名考古学家恩里·贝尼特斯和他的同事马科·莱亚尔在该国首都宣布，他们在离该国首都危地马拉城以西220多公里的奇奇卡斯特纳科印第安部落又发现了一本17世纪玛雅古籍手抄本，是至今发现的第五个玛雅古籍抄本，与目前保存在西班牙马德里的十分相似。

附：玛雅邻近地区

[危地马拉高原]

恰帕斯、危地马拉和萨尔瓦多高原地带为一个连接东西通道的山地陆桥。其火山标志着玛雅古典文明的南部边界。在哥伦布发现美洲大陆之前的整个历史时期，来自海湾地区和墨西哥山地的部族对这些高原峡谷和太平洋沿岸平原的频繁入侵，使玛雅文明从未在这些地区占主导地位，即使在自恰帕斯到伦帕河这些一直操各种玛雅方言的地区也不例外。在考古学和地名上，可明显看到来自墨西哥的征服者和殖民的影响。在这片地区，至少可分辨出四个主要阶段，即前古典时期奥尔梅克人的渗透，古典早期特奥蒂瓦坎的影响，古典中期和后期韦拉克鲁斯的入侵及公元1000后几个世纪期间墨西哥高原部族的征服。

东西两面临水的玛雅文明，在南面就是和这些墨西哥居民接界。玛雅历史的凝聚特点，以及从佩腾地区到河谷城市、再到平原地带的转换，都可以从这种部族和地理的局限中求得解释。玛雅的风格要素，尽管在南部高原地带已经有所表现，但一直在和其他的传统进行竞争，处于一种不稳定的共存状态。

在南部高原地带的艺术中，玛雅的一些基本特征基本属隐性表现。例如，叠涩拱顶仅在地下墓室出现，从不用于地面的独立建筑（后者通常用梁式抹泥

（左上）图8-334卡米纳尔胡尤金字塔C-III-6。9号碑（约公元前1000~前700年，高154厘米，宽22厘米，现存危地马拉城国家考古与人类学博物馆）

（左下）图8-335卡米纳尔胡尤10号碑（前古典后期，约公元前200年，高107厘米，长122厘米，可能为祭坛，现存危地马拉城国家考古与人类学博物馆）

（右）图8-336卡米纳尔胡尤11号碑（前古典后期，约公元前200年，高183厘米，宽70厘米，表现一个戴着蛇-鸟面具、衣服上标有王者符号的人物，危地马拉城国家考古与人类学博物馆藏品）

屋顶）。"初始系列"铭文很少，纪念性浮雕也只是偶尔出现。大型雕刻组群则见于伊萨帕（位于埃斯昆特拉地区）和卡米纳尔胡尤（图8-334~8-338）。即使在能大致按墨西哥和玛雅主要考古分期确定年代的

主要遗址，占主导地位的仍是非玛雅的特征。

在中美洲，年代最早的金字塔式平台位于太平洋沿岸的奥科斯和高原地带的卡米纳尔胡尤（遗址景色：图8-339；卫城：图8-340~8-342）。卡米纳尔胡尤的E III是个位于危地马拉城郊区芬卡-米拉弗洛雷斯的丘台组群。根据发掘时的放射性碳测定，早期结构E III 3属公元前两千年，此后一直延续到古典早期（公元初几个世纪）。这个丘台看来是一个狭长的矩形广场的组成部分，广场边上尚有其他用土坯和泥浆筑成的丘台。在约公元前12世纪改造的第4个阶台上，建了一个带光滑黏土抹面的斜面部件，类似最早的低地玛雅台地的剖面[如瓦哈克通的金字塔E-VII-sub（前古典后期）]。

继卡米纳尔胡尤的E III组群之后是隔广场相对分

本页：

（左上）图8-337卡米纳尔胡尤 卫城。结构D-III-6，香炉台座（前古典后期，公元前400~公元250年，高79厘米，宽82.6厘米，雕神的头像，为卫城东南土城墙处出土的三个台座之一，危地马拉城国家考古与人类学博物馆藏品）

（右上）图8-338卡米纳尔胡尤 浮雕板（正在吞食人心的美洲豹）

（下）图8-339卡米纳尔胡尤 遗址景色（一些尚未发掘的建筑残迹仍为植被覆盖；1935年，华盛顿卡内基研究院的学者在这里进行了首次发掘，继1960年宾夕法尼亚大学的补充发掘之后，自1993年起，危地马拉政府已拟订了一个系统研究的计划）

右页：

图8-340卡米纳尔胡尤 卫城。结构E，遗址现状

别面朝东、西两面的芬卡-拉埃斯佩兰萨的丘台A和B（图8-343、8-344）。在古典早期，两个金字塔曾多次按特奥蒂瓦坎几个主要金字塔的风格扩展（带下部斜面和垂直的嵌板面）。墓葬设施同样表明受特奥蒂瓦坎的直接影响（圆筒状的三脚容器，许多都带有玛雅和特奥蒂瓦坎风格的灰泥装饰）。和特奥蒂瓦坎一样，单一线脚的外挑檐口要早于成熟的垂面嵌板（tablero）。两个金字塔的早期阶段均用黏土建造。最后扩建时采用浮石块坐在黏土层上，外形如特奥蒂瓦坎金字塔。早在A2阶段，台阶边上已筑有实体栏墙；至A5阶段，上面一跑台阶与下跑之间以平台分开。在B4阶段，加了一个给人留下深刻印象的前金字塔，高两阶台的塔上立一平台式神殿（见图2-101之2），可能是以特奥蒂瓦坎的月亮金字塔为范本，

只是平面大为缩减（仅宽28米，特奥蒂瓦坎的为143米）。

在危地马拉高原各行省，建筑风格上最显著的特色是具有许多宽阔的梯道，特别在古典早期，如卡米纳尔胡尤的埃斯佩兰萨阶段，以及西部高原的萨库莱乌（遗址全景及复原图：图8-345；广场I：图8-346~8-352；广场II：图8-353~8-357；球场院：图8-358、8-359）。在这后一个遗址上至少有七座建筑，其中结构I（神殿I）是个后古典早期的神殿（公元900~1200年，见图8-348、8-349），基底40×32米，高约15米，台地方棱方角，房间没有采用拱顶。这是危地马拉高原防卫建筑组群的主要结构，自古典时期直至被西班牙人征服，一直是玛雅人的宗教中心、王朝中心和避难所。建筑于20世纪40年代进行了

（上）图8-341卡米纳尔胡尤
卫城。墙体残迹

（下）图8-342卡米纳尔胡尤
卫城。斜面-嵌板建筑残迹

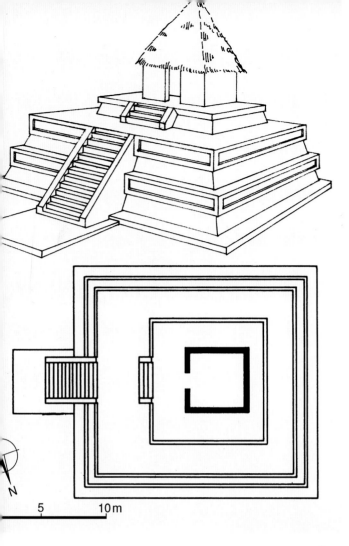

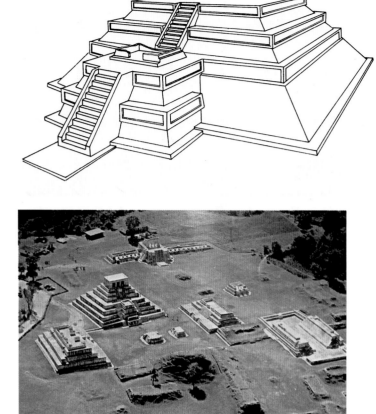

（左上）图8-343卡米纳尔胡尤 芬卡-拉埃斯佩兰萨。丘台A-7，平面及复原图（古典早期，约公元300年景况，显然是效法特奥蒂瓦坎建筑，平面据Kidder、Shook和Jennings，复原图据Marquina，1964年）

（右上）图8-344卡米纳尔胡尤 芬卡-拉埃斯佩兰萨。建筑B-4，复原图（为模仿特奥蒂瓦坎建筑的另一个作品，据Marquina，1964年）

（右中及下）图8-345萨库莱乌 遗址区。俯视全景及复原图

大规模整修，包括重抹表面灰泥。萨库莱乌是惟一这样做的修复工程，因而在某种程度上再现了面层的连续效果。

在萨库莱乌，上部带不同坡度（所谓"上斜式栏墙"，battered balustrade）的宽大台阶出现在最早的阿斯坦阶段（Aztan，相当卡米纳尔胡尤的埃斯佩兰

左页：

（左上）图8-346萨库莱乌 广场I。自北面望去的全景（左侧主体建筑为结构1，右侧自前至后分别为结构11~13）

（下）图8-347萨库莱乌 广场I。自西南方向望去的景色（前景为结构12，对面为结构6）

（右上）图8-348萨库莱乌 广场I。结构I（神殿I，约900~1200年），自结构6上望去的景色

本页：

（上）图8-349萨库莱乌 广场I。结构I，立面近景

（下）图8-350萨库莱乌 广场I。结构6（自结构1上望去的景色）

萨阶段）。这一形式在古典早期的内瓦赫再次出现，一直到古典时期终结，都是危地马拉高原应用最广的类型。在位于低地的阿尔塔-德萨克里菲西奥斯（为高原和乌苏马辛塔流域之间的交通要地），结构 A II 在其110米长的立面上布置了6个伸出的梯道（公元711年），似乎是通过建筑形式昭明这里和南部地区的频繁商贸交流，颇似几个世纪之前，卡米纳尔胡尤

（左上）图8-351萨库莱乌 广场I。结构13（自结构1上俯视景色）

（左中）图8-352萨库莱乌 广场I。结构13（自西北侧望去的景色）

（左下）图8-353萨库莱乌 广场II。结构4，现状（自北侧望去的景色）

（右上）图8-354萨库莱乌 广场II。结构4，从广场望去的立面景色

（右中）图8-355萨库莱乌 广场II。结构4，主体部分，西北侧景色

（右下）图8-356萨库莱乌 广场II。结构4，主体部分，西侧近景

和特奥蒂瓦坎的关系。在西班牙人征服前的最后几个世纪，可能出于军事防御的目的，城址大都向山顶转移，许多装饰华美的多跑平行台阶成为高原建筑的突出特征，如下韦拉帕斯地区的卡尤布和崔蒂纳米特（图8-360）。卡尤布结构2（图8-361、8-362）的下平台至少布置了10段台阶，平台上的双神殿每个配6段，各类台阶总数达到22个。它们和台地结合在一起，形成非凡的节律和阴影效果。在古代美洲，这可说是最复杂的一组台阶构图，只有阿尔万山的一组能在这方面与之媲美。

位于卡米纳尔胡尤西北的伊克西姆切在后古典晚期曾是玛雅地方王国的首府（自1470年起，直到1524年弃置）。遗址上的建筑包括若干金字塔-神殿、宫殿和两个球场院（城堡区总平面：图8-363；遗址全景：图8-364~8-366；广场A：图8-367~8-370）。发掘还揭示了一些带壁画的墙体，只是保存得不太好。

（左上）图8-357萨库莱乌 广场II。结构4，平台上圣所残迹

（右上）图8-358萨库莱乌 球场院。现状（向东南方向望去的景色）

（左中）图8-359萨库莱乌 球场院。现状（向西北方向望去的景色）

（下）图8-360崔蒂纳米特 遗址复原图（作者塔季扬娜·普罗斯库里亚科娃，1946年；中心区如许多其他后古典时期的城址一样，位于易于防守的山头上，组群内配有双神殿和长的宅邸，远景处为平面"I"形的球场院）

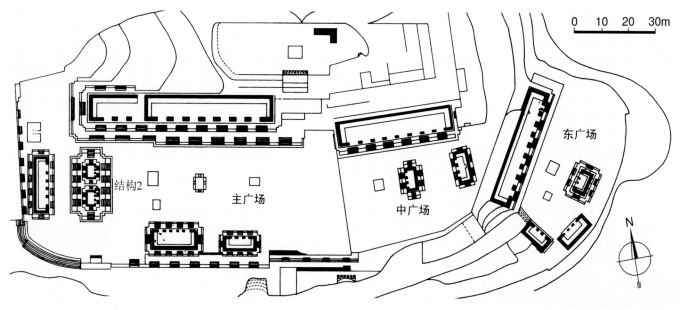

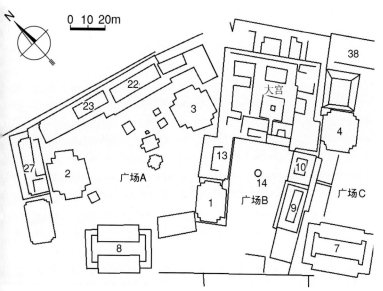

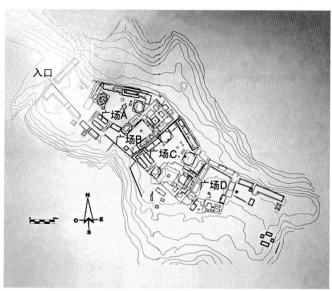

（上）图8-361卡尤布 结构2。总平面（约1300
年状况，据A.L.Smith）

（下）图8-362卡尤布 结构2。复原图（作者塔
季扬娜·普罗斯库里亚科娃，1946年；图示1300
年后状态，于中心广场南北两侧布置双神殿及
长宅邸）

（中两幅）图8-363伊克西姆切 城堡区。总平面
（图上数字即考古编号）

地处危地马拉西南高原地带的古马尔卡赫（圣克鲁斯-德尔基切，古代称乌塔特兰，其名原意为"老芦苇之乡"），创建于15世纪初；在16世纪初西班牙人到达这片地区时，已成为美洲最强大的玛雅城市之一（总平面：图8-371、8-372；历史图景：图8-373；复原图：图8-374；遗址景观：图8-375~8-379）。遗址上尚存几个神殿和宫殿，一个球场院（位于两个宫邸之间）。主要建筑围绕广场布置，包括美洲虎神殿、女神殿、山神殿和羽蛇殿。尽管遗址经过考察，但基本没有进行整修。由于在建造附近的圣克鲁斯-德尔基切城时，从这里掠取石料，建筑损毁严重。

危地马拉高原的纪念性雕刻系效法前古典时期和古典早期墨西哥低地和高原的先例，在托尔特克时期再次采用墨西哥风格之前还受到玛雅的影响。这些墨西哥的影响实际上来自不同的地区和民族，按时序

（上）图8-364伊克西姆切 城堡区。俯视全景（自西南方向望去的景色，自左至右分别为广场A、B和C）

（下）图8-365伊克西姆切 城堡区。遗址全景（自东南方向望去的景色，前景为广场B，远处为广场A上的结构1、2和3）

（中）图8-366伊克西姆切 城堡区。遗址现状（前景为广场B，后面分别为广场A上的结构1、2和3）

（上）图8-367伊克西姆切 城堡区。广场A，结构（神殿）1，侧面景色

（中及下）图8-368伊克西姆切 城堡区。广场A，结构（神殿）2，现状（自南面望去的景色）

排列大体上为：奥尔梅克人，阿尔万山地区，古典时期的韦拉克鲁斯，以及米斯特克或托尔特克人。奥尔梅克风格主要出现在靠近危地马拉边境的伊萨帕（属墨西哥的恰帕斯州），以及位于克萨尔特南戈东南约35英里的圣伊西德罗-彼德拉帕拉达。在这后一个危地马拉实例中，可明白无误地看到奥尔梅克风格的表现；伊萨帕的雕刻尽管可能是效法拉本塔的浮雕风

（上）图8-369伊克西
姆切 城堡区。广场A，
结构（神殿）2，现状
（自东北方向望去的
景色）

（下）图8-370伊克西
姆切 城堡区。广场A，
结构8（下沉式球场
院），现状

格，但亲缘关系并不那么明显。

　　伊萨帕的雕刻可分为许多组群。迈尔斯认为这些
雕刻和14个其他城址有这样或那样的关联，其中包括
卡米纳尔胡尤、蒙特阿尔托（巨像雕刻：图8-380、
8-381）、阿瓦赫塔卡利克（图8-382）和乔科拉。四

类中1类和2类为前奥尔梅克和奥尔梅克时期，至公元
前400年；3类为大型人物雕像，约公元前350~前100
年；4类为公元前1世纪的叙事风格作品。1类和2类包
括伊萨帕的1号碑（图8-383）；3类有卡米纳尔胡尤
的石碑B和伊萨帕的4号碑。4类（伊萨帕的5、12、

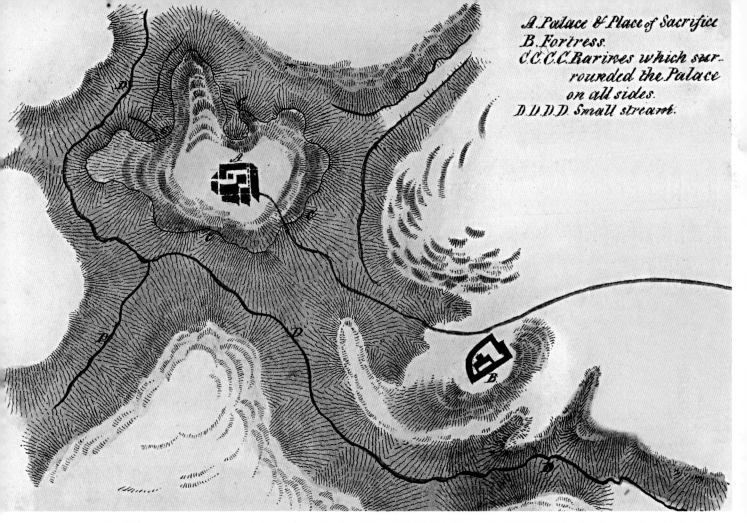

A. Palace & Place of Sacrifice
B. Fortress.
C.C.C.C. Rarives which surrounded the Palace on all sides.
D.D.D.D. Small stream.

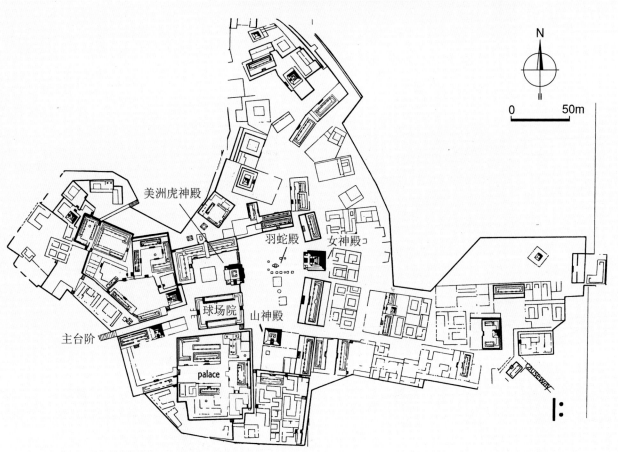

美洲虎神殿

羽蛇殿

女神殿

球场院

山神殿

主台阶

palace

N

0   50m

左页：

（上）图8-371古马尔卡赫（圣克鲁斯-德尔基切，乌塔特兰）遗址区。主要建筑平面（图版，作者弗雷德里克·卡瑟伍德，取自Fabio Bourbon：《The Lost Cities of the Mayas, the Life, Art, and Discoveries of Frederick Catherwood》，1999年）

（下）图8-372古马尔卡赫 遗址区。总平面（取自Nikolai Grube：《Maya, Divine Kings of the Rain Forest》，城市位于一个难以接近的高原地带，建筑群由几个神殿、一座宫殿、一个球场院及其他行政建筑组成）

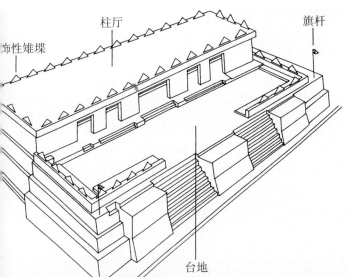

布性雉堞　柱厅　旗杆　台地

18号碑，图8-384）为带风景的叙事和场景浮雕。1号碑类似作为前古典后期雕刻实例、来自奥尔梅克风格中心的拉本塔的浮雕。塔季扬娜·普罗斯库里亚科娃还注意到它和阿尔万山的联系（如上部条带状象征天空的图案）。前古典时期雕刻风格在太平洋地区的扩展可能一直延续到后期。

接下来一组高原地区的浮雕不仅类似阿尔万山的石碑，同时也和韦拉克鲁斯中部地区的古典早期风格相近，后者的许多要素都可以在塞罗-德拉斯梅萨斯看到。最相似的是伊萨帕的4号碑和卡米纳尔胡尤的石碑B（图8-385）。两者均为戴着巨大头饰迈步向前的侧面人像，立在一个象形文字般的涡卷图案上。涡

本页：

（上）图8-373古马尔卡赫 遗址区。19世纪景观（图版，作者弗雷德里克·卡瑟伍德，取自Fabio Bourbon：《The Lost Cities of the Mayas, the Life, Art, and Discoveries of Frederick Catherwood》，1999年）

（中）图8-374古马尔卡赫 宫殿。透视复原图（取自Nikolai Grube：《Maya, Divine Kings of the Rain Forest》；宫殿建在高台上，前方设宽大的台阶，主体建筑前布置前院，屋顶及院落栏墙上设装饰性雉堞）

（下）图8-375古马尔卡赫 中央球场院及美洲虎神殿（发掘前照片，左为球场院，右为神殿）

第八章 玛雅（托尔特克时期）·1357

卷颇似瓦哈卡某些石碑（见图5-140）和阿尔万山墓构壁画（见图5-70）上象征天空的图案。在特奥蒂瓦坎绘画中，还可看到它的一种变体形式，这类造型可能仅限于古典早期和非玛雅组群。伊萨帕石碑还和同一遗址的奥尔梅克风格组群有一定的联系，因而可认为其时间要早于卡米纳尔胡尤的石碑B，后者的许多形式使人想起在特奥蒂瓦坎影响下古典早期最后阶段玛雅艺术的表现（如服装和涡卷的形式，特奥蒂瓦坎的影响则表现在程式化的火焰等方面）。

在中部高原朝太平洋一面，埃斯昆特拉地区的坡地上，有许多作为建筑装饰用的浮雕和圆雕头像。长期以来它们被认为是来自墨西哥的皮皮尔部落的作品。由于没有看到羽蛇神的母题，汤普森认为这一艺术不会晚于公元900年，即在托尔特克人入侵之前。来自圣卢西亚-科楚马尔瓦帕的两块分别表现棒球架（图8-386）和心祭仪式（图8-387）。L.帕森斯通过发掘认为科楚马尔瓦帕的雕刻应在公元400~900年间，可看到特奥蒂瓦坎入侵的影响。他将这些浮雕分为两组：叙事组，相当特奥蒂瓦坎 III期，创作于公元500~700年；肖像组群，制作于公元700~900年，相当特奥蒂瓦坎 IV期。

科楚马尔瓦帕浮雕通常均由几个人物组成规则图形，或为条带式，或呈辐射状，或为简单的左右构

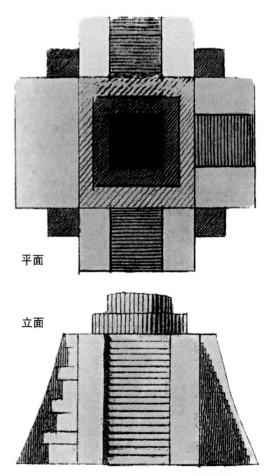

平面

立面

左页：

（左上及左中）图8-376古马尔卡赫中央球场院（上下两幅分别示发掘清理前后景况）

（下三幅）图8-377古马尔卡赫 美洲虎神殿（后古典后期，约1250年）。平面、立面及外景（图版，作者弗雷德里克·卡瑟伍德，1841年）

本页：

（上）图8-378古马尔卡赫 美洲虎神殿。现状（尚未发掘清理）

（下）图8-379古马尔卡赫 女神殿。遗址现状

（左上）图8-380蒙特阿尔托 巨像雕刻（巨像1，照片取自Michael Coe：《The Maya》，2005年）

（下两幅）图8-381蒙特阿尔托 巨像雕刻：左、巨像4（前古典时期，公元前600~前100年，高157厘米），右、巨像2（前古典时期，公元前600~前100年，高147厘米）

（右上）图8-382阿瓦赫塔卡利克 5号碑（古典早期，公元126年，1976年发现，为玛雅有年代记载的最早石碑之一）

图，既没有重叠，也没有其他暗示深度的手法。动作程式化、呆板僵硬，给人的印象是没有现成的范本可仿，只能凭模糊的印象进行创作的业余雕刻师的作品。日期符号类似墨西哥南部地区的历法（如劳德抄本），单位计数方式亦属墨西哥南部类型。另一方面，既高且窄并带下部棒球手形象的嵌板则使人想起玛雅的抄本和某些彼德拉斯内格拉斯石碑的构图模式（上部龛室内置几乎为圆雕的神祇造像，下面为浅浮雕的祭司形象）。科楚马尔瓦帕的神祇类似彼德拉斯内格拉斯的表现，取正面形象且几乎为圆雕，下面的棒球手为侧立。已知这类浮雕有7个。构图程式全都一样，但服装及配器属性彼此不同。大体可分为两组：即有墨西哥象形文字的和没有这类文字的。前者人体形象较大，和地面的关系更为明确，服饰细部表现得也更为清晰（石雕3，见图8-386）。这类浮雕的特色是配有圆形的墨西哥象形文字；表现倚靠男像（石雕13和14）和牺牲场景（石雕1、11、15和埃尔包尔的石雕4）的平嵌板亦属此类。另一组（见图8-387）构图则带有不确定的涡卷和横带图案（石雕2、4、5和6）。

（左）图8-383伊萨帕1号碑（可能早于公元前400年）

（右两幅）图8-384伊萨帕5号碑。现状及立面图

在埃斯昆特拉地区的雕刻中，还有一组老年头像。较大的一例类似头像容器；另一个残段则使人想起基里瓜的石碑，于底面上起3/4面部浮雕。许多带凸榫的石雕头像和科潘和基里瓜的作品相近。

[中美洲东部地区]

作为一个地理实体，中美洲自瓦哈卡地区一直延伸到安第斯山脉北部，既包括玛雅领地也包括非玛雅地区。萨尔瓦多的伦帕河和洪都拉斯的乌卢阿河构成了玛雅和非玛雅地区之间的文化分界。在这条线以西，占主导地位的是玛雅和墨西哥类型。以东是另一种所谓中美洲文化，既有来自墨西哥的要素也有来自安第斯山地区的影响。中美洲文化可能具有很深的根基，它具有某些南美洲的特色，在从洪都拉斯到巴拿马的前古典时期的陶器和石雕工艺中表现得尤为突出。在前古典时期，中美洲和南美洲之间可能已开展了海上贸易。危地马拉海岸边奥科斯的陶器和厄瓜多尔乔雷拉文化陶器（céramique chorerra，公元前1500~前900年）之间的类似相当引人注目。危地马拉太平洋沿岸的陶器瓶罐和对应的厄瓜多尔瓦尔迪维亚的产品，时间上甚至更早。到公元300年，已有美洲各中心之间相互来往的确凿证据。另一方面，收藏家们珍藏的各种风格作品，如乌卢阿的花瓶、哥斯达黎加高原的石雕、尼科亚半岛的陶器和玉器，都可以

左页：

（左）图8-385卡米纳尔胡尤 石碑B（约公元前100年，高183厘米，表现一个戴着高鼻子神像面具的人物，现存危地马拉城国家考古及人类学博物馆）

（右）图8-386圣卢西亚-科楚马尔瓦帕 3号碑（石雕3，可能500~700年，现存柏林 Museum für Völkerkunde）

本页：

图8-387圣卢西亚-科楚马尔瓦帕 21号碑（可能500~700年，现存柏林Museum für Völkerkunde）

看到和玛雅及墨西哥的联系。只有巴拿马和哥斯达黎加的金饰品可以归入安第斯山的影响范围，并再次证实了前古典时期已表现出来的中美洲主要产品和南美洲的关联。目前人们对中美洲东部地区前哥伦布时期艺术影响潮流的了解，远没有像墨西哥及安第斯山中部地区那样清楚。在早期和晚期，南美洲的形式占据了最重要的地位。中间这段时期则或多或少直接处于玛雅和墨西哥艺术的支配下，这段时期估计持续了一千年左右。目前人们所知的许多实例中，尽管有的日期还无法准确判定，但产生于这一时期，当无疑问。

第八章注释：

[1]即小蒙特霍（Francisco de Montejo y León，1502~1565年）为老蒙特霍（Francisco de Montejo y Alvarez，约1479~1553年）之子，父子俩均为西班牙征服军首领和殖民者，今梅里达城内还有他们父子的纪念像。

[2]在霍奇卡尔科，古典后期墨西哥象征图形与玛雅人物形象的结合可作为托尔特克时期玛雅统合高原与低地艺术的另一个先例。

[3]即所谓"古德曼-马蒂内-汤普森换算法"（Goodman-Martinez -Thompson，简称GMT），即将玛雅的创世日期定于

儒略历公元前3114年9月6日或公历公元前3114年8月11日，或584283儒略日（Julian day number，简写为JDN，由儒略周期的起点开始计算所经过的天数），这个转换方式大体符合天文学、民族志、放射性碳定位和历史证据，因而得到广泛应用。

[4]见Fray Diego de Landa：《Relacíon de las Cosas de Yucatán》，1938年版。

[5]见H.E.D.Pollock：《Architecture of the Maya Lowlands》，1965年。

[6]见Román Piña Chán：《Historia,Arqueología y Arte Prehispánico》，1972年。

[7]见Jorge Hardoy：《Ciudades Precolombinas》，1964年。

[8]见A.Ledyard Smith：《Residential Structures，Mayapán，Yucatán，Mexico》，1962年。

[9]见S.K.Lothrop：《Tulum：an Archaeological Study of the East Coast of Yucatán》，1924年。

[10]见Jorge Hardoy：《Ciudades Precolombinas》，1964年。

[11] 20世纪初，英国医学博士、古物爱好者托马斯·甘恩在这里发现了米斯特克风格的壁画。可惜的是，这些壁画在发现后不久就遭到迷信的当地土著的破坏。直到1979~1985年间Arlen和Diane Chase在这里进行系统发掘后，对圣丽塔遗迹的研究才开始有了实质性的进展。

第三部分 印加文明

引 言

[历史背景]

作为古代美洲三大文明之一的印加文明（Inca Civilisation）是唯一位于南美洲的古代印第安人文明。印加人原为印第安人中克丘亚人的一支，居住在秘鲁南部高原，以狩猎为生。"印加"原为其最高统治者的尊号，意为"太阳之子"。据说其最早的统治者曼科·卡帕克于公元1000年左右（另说为1200年）率领部落从的的喀喀湖地区向北迁移，最后定居于秘鲁南部的库斯科地区，并以此为中心，逐渐向外扩张，占领整个库斯科河谷。据传印加在亡国前共历12位统治者，15世纪初第8代王维拉科查（？～1437在位）时，印加人的势力在安第斯山地区逐渐壮大，从这时起开始有较确切的编年记录。第9代国王帕查库蒂（1438～1471在位）征服秘鲁高原的大部。其子托帕·印加·尤潘基（1471～1493年在位）征服奇穆文化地区（今厄瓜多尔）后，又扩张到秘鲁南部沿海地区。11代王瓦伊纳·卡帕克（1493～1525年在位）时，印加人征服整个安第斯地区，建立起强盛的国家，在他的统治下，帝国达到顶峰。极盛时期的疆界以今秘鲁和玻利维亚为中心，北抵哥伦比亚和厄瓜多尔，南达智利中部和阿根廷北部（图III-1）。

16世纪初帝国开始衰落。1531年，瓦伊纳·卡帕克死后，长子瓦斯卡尔与异母弟弟阿塔瓦尔帕为争夺王位发生内战，阿塔瓦尔帕与军队领袖结盟，击败瓦斯卡尔，成为新的印加王（图III-2）。但战乱使双方伤亡极大，加之瘟疫流行，国家元气大伤。1532年，西班牙殖民主义者F.皮萨罗侵入印加帝国，诱捕并处死国王阿塔瓦尔帕，立曼科·卡帕克二世为印加王。次年11月，占领首都库斯科。1536年，曼科·卡帕克二世发动反对西班牙人的起义，1537年被镇压，曼科·卡帕克二世被迫逃亡。虽然其他起义者的反侵略斗争一直延续到1572年，但最终未能挽回印加帝国灭亡的命运。

[地理形势]

安第斯山是世界上最长的陆地山脉，全长约8900公里，平均宽度300公里。古代南美大陆的城市大都集中在这一地区，它们沿着宽度超过160公里呈长条状的多山海岸地带，自委内瑞拉和哥伦比亚面对加勒

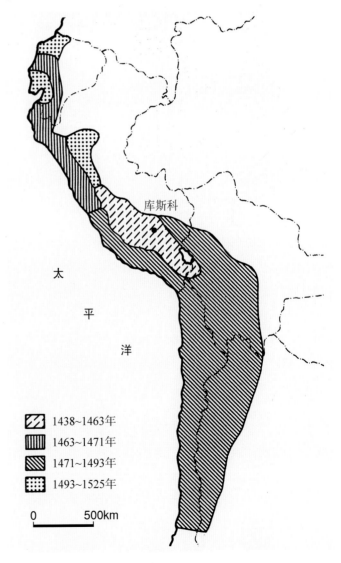

图III-1印加帝国的扩张（示意图，取自Michael E.Moseley：《The Incas and Their Ancestors，the Archaeology of Peru》，2001年）

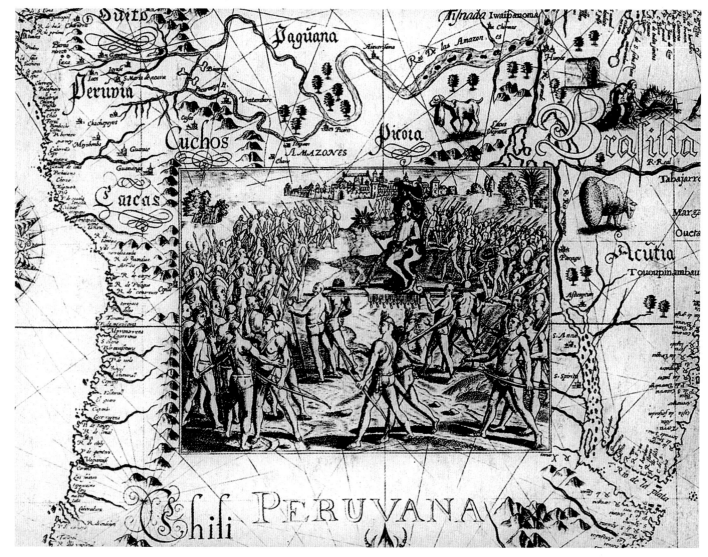

比海的地区开始，向南沿太平洋一直延伸至智利北部。安第斯山南部和平原地带的游牧猎人，以及亚马孙热带地区的部落，和北美洲的印第安部族一样，不在本卷的论述范围内。在这部分，我们仅讨论南美大陆城市文化及艺术传统得到持续繁荣的北部和西部山区的边沿地带。

安第斯文明的地理条件和中美洲完全不同。跨过大陆至炎热的大西洋海岸及干旱的太平洋沿岸的安第斯山区完全不像河湖密布的墨西哥高原，是个自海岸平原处急剧拔起的山脉之间的狭长地带，东面则是高原居民视为畏途的大片热带丛林。在太平洋一侧，与沙漠隔开的河谷地带是主要的文明繁荣区。在这些高原居民和海岸居民之间，既有冲突也有交流，这种情况一直延续到后期。墨西哥和安第斯山区的关系恰如海岸居民和中央高原居民的关系。在南美洲，既找不到和玛雅文明类似的表现，在安第斯山区，也不存在墨西哥西部那种生活稳定的农业人口。反过来也是一

样，在墨西哥和中美洲，既看不到干旱贫瘠的秘鲁海岸那种河岸文明，也找不到任何相应秘鲁南部和玻利维亚那类高海拔地区的社会形态。

[社会、经济、文化及艺术]

在一个居民分散的广阔地带通过宗教和王朝政体达到政治上的统一，是安第斯山社会的一个重要特色。查文、蒂亚瓦纳科和印加的考古记录和艺术都表明，在这里曾多次出现统一的泛安第斯国家。最后形成的印加帝国实行中央集权制。都城库斯科号称"世界中心"。国王称为"萨帕印加"（独裁执政者），是政治、军事和宗教的最高首脑，被尊为太阳神在人间的化身。全国以库斯科为中心，分为4个大行政区，由印加贵族任总督，总督以下的各级官员均从世袭的特殊氏族中遴选。国王常到各地巡行，地方长官则每隔一定时期被召到首都报告政务。库斯科城中的太阳神庙（金宫）是全国的宗教中心。每逢农事周期

的各个节日，都要举行祭典，祭典上的牺牲主要是动物，但当印加王出征或发生巨大自然灾害时，则以活人为牺牲。

在安第斯山各处，人们主要关心的，显然是如何在技术上驾驭恶劣的环境。沿岸地区的大型灌溉工程、高原上壮观的梯田，都证明了这点。由于农业生产的需要，印加人已有一定的天文知识和自己的历法。历法有太阳历和太阴历两种。库斯科城中建有高台，用于观测天象，以根据太阳位置确定农业季节。印加人还为贵族子弟设立学校，学习期限4年，学业主要为克丘亚语、宗教教义、历法、结绳记事等。后者以绳结和颜色表示一定的事物和数目，用于传递公文，记述日历、历史和统计资料（图III-3）。有人认为当时已创制出图画文字，但后失传。另外，印加人已有一定的度量衡制度，考古工作中曾发现骨、木或银制的天平。

在库斯科和马丘比丘等地均有印加时期的建筑遗存，库斯科城的宫殿、庙宇和城墙大都以巨石建造，衔接处不用灰泥且极为密合，显示出高超的建筑技巧。公共建筑和公益事业极为发达。特别在公路修建方面，印加人显然比玛雅人表现更为突出（图III-4）。他们用砖块铺就的公路，绵延于高耸的安第斯山脉上，堪称工程杰作。印加是一个地形狭长的帝国，驿道的需求很直接地导致了这项成就；而玛雅是由各自为政的城邦组成，无须把过多力量放在驿道建设上。

历史环境和地理形势的差异在中美洲和安第斯山地区的艺术上表现得极为明显。在中美洲，拟人表现和人文主义的倾向造就了无数的人物形象，但在安第斯山地区，人文主义风格只是断断续续有所表现，如在哥伦比亚和厄瓜多尔，或在秘鲁北部海岸地区。在其他地方，人体形象经复杂变形后，或形成怪物般的组合，或化解成抽象的几何图形。

[考古分期]

由于安第斯山地区环境相对单一并具有统一的文化，自1950年起，考古学家便倾向以一种比中美洲地区更严谨的方式按发展分类对遗存进行系统化整理。这一分类要比墨西哥和玛雅体系更为细致。例如，在安第斯考古学中，一般不用"古典"一词，而代之以"成熟"（Florescent）期或"大师"（Master

Craftsmen）期，最近又引进了"中期"（Middle）或"地域发展"（Regional Developmental）期的概念。另一方面，某些安第斯年表上的所谓"祭仪"（Cultist）期或"试验"（Experimenter）阶段则很难找到相对应的中美洲术语，在那里，人们仍然采用外延有限的种族定义，如"奥尔梅克"人或"托尔特克"人。

有些安第斯文化学者更喜欢按文化阶段进行考古分期。如兰宁就把它们分为6个前陶时期（公元前9500~1500年）和6个陶器时期（公元前1500年~公元1534年）。他的陶器时期沿袭了约翰·罗交替采用'Horizons'和'Periods'来表示阶段和时期的框架，只是所估计的时间区限和约翰·罗的有较大出入，特别是早期阶段。按约翰·罗体系（1967年），初期（Initial Period）为公元前2100~前1400年，早期（Early Horizon）公元前1400~前400年，早中期（Early Intermediate Period）公元前400~公元550年，中期（Middle Horizon）公元550~900年，后中期（Late Intermediate Period）公元900~1476年，后期（Late Horizon）公元1476~1534年。而按兰宁体系（1967年），相应各阶段分别为公元前1800/1500~

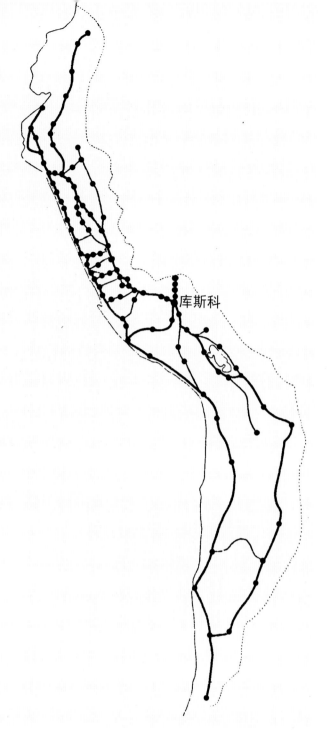

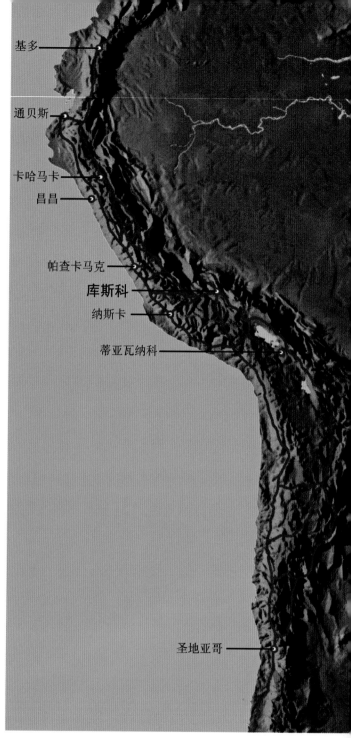

基多

通贝斯

卡哈马卡

昌昌

帕查卡马克

库斯科

纳斯卡

蒂亚瓦纳科

圣地亚哥

库斯科

图III-4印加道路网（长度达25000公里）

前900年，公元前900~前200年，公元前200~公元600年，公元600~1000年，公元1000~1476年和公元1476~1534年。

不过，应该承认，按前古典、古典和后古典时期进行分类的中美洲术语毕竟更为简单，同时也没有更充分的理由认为它不能在安第斯山地区沿用。有些编年史（如约翰·罗编的秘鲁南岸史）已能为风格阶段确立明确的年限。既然其他地方的编年史能如法炮制，看来没有必要维持现用于古代美洲各地那种既复杂又易于混淆的发展图表。本卷亦采用这种简化的分

期法，类似的分期在世界考古史上已有许多先例，尽管使用地中海文明的"古典"一词可能会引起某些误解，特别是用于4~10世纪的玛雅艺术时（如塔季扬娜·普罗斯库里亚科娃所著《古典玛雅雕刻》，Classic Maya Sculpture）。

对于没有文字记录的安第斯山社会来说，似乎很难应用类似的定义，但为了方便起见，我们仍将"古典"这个词用于和玛雅古典文化同时期的各文明（莫奇卡、纳斯卡和早期的蒂亚瓦纳科），下面我们还将看到，其艺术作品在历史上也占有同样的地位。

第九章 安第斯山北部及中北部地区

在地理上，通常把安第斯山分为北段、中段和南段。北段和中段大致以南纬5°为界，这也是古代城市主要分布的地域。考虑到考古分区，为了叙述的方便，在本卷，我们将安第斯山北部和中部大约相当南纬10°以北的部分放在本章评介，以南部分归入下一章。

第一节 哥伦比亚

南美洲按人文地理学，可分为城市社会聚集的狭窄的安第斯台地，以及阿根廷、巴西和圭亚那地区宽阔的平原及热带雨林。安第斯山地区居民密集，而南美洲东部仅有少数分散的流浪部族。这种分划同样在南美洲北部有所反映。厄瓜多尔和哥伦比亚西部高原为安第斯山脉的延伸部分。而位于加勒比海、中美洲和亚马孙传统交会处的委内瑞拉，并没有引人注目的大城市遗址和艺术品。在古代，这种文化的联系体系好似字母H：左面的竖线连接中美洲和安第斯山地区，右面的竖线连接加勒比海岛屿和亚马孙平原，两竖线之间的横线为委内瑞拉，在那里，各地的所有要素都混杂在一起。在本节，我们重点讨论哥伦比亚的情况，即使在这里，主要遗存也只是纪念性雕刻和大量金属工艺品，建筑相对较少。

在哥伦比亚的12个考古区中，只有位于马格达莱纳河和考卡河上游谷地之间的铁拉登特罗地区具有宏伟的建筑遗迹——岩凿墓（详图9-3）。进一步向南，在接近马格达莱纳河源头处的圣阿古斯丁地区，有一批表现出独特风格的重要雕刻作品（图9-1）。铁拉登特罗和圣阿古斯丁两处国家考古公园现均为世界文化遗产项目。卡利马河谷地带、奇弗查、金巴亚和锡努河地区则为不同风格的金饰品制作中心（图9-2）。在靠近东北海岸山区泰罗纳出土的古物兼有委内瑞拉和中美洲类型的特征。

尽管在某些学者中，有这样一些看法，即圣阿古斯丁的雕刻和卡利马地区的金器属早期（约公元前500年，可能和奥尔梅克和查文风格同期）；铁拉登特罗地区的墓构可能时间稍后，并由另一民族完成；一直存续到16世纪的奇弗查和泰罗纳属后期。但实际上，这些遗存的年代序列尚无法最后确定，正如温德尔·本内特所说，这样的顺序安排，虽说聊胜于无，但远不能令人满意，因为有些地区没有早期遗存，而另外一些地区则是后期缺失。

一、建筑

在哥伦比亚，主要古代建筑遗存为泰罗纳地区的石砌街道和基础，以及前面提到的南方铁拉登特罗地区的地下墓寝。后者为椭圆形，泰罗纳的住宅为圆形。温德尔·本内特认为泰罗纳的村落属后期。铁拉登特罗地区的墓寝则可能经历了很长的时期。著名西班牙考古学家何塞·佩雷斯·德巴拉达斯（1897~1981年）将它们分为三个组群：初始组没有龛室；中期墓葬配有彩绘；最后一组采用椭圆形平面，墙上施彩绘，于岩石中凿出柱墩并设楼梯间。

更为考究的带倾斜屋面和辐射状龛室的墓寝通常均于质地较软的花岗闪常岩中凿出。入口为直的或圆形的楼梯井。抹灰墙面上以黑、红和橙色绘制几何图

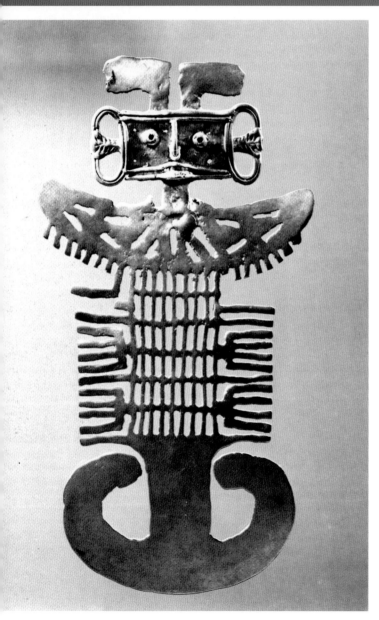

案或人物形象。在这些墓寝里发现的陶器不像其他哥伦比亚风格的产品，倒是类似亚马孙类型（如马拉若岛的骨灰瓮）。

圣安德烈斯的椭圆形平面墓寝长轴8.35米，高2.28米，龛室由壁柱分开，饰有浮雕及彩绘的几何图案（图9-3）。这些墓寝是否如意大利古代伊特鲁里亚地区墓寝那样，系仿造当时的住宅建筑，由于没有地面上的居住建筑留存下来，已无法确定。带辐射状龛室的椭圆形平面从形式上看和17世纪的欧洲建筑相仿，实际上，它们和西非部落和南海岛屿上以泥土和茅草建的"有机房屋"具有更密切的亲缘关系。许多证据都表明，铁拉登特罗地区的墓寝和来自南美洲东部的阿拉瓦人有一定的联系。竖井状的深墓和几何形式的壁画，以及陶器的类型，都证实了这点。

二、雕刻

在南面与铁拉登特罗地区毗邻的是位于马格达莱纳河源头附近，围绕着圣阿古斯丁村的一片树木丛生的山地。在整个地区散布着320尊以上作为墓寝标志、墓构盖板和圣区雕刻的石像（见图9-1）。它们表现人物、动物和怪兽，有浮雕也有圆雕。由于总体上和秘鲁北部高原地带的查文艺术类似，其日期应相当公元前1000年，和墨西哥东部的奥尔梅克雕刻同期。

这些遗存的绝对年代尚无法最后确定。所有圣地

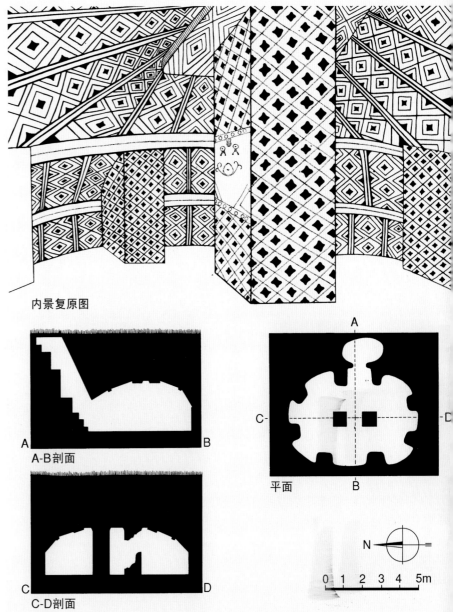

内景复原图

A-B剖面

C-D剖面

平面

左页：

（上）图9-1圣阿古斯丁地区 石祭坛和墓寝雕像（可能公元700年前）

（下）图9-2哥伦比亚 兽形金制刀具（可能早于公元250年，费城大学博物馆藏品）

本页：

（右）图9-3圣安德烈斯 8号墓（可能公元800年以后）。平面、剖面及内景复原图（取自George Kubler：《The Art and Architecture of Ancient America, the Mexican, Maya and Andean Peoples》，1990年）

（左）图9-4萨帕特拉岛 基座雕刻（可能早于公元1200年，取守卫神造型）

遗址几乎全被寻宝者彻底搞乱，科学的发掘已无可能。不过，何塞·佩雷斯·德巴拉达斯仍宣称，他找到了现场的层位证据，能把近千年（从公元前150年之前至公元700年左右）的历史发展分为初始阶段，中期和后期。

何塞·佩雷斯·德巴拉达斯试着把他这种类型分类法用于铁拉登特罗地区的墓寝并确定其雕刻的年代顺序。他指出三种主要的类型，即圆筒状的造型，深刻的圆雕，浅刻的板式浮雕；并假定这也是它们出现的先后顺序。站立的人像几乎是永恒的母题，且常常带有美洲豹的牙齿。硕大的头部占整个高度的1/3或1/4，头部的雕刻也比身体其他部分更为明确清晰。

这些雕刻大都位于独立的祠堂内。祠堂结构类似

神殿（地方上称mesitas），平面矩形（可达10×15英尺），以独石板为顶，由墙体、柱墩或人像柱支撑。主要雕像靠近祠堂中心，整个结构覆盖在土丘下。圣阿古斯丁城镇附近的主要祠堂有三组，分别称祠堂组A、B和C。A组东西两丘相距约20米；B组位于A组西北180米处，有南、北和西北三丘；C组位于A组以西400米处。

有些雕像具有很大的尺寸，如B组西北丘的一个高4.25米，因其头巾的样式被称为"主教"，其意义尚不清楚。有些人认为是随着入侵民族的到来，早期居民的月球崇拜被入侵者的太阳崇拜取代。按这种说法，月球崇拜应属秘鲁史前时期的查文阶段；崇拜太阳的民族可能和蒂亚瓦纳科的建造者属同一时期。风

格和图像的类比也支持这种说法。在查文和蒂亚瓦纳科都可以看到巨大的石像；口含另一个生物的怪兽同样是安第斯山中部地区的装饰母题。像尼加拉瓜湖萨帕特拉岛那样的基座雕刻（图9-4）在圣阿古斯丁以及秘鲁海岸的陶器和亚马孙流域的石像中均可见到。有人认为，这类雕刻很可能是表现想象中的美洲豹形象。

第二节 秘鲁北部：安卡什及邻近地区

一、秘鲁北部早期形势

从地理上看，秘鲁高原和太平洋沿岸地区，和玻利维亚高原一起，均属安第斯山中部地区。秘鲁北部的卡哈马卡，和厄瓜多尔南部通过几百英里树木丛生的山地和海岸边的沙漠地带分开。东面，亚马孙河上游的热带森林包围着这个安第斯山中部文化区。南部的阿塔卡马沙漠成为它和南美洲南部的隔离带。从厄瓜多尔到智利，安第斯山中部地区形成延伸1000多英里的条形地带，宽度在50~250英里之间变化。在这里，许多彼此相关的文明具有共同的历史传统，完全不同于南美洲低地及安第斯山北部。

在安第斯山中部，城市生活占据主导地位，它和中美洲不同的是金属冶炼及纺织技术很早就在经济生活中起到重要的作用。在安第斯山地区，建筑不像玛雅和墨西哥那样具有复杂的空间。除了结绳记事外亦无书写文字[考古学家拉斐尔·拉尔科·奥伊莱（1901~1966年）曾设想，北部沿岸地区带标记的豆子可视为一种文字记录，如果人们能接受这一假设，则另当别论]。

对我们来说，最方便的还是将这一地区分为秘鲁北部、中部和南部地区。北部和中部以和海岸垂直的瓦尔梅河为界。位于正南方同样和海岸垂直的卡涅特河将秘鲁中部和南区分开，后者还包括玻利维亚的部分地区。秘鲁北部和中部的其他地方一样，沿海岸的沙漠地带为许多短小河流分成一个个小的区段（这些河流均发源于以安第斯山为主干的科迪勒拉山系西坡）。东面科迪勒拉山系由三道基本与海岸线平行的山脉组成（分别称东、中、西科迪勒拉山，因颜色反差很大亦称黑科迪勒拉山和白科迪勒拉山），在它们中间散布着孤立的高原盆地。

在秘鲁地势较低的北半部，圣河在平行山脉形成

的狭长谷地之间向北流去，穿过安卡什省，至下游突然转90度角，向西注入太平洋。在东面，与圣河平行，为亚马孙河支流马拉尼翁河。圣河为一系列谷地的中心，也是早期文明的摇篮。内佩尼亚、卡斯马和瓦尔梅诸河自它的西部山麓发源，向西注入太平洋。位于圣河及马拉尼翁河之间的查文-德万塔尔，为早期（基督纪元之前）大量散布在各地的秘鲁风格的典型遗址。其地域大体相当今安卡什省。在这里有大量壮观的查文风格遗存。而在该省的南面和北面，则仅有分散的少量遗迹。

在文化发展的两个主要后期阶段，最重要的遗迹都集中在秘鲁北部靠近厄瓜多尔的地区。圣河及奇卡马河之间的地域，为莫奇卡风格的所在地（有时亦根

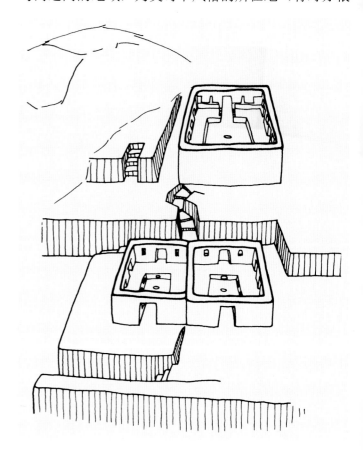

据位于特鲁希略附近的典型遗址称为莫切风格）。莫奇卡风格和古典时期的玛雅艺术大致同期。以后，大约和托尔特克人在中美洲的统治同时，奇穆王朝在这些谷地建立了一个强大的国家。直到远至皮乌拉河和奇拉河的北部谷地，都可明显看到它在艺术上的影响。

和海岸地区相比，北部高原地区的居民更为稀疏，相距约200英里的盆地由山地及贫瘠的高原分开。和与高原相邻的盆地相比，最靠近海岸的谷地显然要更受青睐，各居民点之间交往困难，也很少往来。圣河上游就形成这样一个盆地，称为卡列洪-德瓦伊拉斯。其他的则围着卡哈马卡、瓦马丘科和瓦努科各地，它们和海岸边的帕卡斯马约、奇卡马流域的

帕拉蒙加的联系要比它们之间的交往更为方便。

总之，在地势较低的北部海岸地区尚存安卡什地区最早的纪念性建筑遗存。在古典时期，北面这块地域是莫奇卡人的聚居地，公元1000年后为奇穆城邦国家的所在地。只是这种海岸风格的准确起源还没有完全搞清楚。在中部高原地区，位于高原和雨林之间瓦亚加河上游的科托什，在公元前900年左右已接受了查文崇拜，而查文本身则可能要晚于海岸中部的塞钦峰。但科托什的建筑却要比查文早的多。根据碳14测定，神殿的第三次改建约在公元前1450年（图9-5～9-7）。带灰泥浮雕（表现交叉的前臂及手掌）的最早结构可能和瓦亚加河上游陶器的出现大约同时，即公元前1500年左右。这要比已知最早的海岸中部丘基坦

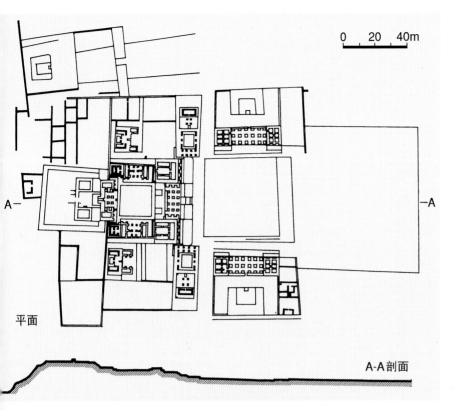

0 20 40m

平面

A-A剖面

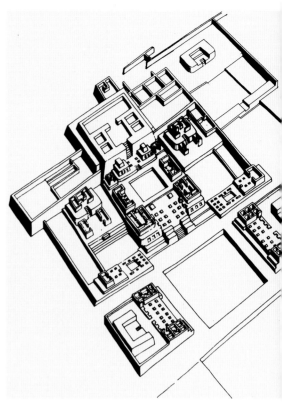

本页：

（左上）图9-8瓦卡·德洛斯雷耶斯 遗址区。总平面及剖面（早于公元前850年，据Pozorski）

（右上）图9-9瓦卡·德洛斯雷耶斯 遗址区。透视复原图（图版，取自Michael E.Moseley：《The Incas and Their Ancestors, the Archaeology of Peru》，2001年；位于顶部独立院落内的小神殿可能年代较早）

（下）图9-10奇卡马河谷 住宅（约公元前800年）。墙体残迹（由圆柱及圆锥形泥砖垒砌而成）

右页：

图9-11塞钦峰 遗址区。俯视全景

塔的仪礼建筑（公元前2000~1800年，见第十章第一节）晚近得多。就目前所知，秘鲁最早的陶器（公元前1800年）位于海岸中部和安卡什省。由于在最早的秘鲁作品里可看到某些传统的表现，因而它们可能是效法年代更为久远的哥伦比亚北部（公元前3100年）和厄瓜多尔南部（公元前2700年）的范本。以后墨西哥谷地特拉蒂尔科的奥尔梅克艺术和秘鲁海岸地区查文风格的类似也只是暗示在公元前的1000年期间这些

传统之间可能有联系，但并不能证实它。

在莫切谷地的瓦卡·德洛斯雷耶斯发现的一组建筑具有对称的平面，是古代美洲遗址中最为规整的一个（图9-8、9-9），只有中美洲拉本塔（见图4-5、4-6）的组群能与之相比。但拉本塔无论在规模还是复杂程度上都要差得多，也没有三道柱列的门廊，惟底层平面更类似几何形态的美洲豹头像。经放射性碳测定，瓦卡·德洛斯雷耶斯的这组建筑建于公元前

1730~前850年间，表明其建筑平面属前查文时期。由黏土雕塑的巨大头像和立像和查文-德万塔尔相比，更接近蓬库里、莫克塞克和塞钦峰的作品。

二、北方前查文时期的遗迹

在比鲁谷地，最早的查文风格作品经放射性碳测定属公元前9世纪或更早。它们混杂在瓜尼亚佩附近一个古代渔村的遗存内，后者陶器的制作始于公元前1225年左右。在这之前，据放射性碳测定，在奇卡马河谷的瓦卡普列塔，前陶时期的海岸村落可上溯到公元前2700年。在这一地区，农业活动始于公元前3000年左右。

瓦卡普列塔为一个渔民居住区的堆积层；由生活废弃物构成的这个层位面积125×50米，深12米，系自公元前2500年至公元前1200年这段时间以平均每世纪3英尺厚的速率堆积而成。公元前2000年以后，居民在前人的这些堆积层上开挖住宅。他们以海滩上的卵石作为这些粗糙的方形或椭圆形房间的衬里，以木梁或鲸骨为顶。这几百户住家里没有陶器，但他们种植棉花、豆类和胡椒，并能为织物染色。在比鲁和纳斯卡谷地南部，都发现了类似的前陶时期的堆积层。

在瓦卡普列塔附近的奇卡马河谷，发现了前查文时期的遗迹（图9-10）。其陶器类似瓜尼亚佩早期的遗存，但所在房舍墙体已到地面以上，由大量圆柱形和圆锥形的风干土坯筑成。直立圆柱体之间的空隙填泥土。边角处大的矩形土坯砖早在瓜尼亚佩前陶时期的层位里已经出现。因此，圆柱形的土坯，无论是直立还是平放，可能标志着自前陶时期的村落向公元前1500年左右谷物种植和陶器制作社会的过渡。以后到9世纪，圆锥形的土坯砖遂成海岸地区的标准做法。

三、安卡什地区早期艺术

查文-德万塔尔是位于马拉尼翁河上游一个小支流上的安卡什地区的典型遗址，所谓查文风格即由此

而名。安卡什省拥有一批重要的前古典时期的安第斯地区建筑，有的早至公元前2000年，如拉斯阿尔达斯或位于卡斯马河及瓦尔梅河下游谷地海岸边的库莱布拉斯，这些地区在公元前2500~前1500年陶器出现前已有玉米种植的记录。

然而，在这些地区，主要纪念性建筑的出现则要晚得多，遗址群仅限于卡斯马和内佩尼亚河谷地。建筑具有塞钦峰的典型风格，可能要早于以高原地区查文-德万塔尔为代表的其他组群。从这里以及下面还要提到的理由，可初步认定塞钦风格要先于查文组群。查文风格本身又可分为早晚两个阶段，并跨越了一个很长的时期。因此，安卡什省早期风格的序列可简单地概括为塞钦风格、早期查文风格和后期查文风格。不过，从以后的趋势来看，人们在使用塞钦和查文风格这两个词时并没有在年代上严格加以区分。特别是查文这个词，往往被过度外延，既代表一种艺术

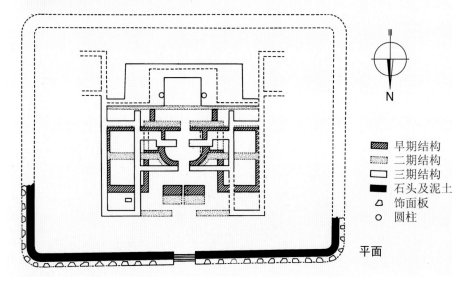

透视复原图

早期结构
二期结构
三期结构
石头及泥土墙
饰面板
圆柱

平面

本页：
（上）图9-12塞钦峰 神殿平台（可能早于公元前900年）。平面及透视复原图

（下）图9-13塞钦峰 神殿平台。重新加以利用的栏墙浮雕板

右页：
（左上）图9-14塞钦峰 神殿平台。栏墙浮雕板，东区现状（一）

（左中及左下）图9-15塞钦峰 神殿平台。栏墙浮雕板，东区现状（二）

（右上及右中）图9-16塞钦峰 神殿平台。栏墙浮雕板，西区现状（上下两图分别示该区东头及西头）

（右下）图9-17采用圆锥形土坯砖时墙体的砌筑方法（公元前1000年，据Larco）

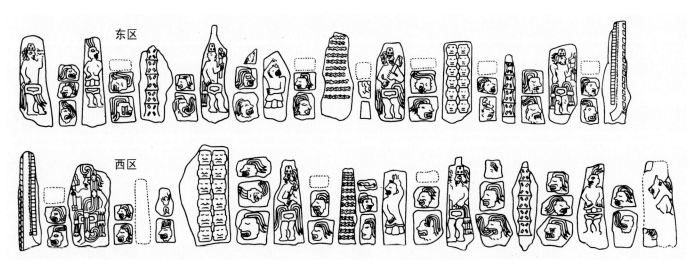

东区

西区

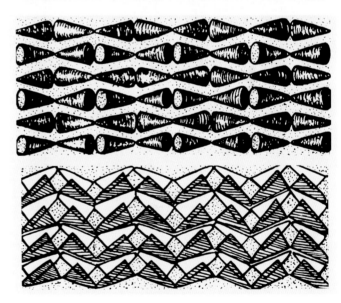

风格，又是一个历史阶段，一个具有独特标记的考古层位，一种"文化"，乃至是一个"帝国"。1919年以后，这种用法逐渐有所收敛。G.威利曾撰文批评这种词义的外延。他将这个词限定为一种风格定义和一种图像传统，两者均和安第斯山中部地区早期宗教体系有一定的关联。对这个已掌握了玉米种植、陶器制作、编织及初步冶炼技术的村民社会来说，这一宗教集中表现在对象征自然力的虎豹及其他怪兽的崇拜

上。从总体上看，这种风格、图像体系及其功能环境，和中美洲的奥尔梅克艺术倒是颇为相似。

奇卡马河谷的遗存为人们提供了某些年代信息，其屋顶梁木及查文风格的陶器经放射性碳测定为公元前848年（±167年），同时还提供了终结期。这一风格和图像传统在莫奇卡艺术里得到延续（至少到公元500年左右）。同时，查文本身的装饰风格亦表现出和纳斯卡地区的联系，后者现已知属6世纪。也就是

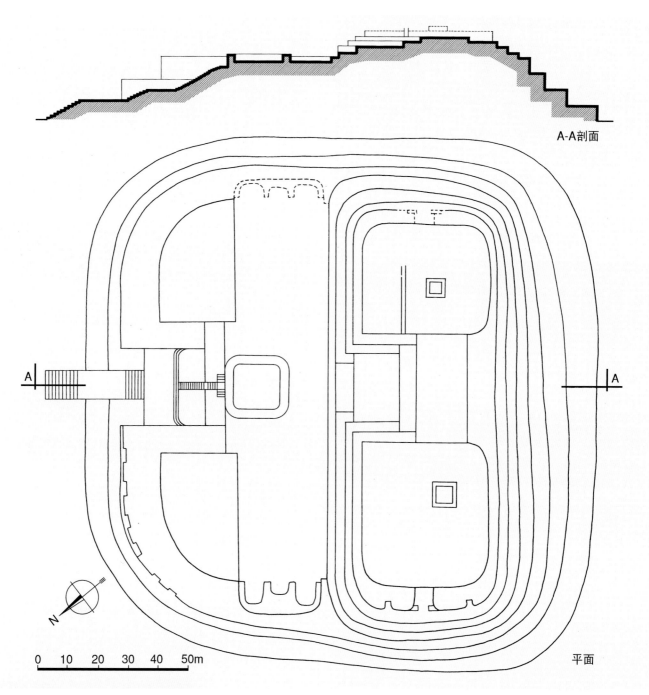

A-A剖面

平面

0 10 20 30 40 50m

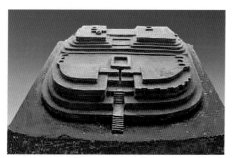

说，查文风格是秘鲁北方的一种艺术现象，但同时具有秘鲁中部和南部（如安孔和帕拉卡斯）的某些表现。作为形式及意义均可识别的系列作品，至少持续了13个世纪。

查文风格的主要建筑形式是宏伟的阶梯式平台。雕刻包括圆雕和浮雕，主要母题是取材于虎豹、蛇类、鱼类、鸟类和人物形象并经抽象解构而成的少数表意图形（往往是综合各种要素形成的怪兽，如带鸟翼、虎牙等）。带查文造型的压造金器可能是新大陆最早的金属制品。在安卡什省，主要的查文风格遗存在内佩尼亚河谷的塞罗布兰科和查文-德万塔尔本身。

在卡斯马河谷的塞钦峰和内佩尼亚河谷的莫克塞克及蓬库里，还可看到另一种更为写实的风格，主要在雕刻上有所表现。其准确年代尚无法确定。学界都承认，内佩尼亚河谷的文化具有查文风格的表现，但

拉斐尔·拉尔科·奥伊莱视其为最古老的查文领地，而J.C.特略则把内佩尼亚和卡斯马河谷的艺术均视为在查文-德万塔尔可见到的一种年代更久远的高原风格的地方表现。W.D.斯特朗和C.埃文斯支持拉斐尔·拉尔科·奥伊莱的看法，认为查文风格首先在海岸地区出现；兰宁也相信，塞钦很可能是查文祭祀的先驱。总之，不论是哪种情况，安卡什艺术的两个主要阶段都可以明确。一个包括塞钦峰、莫克塞克和蓬库里，具有强有力的雕刻造型，更接近自然外观。另一阶段的代表性遗址为内佩尼亚河谷的塞罗布兰科（见图9-50）和查文-德万塔尔，以线条表现象征性的混合造型。两个阶段之间可能有若干世纪的间隔。

[塞钦峰]

塞钦峰是个在塞钦河和莫克塞克河汇合处俯视着

左页：

（上下两幅）图9-18莫克塞克 平台神殿（可能公元前9世纪）。平面、剖面及复原模型（平面及剖面1：1200，取自Henri Stierlin：《Comprendre l'Architecture Universelle》，第2卷，1977年；神殿组群建在一个巨大的饰有浮雕的金字塔式平台上，于轴线上布置梯道，台上设阿兹特克式双圣所，遗址目前残毁严重）

本页：

（中）图9-19莫克塞克 平台神殿。第三台地彩绘黏土塑像（第I、IV、V号，据Tello）

（上）图9-20蓬库里 美洲豹塑像（位于梯道平台上，石心彩绘泥塑，可能公元前8世纪）

（下）图9-21查文-德万塔尔 神殿平台。平面[约公元前700年景况，据Rowe（1967年）和Lumbreras（1971年）]

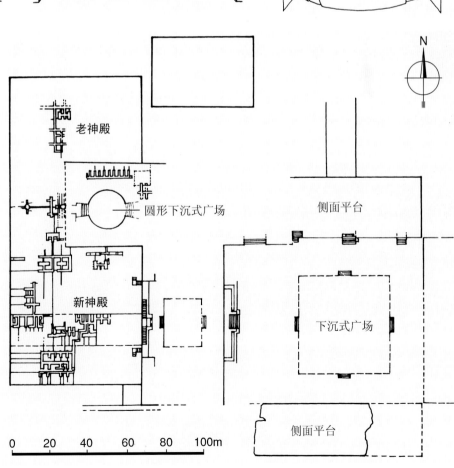

老神殿

新神殿

圆形下沉式广场

侧面平台

下沉式广场

侧面平台

N

0 20 40 60 80 100m

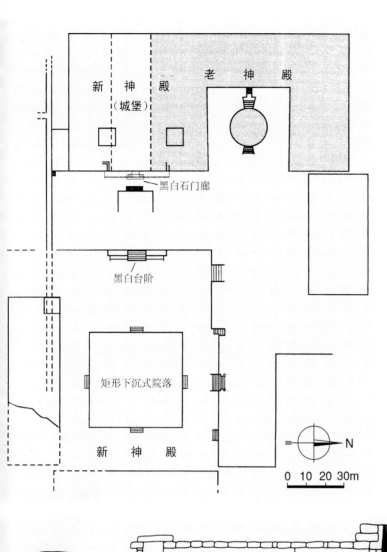

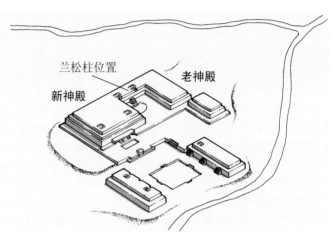

卡斯马下游河谷地带的一座花岗岩山体，在古代为一设防建筑组群，围着住宅和神殿平台建造了许多围墙（图9-11）。每个围地附近设一墓地。几个居民点之间以道路相连，由水池和输水道供水。J.C.特略认为它们是河谷地带各领主的住宅集合体。他们住在贫瘠的山坡上不仅仅是出于安全（防洪和守卫）的考虑，同时也是为了保留适于耕作的有限河滩地用于发展农业。最大的一个组群位于山的北侧，神殿平台布置在一个碗状坡地的脚下（图9-12~9-16）。平台面上立带雕饰的花岗岩石板，石板来自坡下的一个早期建筑，后者在查文风格终结前被一次洪水泛滥的冲积层掩埋。

新 神 殿（城堡）

老 神 殿

黑白石门廊

黑白台阶

矩形下沉式院落

新 神 殿

0 10 20 30m

N

兰松柱位置

老神殿

新神殿

东

兰松柱

中央通道剖面

兰松室

中央通道

隐蔽通道

下沉式广场

0 250m

平面

N

兰松柱立面

透视复原图

（左上）图9-22查文-德万塔尔 神殿平台。平面[最初的老神殿（带网点部分）以后向南扩展，即所谓"新神殿"，东侧建筑围绕着一个矩形的下沉式院落布置；图版取自Michael E.Moseley：《The Incas and Their Ancestors, the Archaeology of Peru》，2001年]

（下）图9-23查文-德万塔尔 神殿平台。老神殿，平面、剖面、透视复原图及兰松柱立面（为神殿平台开始阶段，即所谓"老神殿"部分状况，"U"字形院落内设一圆形下沉式广场；主要祭祀对象——兰松柱位于中央通道内；图版取自Michael E.Moseley：《The Incas and Their Ancestors, the Archaeology of Peru》，2001年）

（右上）图9-24查文-德万塔尔 神殿平台。俯视复原图（取自Chris Scarre编：《The Seventy Wonders of the Ancient World》，1999年）

新神殿

老神殿/兰松廊

下沉式圆形广场

侧面平台

下沉式广场

侧面平台

（上）图9-25查文-德万塔尔 神殿平台。复原
模型（自东面望去的景色）

（下）图9-26查文-德万塔尔 神殿平台。复原
模型（东南侧景色）

　　这些石板可能是安第斯山中部地区已知最早的纪
念性雕刻。它们按"立板及填充"（post-and-infill）
体系配置，在较高的立石之间交替布置狭高的浮雕板
和墙体区段，后者由近于方形的较小石块垒砌。其效
果有些类似立柱式栅栏。在高度从1.6到4.4米的直立
石板上，刻着侧立的人物形象、表意的工具造型、战

利品头像及脊柱等。竖板上全副武装的武士好像在展
示小板块上表现的那些恐怖的战利品，他们以对称的
行列自东西墙出发，绕过墙角走向北立面中央凹进的
大台阶。雕刻有两种刻法。形体轮廓外侧雕斜面，内
侧仍为垂面。内部分划，如嘴唇、眼皮等以简单的浅
刻线条表现，没有斜面。从雕刻技术及队列构图上

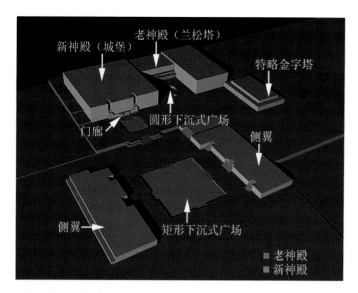

新神殿（城堡）　老神殿（兰松塔）　特略金字塔
门廊　圆形下沉式广场　侧翼
侧翼　矩形下沉式广场
■ 老神殿
■ 新神殿

看，这些浮雕和阿尔万山"舞廊"殿的某些石碑颇
为相近，尽管它们之间在历史上可能并没有直接的
联系。

　　平台本身可能高12步台阶，带行列浮雕的上部形
成围绕着平台台地的墙。神殿本身由锥形土坯砖建
造，平面矩形，房间对称布置，门朝向中央入口轴
线。J.C.特略认为施工经历了三个阶段。由于在外入
口两侧墙上绘制了面对面的红色美洲豹，左右对称的
规整布局显得更为突出。

　　在石料缺乏的海岸谷地，土坯砖成为主要的建筑
材料。锥形土坯砖砌造时尖头相对，圆形基底在墙面
上形成圆盘图案，这也是查文风格的特色之一。这种
构造形式被认为是海岸地区查文时期的标志。但实际
上，早在查文风格出现之前很久，圆柱形和圆锥形土
坯砖已开始得到使用。在海岸地区的建筑中，圆锥形
土坯砖（包括其变体形式）可能一直延续到莫奇卡统
治的最初几个世纪、平行六面体的土坯砖得到普遍采
用的时候。

　　图9-17示采用圆锥形土坯砖时墙体的砌筑方法。
尖头对尖头的位置使土坯砖和作为填充的不定型泥土
具有相等的体积，并形成具有规则图案的墙面和悦目
的外观。第二个构造特色是角部的特殊处理（角上的
面砖如深榫般结合在一起，围绕着由连锁的圆锥形土
坯砖构成的核心部分；在美洲，这样的做法很少）。
第三种方法要求砖与砖之间在各个面上都紧密连锁在
一起，从而大大减少泥浆的使用量。这些技术可能属
同一时期，满足不同的结构和功能需求。带山墙的草
秸和木架屋顶搁置在厚重的墙体上。其外观可从查文
风格的陶器上看到（这些陶器的生产和制作仅限海岸

地区）。没有一个塞钦建筑的屋顶在经过许多代的劫
掠后留存至今。和人物造型相比，土坯砖的形式似要
更为稳定，较少受到时代更迭的影响。圆锥形土坯砖
的使用可能要早于查文风格，且一直延续到这种风格
以后。

　　塞钦风格和查文风格之间的类似表现可说微乎其
微。塞钦雕刻的简化表意图形更为写实，直接表现战
争、杀死并斩下敌人的头颅作为战利品等细节，不像
查文浮雕那样，将各种生物形式进行奇异的综合，形
成令人产生无限遐想、错综复杂的宗教象征，以暗喻
和影射代替直白的表述。

　　在已知塞钦风格的装饰题材中，找不到类似的怪
兽，也没有虎豹的利牙，带动物头的形象，以及查文
风格的复制品或替代物。只是在一些局部特征上可看
到两者的联系，如栅栏柱般的石墙面，面部从眼睛到
耳朵的条纹曲线等。总之，这两种风格看来是既有歧
异又有联系，它们可能是早期和晚期的表现，或是同

（左页左）图9-27查文-德万塔尔 神殿平台。复原模型（作者Lizardo Tavera）

（左页右及本页上）图9-28查文-德万塔尔 神殿平台。遗址俯视全景（向西望去的景况，左页图远处可看到白雪覆盖的万特桑圣峰）

（本页下）图9-29查文-德万塔尔 神殿平台。东区俯视景色（自城堡上向东望去的景色，中央为矩形的下沉式院落）

本页：

（上）图9-30查文-德万塔尔神殿平台。主神殿（城堡）及矩形下沉式广场，现状（自东北方向望去的景色）

（下）图9-31查文-德万塔尔神殿平台。主神殿（城堡），现状（自东面下沉式广场处望去的景色）

右页：

图9-32查文-德万塔尔神殿平台。主神殿（城堡），东侧（正立面）全景

一传统在不同部族中的变体形式。不论在哪种情况下，塞钦风格看来都是两者中较早的一个。敦巴顿橡树园藏品中一只滑石杯可作为这两种风格之间的过渡。其底部有一个侧面头像，从眼睛到耳朵的条纹曲线为塞钦风格的表现，但虎豹的利牙则是查文风格的典型特征。带浅浮雕的圆筒状杯身上，出现一个双头八脚的动物，带有查文风格的利爪和猫科动物的面部特征。在利马的拉尔科藏品（Larco Collection）中有另一个这种形式的石器。但这两个作品的出处均未查明。

[莫克塞克和蓬库里]

莫克塞克位于塞钦东南约2英里处，是由8个台地构成的金字塔式平台，高出河滩平原约100英尺，位于两个矩形广场轴线系列的L形交会处。金字塔平台由锥形土坯砖建造（图9-18），稍稍离开广场（广场可能属后期）。和塞钦金字塔相比，其规模要大得多（平面165×170米）；用黏土浮雕取代了石雕刻。东北面突出一个独立的台阶，登上6步台阶后到达第一个台地的柱廊。第二跑台阶高5步，自第二个台地面上凿出，通向一个更宽的台面。由此开始，升起最长的第三跑台阶，至端头分为相对的两段小台阶。第四个台地分为四部分，南面一组地面要高于北侧。每部分均起平台。北面一对平面上要小于南面一对，因此最高点位于南面两个较大的平台顶部。所有台地均为圆角。

主要平台第三个台地北角处有6个深龛室，内置巨大的彩绘黏土塑像（图9-19），系在圆锥形土坯砖核心外复光滑的黏土制作；雕像仅下部尚存，涂有红、黑、蓝和白色。每个龛室宽近4米，深1.7米。龛室之间突出的面宽4.45米，同样饰有彩绘黏土浮雕。朝北圆形拐角上有两个较小的龛室，内有宽2.4米深0.9米的巨大头像，涂绿、白、红和黑等色彩。

和查文雕像相比，这些人物造型更接近塞钦峰的造像。龛室造像（I~IV号）带沟槽的衣裙和塞钦峰石碑躯干上的几乎一样。龛室之间外凸嵌板上的蜿蜒涡卷，以及壁龛V巨大头像红色面容上的曲线条带，和塞钦峰站立武士的表现亦很相近。在莫克塞克，唯一能和查文艺术直接联系的表现是IV号壁龛，四条被涂成红色和蓝色的蛇自人体躯干的臂膀处爬出。

位于内佩尼亚河谷的蓬库里是个面向西北偏北的阶台式平台。它由一个双跑台阶分开，两跑台阶之间布置一个过渡平台。靠近上一跑台阶的底部有一个于石头核心外覆彩绘泥塑的美洲豹像（图9-20）。位于这段台阶后房间的墙上刻有查文古典风格的装饰。蓬库里就这样，成为海岸地区唯一一个具有两种风格的遗址：既有塞钦峰那种写实的圆雕作品（美洲豹雕像），也有查文墙面装饰那种程式化的线条图案。

[查文]

和塞钦的雕刻师不同，查文的艺术家既缺乏突出个性的手段，也不擅长表现故事情节。这一艺术的

（左上）图9-33查文-德万塔尔 神殿平台。主神殿（城堡），立面中央部分（新神殿），现状

（左中及下）图9-34查文-德万塔尔 神殿平台。主神殿（城堡），入口门廊近景及构造细部（构造图取自Nigel Davies：《The Ancient Kingdoms of Peru》，2006年）

（右两幅）图9-35查文-德万塔尔 神殿平台。主神殿（城堡），立面雕刻细部（神殿守护神头像，具有鸟类和猫科动物的特征）

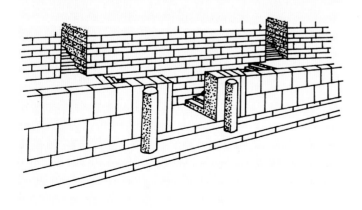

主要内容仅靠少数几个高度程式化的图案符号来表达。由身体各部分组合而成的高度抽象的线条图案，在许多高原和海岸遗址处都得到普遍应用。在海岸地区，图案系刻在建筑光滑的黏土层（如图9-50）和陶器上；在高原地带，则是刻在建筑的饰面板（见图9-37）、檐口和陶器上。高原中心要比塞罗布兰科这样的海岸遗址大得多，变化也更为丰富。两者和安卡什省其他海岸遗址（如蓬库里、 莫克塞克和塞钦峰）的主要区别在构图方式上（替换和重复人体各部分的母题）。在查文风格的作品里，侧面头像对折可

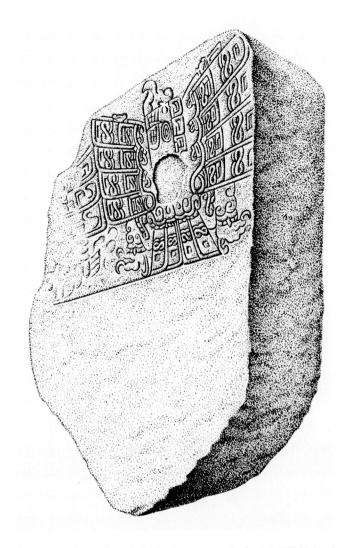

解读为表现正面。某些正面头像倒转后仍然成像（见图9-45、9-46）。在整个安第斯山中部地区的陶器和金属工艺品上，有时也可看到这种双侧面形象和可逆图像的表现，但大型纪念性建筑实例仅见于查文和内佩尼亚谷地。

主要遗址查文-德万塔尔是一组带围墙的险峻平台，配置了石头衬里的蜂窝状通道并围绕一个下沉式广场布置，在前哥伦布时期的美洲神殿组群中，可说是独一无二的表现（平面、剖面及复原图：图9-21~9-24；复原模型：图9-25~9-27；俯视景色：图9-28、9-29）。拿它和尤卡坦半岛的马斯卡努或瓦哈卡地区的米特拉相比就可以看得很清楚。马斯卡努的平台要小得多；米特拉的宫殿是官邸，与查文平台那种迷宫般的通道和错综复杂的形体结构完全不同。地面上可见的整个组群沿着莫斯纳河西岸延伸约180多米，各平台围绕着一个48米见方的下沉式广场。遗址最初和一千年前的丘基坦塔一样，是一个两边带侧翼的主圣区（内置主神像兰松）。在侧翼进行了三次扩

建后，朝东形成一个新的立面，配有南北新翼的门廊俯视着一个更大的院落。门廊本身两侧立圆柱，南侧饰白色花岗岩石板，北侧为黑色石灰岩，由此通向对面内部的台阶坡道。

主神殿（城堡）朝东，面对广场（现状全景：图9-30~9-32；近景及细部：图9-33~9-37）。被称为城堡的这个建筑表面饰各层宽度不一的琢石块。这些墙体高约15米，位于巨大的毛石基座上（后者沿城堡西侧，由J.C.特略发现）。在这个核心内部，至少有三个不规则层位，各由带石衬里的廊道、房间和通风井组成（内景：图9-38、9-39）。

在城堡外部砌体的西南角，饰有与面层榫接在一起的巨大头像，上部悬挑的檐口边缘及底面刻美洲豹

（左两幅）图9-36查文-德万塔尔 神殿平台。主神殿（城堡），雕刻细部：上、西墙浮雕；下、门廊浮雕

（右）图9-37查文-德万塔尔 神殿平台。主神殿（城堡），东北角挑檐底面浮雕（神鹰图案，早于公元前700年）

与蛇的侧面形象。东北角同样饰有程式化的鹰鹫浮雕（见图9-37）。在最初以石块衬里的祠廊内部，一个高约4.5米上刻猫科怪兽的石棱柱（主神兰松柱，图9-40、9-41）标示出中心位置。在下沉式广场上，一块形式规则的石板（雷蒙迪石雕）可能是立在中央，其上按查文后期风格，刻象征万物灵性的可逆图案。

这些雕刻部件的大致时间顺序，可从所在的位置推出来。深藏在内室的棱柱（兰松柱），应属最早的一批。外立面的檐口板更为晚近。特略方尖碑（图9-42~9-44）和雷蒙迪石未标日期。后者最初的位置亦不清楚。根据温德尔·本内特收集到的当地居民的说法，它曾立在下沉式广场附近的西台地上，直到1874年，被地理学家安东尼奥·雷蒙迪迁往利马

（现存利马国家博物馆，图9-45、9-46）。其错综复杂的隐喻性装饰表明应属于查文风格末期。

按约翰·罗的理论，建筑阶段可分为三期，它

本页及左页：
（左上及左下）图9-38查文-德万塔尔 神殿平台。主神殿（城堡），廊道内景

（中三幅）图9-39查文-德万塔尔 神殿平台。主神殿（城堡），内景，中央耸立的为主神兰松柱（从各个角度望去的情景）

（右两幅）图9-40查文-德万塔尔 神殿平台。主神殿（城堡），兰松柱（可能公元前900年以后），立面图

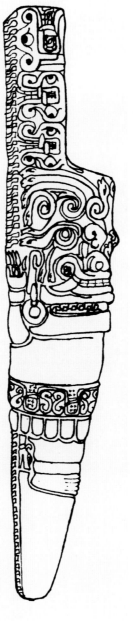

本页：

（左右两幅）图9-41查文-德万塔尔 神殿平台。主
神殿（城堡），兰松柱，细部

右页：

（上两幅）图9-42查文-德万塔尔 特略方尖碑（可能
公元前500年，秘鲁国家考古学、人类学及历史博
物馆藏品）

（左下）图9-43查文-德万塔尔 特略方尖碑。浮雕
展开图（图版，取自George Kubler：《The Art and
Architecture of Ancient America，the Mexican，Maya
and Andean Peoples》，1990年）

（右下）图9-44查文-德万塔尔 特略方尖碑。浮雕
展开图（取自Michael E.Moseley：《The Incas and
Their Ancestors，the Archaeology of Peru》，2001年）

们和主要雕刻遗迹的关系如下：早期神殿A、B、C
（对应主神柱兰松，特略方尖碑）；第一次扩建D
（相当鹰鹫檐口）；新神殿E、F（对应雕刻为雷蒙
迪石雕）。

　　时间跨度则扩展到自公元前1400~前500年。因
此，查文-德万塔尔的两个主要时期应是：早期，包
括城堡雕刻在内；后期，以特略方尖碑和雷蒙迪石雕
为代表。

　　早期（所谓"标准"，normal）风格以完整的形
象外廓为特征，尽管这些人物、虎豹和鹰鹫形体的某
些部分往往被其他物种的相应部分置换。如主神兰松
柱表现一个站立的神祇，但带有猫科动物的牙齿和蛇

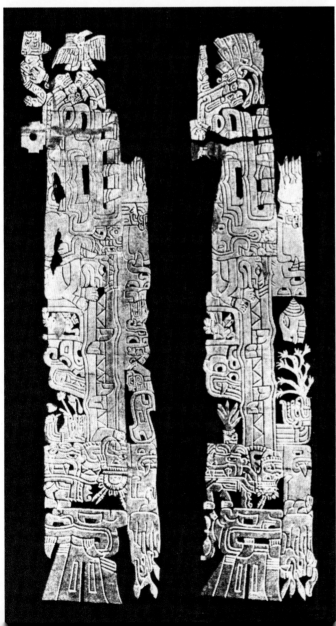

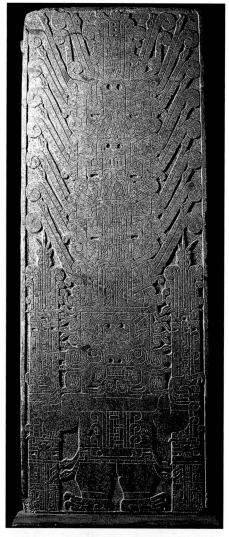

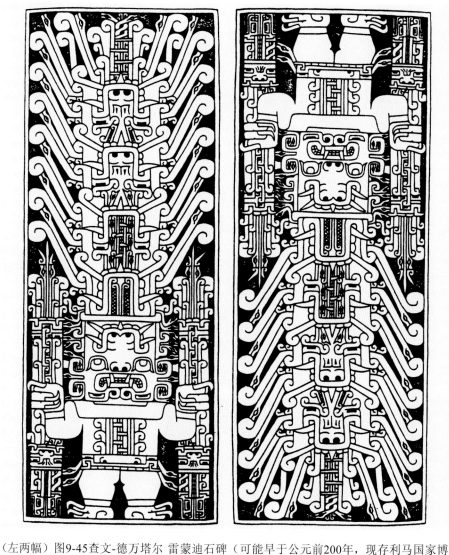

（左两幅）图9-45查文-德万塔尔 雷蒙迪石碑（可能早于公元前200年，现存利马国家博物馆）

（右）图9-46查文-德万塔尔 雷蒙迪石碑。立面图（取自Michael E.Moseley：《The Incas and Their Ancestors，the Archaeology of Peru》，2001年）

头像（见图9-37）。只是这些替换仅限内部，并没有突破原有的轮廓线。

　　特略方尖碑和雷蒙迪石雕则有所不同，两者繁琐的装饰均突破了形体的外廓。方尖碑上的图形已很难解读；延长线、替换物和外围部件如此紧密地混杂在一起，根本不可能一眼看出这些部分的关系。在经过仔细研究、考证后，有关专家认为刻在四边形棱柱上的这些图形是两只以后腿站立的猫科动物的侧面形象。每只都站在它的尾巴上，前后爪分别向上和向下。每个身体均包含有部分替代品，如脊柱变成一长排猫科动物的牙齿。这两个侧影可能是意在代表一只带四条腿的动物。棱柱各面分别以雕刻形式代表它的左右两边，背部及腹部（见图9-43、9-44）。

身般的头发（见图9-40）。城堡檐口板上表现美洲豹的侧影和展翅飞行的鹰鸷背景，但美洲豹的尾巴变成了羽毛，雄鹰翅膀每根羽毛的基部饰有侧面的美洲豹

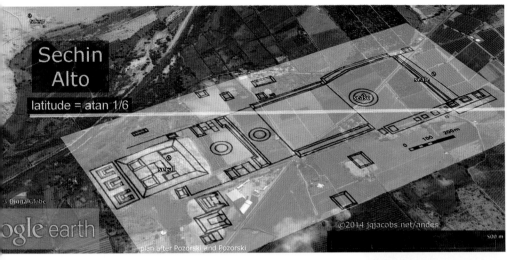

Sechin Alto
latitude = atan 1/6
plan after Pozorski and Pozorski
©2014 jqjacobs.net/andes

（上及右下）图9-47塞钦阿尔托 遗址区。谷歌卫星图及平面和体形复原（左中）图9-48塞钦阿尔托 祭祀中心。复原图（公元前1200年景况，整体呈U形，为新大陆最大的建筑组群，取自Michael E.Moseley：《The Incas and Their Ancestors, the Archaeology of Peru》，2001年）

（左下）图9-49典型U形祭祀中心组成要素（于主体建筑两边布置两个较低的侧面平台）

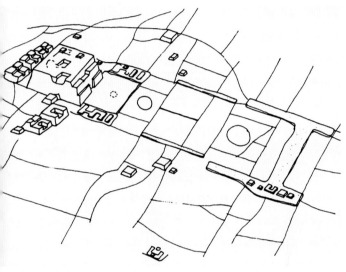

latitude = atan(1/6)
300 m
Sechin Alto
Monument Complex
jqjacobs.net
©2010 Google

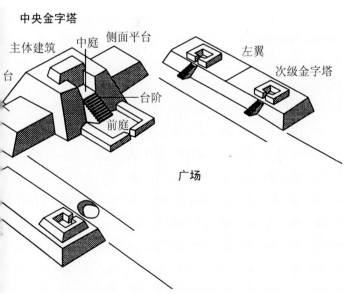

中央金字塔

主体建筑　中庭　侧面平台
台　　　中庭　左翼
　　　台阶　　次级金字塔
　　　前庭
广场

可能曾用作屋顶板，因为板面构图可从两头观赏，这种可正反倒置的构图同样是帕拉卡斯纺织品的特色（约公元3世纪）。

[塞罗布兰科及邻近地区]

位于塞罗布兰科以南约30公里的塞钦阿尔托是早期（约公元前1800~前900年）前印加文化的中心。遗址上尚存当时最大的丘台（基底长宽分别为300及250余米，高44米）。其"U"形祭祀中心属当时美洲最大的建筑组群（图9-47~9-49）。

内佩尼亚谷地塞罗布兰科的材料一直未能完全发表（目前，最有价值的报告仍是J.C.特略1941~1942年发表的《秘鲁查文文化的发现》，Discovery of the Chavín Culture in Peru）。这是个带石墙的平台，墙上有早期查文风格的彩绘灰泥浮雕（表现系列动物形象，如查文-德万塔尔城堡檐口板的做法）。整体表现展翅飞行的鸟（图9-50）。头部为低平台，侧面和后面的矮墙台地分别构成身体、双翼和尾部。这些台地以后为另一些采用小圆锥形土坯砖的结构覆盖。

雷蒙迪石雕实为一块宽0.74米高1.95米的闪长岩石板，其矩形框架确定了整体及分部构图的线性特点。人体仅占板长的1/3，这种方块形体可以各种方式解读。在第一种位置，顶部可视为一系列不断重复的头饰；倒转时，则成为一系列舌状垂饰。这块石板

（左两幅）图9-50塞罗布兰科 泥塑平台（可能公元前8世纪）及复原模型（现存利马国家博物馆）

（右）图9-51 艾哈 武士石像（公元200年前，据Tello）

J.C.特略相信，为了保护下部墙面涂有红、白、蓝、绿诸色的灰泥雕塑，专门建了用毯子覆盖的结构。建筑的尺度要比查文本身的大得多，色彩亦和高原遗址的不同，但构图设计（两个侧面的鸟形成一个正面的美洲豹头像）仍属查文类型。

　　总的来看，查文艺术仅包括几个有限的自然主题，且遵循严格的程式化规章。像虎豹及鹰鹫这样一些生物形象，只能从总体轮廓上加以辨认，而在形式内部，由于各部分可被替换且具有多重视点，图像的分辨就要困难得多。像美洲豹、老鹰、秃鹫、鱼类、蜗牛、贝壳和蛇这样一些动物可能都被拟人化，赋予了代表某种自然力的属性。

四、安卡什地区后期艺术

　　这时期最精美的彩绘陶器实例来自圣河上游，被称为雷库艾风格。其持续的时间比查文风格要短，扩展范围也小些。其形式变化万千，除容器外，还包括单一或成组的人物、动物和建筑等。彩色组合也很多，黑、白和红色的搭配最为普遍。以彩色线条图形表现虎豹、鸟类、鱼类和蛇，和秘鲁其他地方相比更接近哥伦比亚墓构的壁画（见图9-3）。

　　在早期秘鲁陶器中，最新奇且无先例的是表现房屋及其居民的雷库艾容器（部属或信徒围绕着主人或神祇、人物周围伴随着动物和鸟类）。

雷库艾陶器可能是作为墓寝的家具或随葬物，放在以石板衬里的地下墓室或廊道内。廊道墙面饰大块石板，周围以较小的碎片填补，屋顶采用平的石板。柏林马塞多藏品（Macedo Collection）里收藏的全部陶器都是来自雷库艾附近卡塔克的这类地下墓室和廊道。在卡列洪-德瓦伊拉斯，其他更为精美的金字塔平台和地面以上的住宅，可能都建于后期。

属于雷库艾时期的尚有许多石雕。靠近瓦尔梅河上游艾哈的一组表现武士（图9-51）和女人。武士造型类似雷库艾二期（即A.L.克罗伯所谓B时期）的陶器，所佩方形盾牌可能是安卡什部族特有的样式。在瓦拉斯博物馆，还有许多来自整个卡列洪地区的其他石雕。R.P.舍德尔通过研究提出三个可能的发展阶段，即从曲线刻纹（第一阶段）到浅浮雕（第二阶段），再到体量更突出的浮雕（第三阶段）。他认为第一阶段相当于彩陶的红底白纹时期，第二和第三阶段分别相当于A.L.克罗伯的雷库艾 A 和雷库艾 B 时期。

第三节 秘鲁北部：拉利伯塔德和兰巴耶克地区

在安第斯山中部地区的考古史上，中期和后期的主要遗存中，很多都集中在位于安卡什省北面、沿太平洋岸线伸展近250英里的今秘鲁拉利伯塔德省和兰巴耶克省境内。在该地区占主导地位的有两个文明：莫奇卡文明，其繁荣期从公元前250年左右延续到公元700年；奇穆文明，由一个持续时间不足百年的王朝统治（自1370年左右到1470年前北部沿海谷地为印加人征服）。这两个文明之间的6个世纪尚没有一个完整的说法。不过，有很多迹象表明，在南部海岸和高原地区，这期间还出现了一种名蒂亚瓦纳科-瓦里的艺术（它传到北部海岸的时间通常认为是公元1000年前）。由于放射性碳测定的莫奇卡艺术终结期还很不完善，约翰·罗审定的历史证据仅涉及王朝的变换而不是风格的演进，因此，这6个世纪看来应包括莫奇卡风格的持续时间和奇穆风格的早期阶段在内。

莫奇卡和奇穆文明的地理分布区基本相同，只是奇穆文明范围较大，一直延伸到秘鲁北部边界，莫奇卡文明大体与其南半部重合。两者的传播的方式亦不同：莫奇卡艺术的影响主要在南边，而奇穆艺术一直扩展到北面的谷地。在秘鲁北部，实际上可分为内外两区：内区以莫切河谷为中心；对莫奇卡人来说，外区是向南直到内佩尼亚河谷及以外的地区，而在奇穆的历史上，外区则是向北，到塞丘拉和皮乌拉沙漠及以北的地方。

一、前莫奇卡风格

美国考古学家朱尼厄斯·布顿·伯德（1907~1982年）在奇卡马河谷的瓦卡普列塔发现了一批重要的遗存，包括北部海岸地区最早的陶器（图9-52）。在靠近库皮斯尼克谷地一个名潘帕-德洛斯福西莱斯的遗

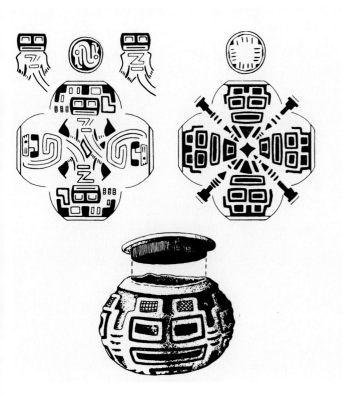

图9-52瓦卡普列塔 陶器（带线刻花饰，早于公元前1950年，据Junius Bird）

本页：

（上）图9-53比鲁谷地 红土陶器（表现住房的样式，可能公元前4世纪，利马国家博物馆藏品）

（中）图9-54比鲁谷地 线刻墙面装饰（折线蛇形刻纹，可能早于公元前350年，据Bennett）

（下）图9-55莫切 太阳金字塔（神殿，可能公元100~600年）。平面（据Uhle）

右页：

（上）图9-56莫切 太阳金字塔。全景（由于17世纪西班牙人在寻找宝藏时的破坏，原来十字形平面的形式已很难察觉）

（下）图9-57莫切 太阳金字塔。近景（巨大的阶梯形结构以矩形泥砖砌造，据信外部曾覆灰泥并施彩绘）

址处，发现了一些粗糙的石建筑基础，但没有墓构，也没有发现完整的陶罐。

拉斐尔·拉尔科·奥伊莱在奇卡马河上游发现了被称之为萨利纳尔风格（Salinar Style）的一批红土陶器。这种风格的一个特殊表现是以陶器表现住房的样式（图9-53）。在一个瓦罐上，忠实地表现一个上承横向构件及屋面板的木支撑（可能是树干），侧面及后面均为开孔洞的墙板。彩绘线条标出护卫着通向院落入口处的墙。这个带通风面和遮阳板的屋顶是秘鲁海岸地区古代营造传统的最早记录，表明在这个雨水极少的干旱谷地，人们主要关注的是遮阳、通风、降温，而不是防潮和御寒。另一个萨利纳尔风格的陶罐表现一个圆柱形的建筑。可能是一个神殿，墙上开阶梯状的洞口，圆形墙面上部饰扭索状的条带。

在比鲁谷地的加伊纳索，有一组蜂窝状的住宅，建于公元前150~公元100年左右，黏土墙或逐层建造（称tapia），或用球形和矩形的土坯。用藤模制造并带其印痕的砖构成了加伊纳索墙体结构的特色之一。这一地区的彩绘陶器显示出和高原地区雷库艾的联系。一些覆黄泥面层的建筑带有效法纺织品的蛇形刻纹装饰（图9-54），这也令人想起雷库艾的彩绘题材。温德尔·本内特认为，仅这一风格的后期（即加伊纳索 III），和莫奇卡艺术早期时间上重叠。但从放射性碳测定和风格比较上看，雷库艾 A、萨利纳尔、加伊纳索和莫奇卡早期，和库皮斯尼克 B及查文-卡斯蒂略艺术一起，看来都集中在公元前500年前

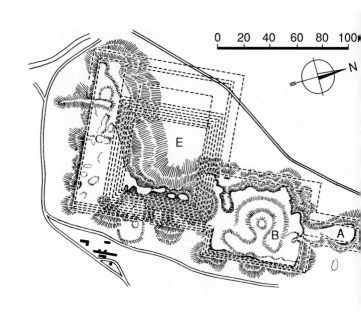

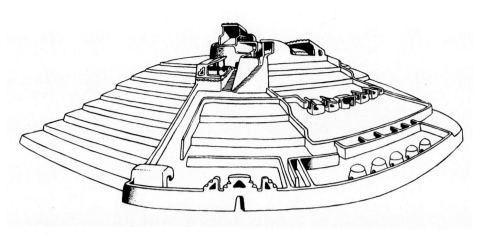

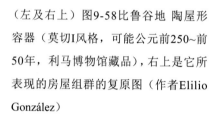

（左及右上）图9-58比鲁谷地 陶屋形容器（莫切I风格，可能公元前250~前50年，利马博物馆藏品），右上是它所表现的房屋组群的复原图（作者Elilio González）

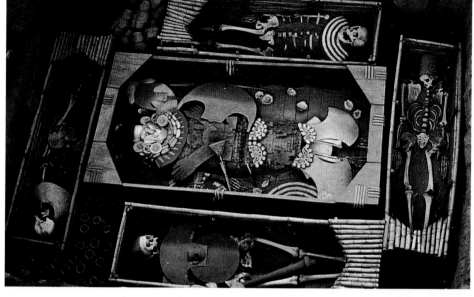

（右下）图9-59莫切 西潘墓（1号墓，随葬的有两个妻子、两个仆人和大量金器）

后的几个世纪。进一步的排序则有某些技术上的困难，况且它们很可能只是同一时期内不同地域的表现，并不存在时序的问题。

二、古典时期的莫奇卡文明

[历史背景及年代排序]

莫奇卡文明（Mochica Civilization，Moche Civilization，又译莫契卡、莫切）的中心位于奇卡马和特鲁希略河谷。莫奇卡只是其近代名称，古代名字已无法知道。作为一个崇尚武功的民族，莫奇卡人最终将他们的统治扩展到从安卡什省的卡斯马河到北面的帕卡斯马约、沿太平洋岸线延伸达200英里的地域。和古代秘鲁的其他文化群落相比，他们用图像艺术记载的自身活动内容，不仅细节丰富且极为生动。其巨大的金字塔平台（见图9-55~9-57）和住宅社区（见图9-58），也和前期的零散村落完全不同。莫奇卡文

明的基础是农业，为此修建了由运河、水渠和贮水池构成的规模庞大的灌溉系统。河谷地区古代的栽培面积要大大超过近代。例如，在比鲁谷地，莫奇卡运河灌溉的地区要比现在的栽培区大40％，供养了25000人，而该地区现在的居民仅8000人。

莫奇卡历史的开始和结束时间已大体确定。其社会发展的最早阶段和加伊纳索遗址的考古期大体相合（公元前300年以后）。在钦查群岛上发现的莫奇卡时期的最后遗存表明，这种风格直到公元9世纪左右还在扩展和延续。后期社会主要受南方来的入侵者影响，他们带来了一种被称为瓦里-蒂亚瓦纳科的陶器风格。在秘鲁海岸的其他地方，这类遗存据放射性碳测定属公元6~10世纪左右。

拉斐尔·拉尔科·奥伊莱同时是位以研究莫奇卡艺术而驰名的收藏家，他曾试着根据艺术品确定其年代顺序。他认为，这一文明发源于奇卡马河谷，在陶器发展的最初几个世纪扩展到特鲁希略谷地。最早

的陶器（即拉斐尔·拉尔科·奥伊莱所谓奇卡马-比鲁风格），类似温德尔·本内特的加伊纳索风格。下面将主要依拉斐尔·拉尔科·奥伊莱的年代排序，仅作某些修订。由于相邻的阶段很难明确区分，因此我们将把它们大致划分为早期（I和II）、中期（III和IV）和后期（拉尔科V）。约翰·罗和 索耶的分期和拉斐尔·拉尔科·奥伊莱的亦有出入，如下表所述（本卷所采用的体系更接近索耶的分期）：

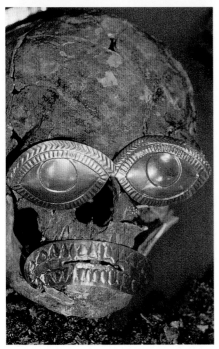

（上下两幅）图9-60
莫切 西潘墓。近景
（左为覆盖尸骨眼睛
和牙齿的金片）

	约翰·罗 1968年	索耶1968年
I	约0-150年	公元前250-50年
II	约150-250年	公元前50-0年
III	约250-400年	0-200年
IV	约400-550年	200-500年
V	约550-650年	500-700年

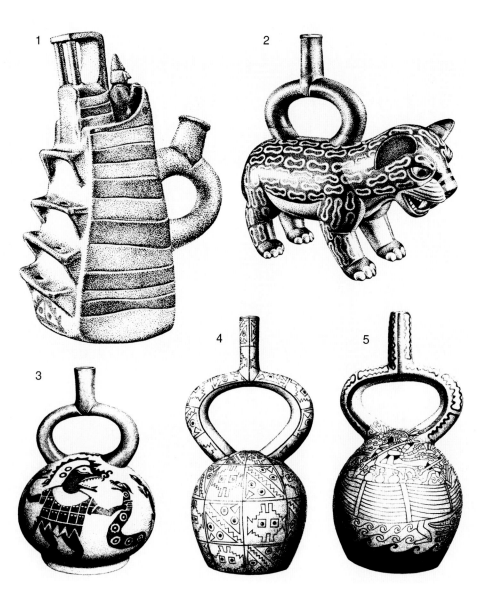

[建筑]

在考察莫奇卡建筑时，可大体参照比鲁谷地出土的陶器序列。其住宅如加伊纳索时期一样，由矩形土坯砖建造，若干相邻房间构成规则和对称的组群。翻模制作并带芦苇印痕的土坯砖可能属前莫奇卡时期（Pre-Mochica），光面砖才是莫奇卡时期的产品。实际上，最早的矩形神庙或宫殿平台在莫奇卡艺术产生和发展前很久、在最早的白底红纹陶器装饰期间已经出现。这些平台上的大型房间、院落和廊道的基础表明，已出现了一种新的莫奇卡建筑形式。和早期成组布置的小房间形成鲜明的对比，后者系连续几代人在已废弃的和填充的前期蜂窝状住宅基础上建造。

比鲁谷地万卡科的城堡就是这样一个沿着低处山坡布置的阶梯状平台，所在的山俯视着低处比鲁谷地的平原。陡峭的金字塔平台由翻模制作的小土坯砖建造，由紧挨着但未砌合在一起的柱子及墙段组合而

成，没有采用石基础。遗址现存残段表明，建筑属加伊纳索时期，大金字塔平台于莫奇卡时期进行了扩建。因此莫奇卡时的建筑实际上是延续了早期的做法，只是规模更大，效果更为壮观。附近特鲁希略谷地莫切的月亮金字塔情况类似，自岩石山坡上伸出土坯砌筑的阶梯式平台。只是相关的陶器要晚近得多，属于成熟的莫奇卡中期类型（300~550年）。

巨大的莫切建筑群的独特价值在于它们保留了莫奇卡金字塔组群的最初形态。在其他地方，早期平台往往都被后期增建部分覆盖，如奇卡马河谷布鲁霍或帕卡斯马约河谷帕卡特纳穆的金字塔，在这后一遗址，奇穆移民扩大了老的建筑并将它们和一系列院落及住宅连在一起。

莫切的太阳金字塔（神殿，图9-55~9-57）位于月亮金字塔（两者均为近代名称）以西约500米的河边。建筑全由泥砖砌筑，像前述其他平台一样，由未

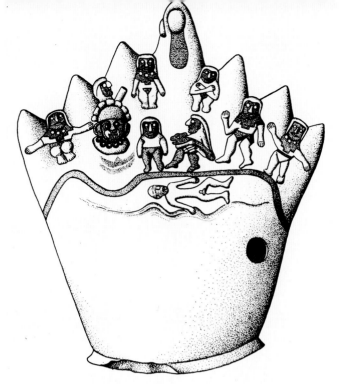

本页及左页：

（左）图9-61莫奇卡陶器（壶嘴呈马镫状的容器，莫奇卡I~V风格，可能公元前250~公元800年以后）：1、房屋形容器（私人藏品），2、虎形容器（私人藏品），3、彩绘陶器（利马国家博物馆藏品），4、彩绘陶器（柏林Museum für Völkerkunde藏品），5、彩绘陶器（芝加哥艺术研究院藏品）

（中）图9-62莫切 屋形陶器

（右上）图9-63山峰状容器（奇卡马河谷墓葬出土，表现牺牲场景，莫奇卡V风格，公元500年以后，据Kutscher）

（右下）图9-64莫切 月亮金字塔。复原图

砌合的墙体及柱子聚集而成。庞大的结构几乎有一半已被河水冲刷，没有饰面留存下来，由于侵蚀，最初的形式已很难识别。但即使在这样残破的状态下，也仍然是南美洲这种类型的古代单体纪念性建筑中最大的一个（高出河谷地面41米）。在建筑最高部分地下，由于河水冲刷暴露出一些灰烬层，可能为金字塔建造之前的住宅遗址。其中包含莫奇卡早期的陶器碎片（I期，可能公元1世纪）。在把基础和上部金字塔分开的南台地，马克斯·乌勒发现了一些墓葬，内有海岸地区瓦里-蒂亚瓦纳科风格的陶器。因而建筑应属莫奇卡中期和后期（约公元200~600年，很可能是完成于450年），尽管核心部分可能要更早。

太阳金字塔基底总尺寸为136×228米（包括坡道在内）。低矮的南平台（C）平面近于方形，由5个阶台组成，上部立一个较小的方形金字塔平台（E，高7阶）。后者偏于下部平台一角，在西面和南面留出宽阔的台面。一条长长的坡道（A）通向较低的北台地（B）。各个细部都表明，工程并不是由熟练匠师完成；劳工可能是按量完成砌筑任务，以此作为对这个集体祭祀地的奉献。月亮金字塔可能是宫殿平台，太阳金字塔是神殿。

从瓶画上看，莫奇卡应是一个由祭司主导的神权社会。农业居民住在谷地边缘的系列住宅里。贵族及其仆从则占据着筑有围墙的丘台，其形式可在许多陶器上看到。利马博物馆内一个来自比鲁谷地的实例表现一个由红色及浅黄色条带标示的金字塔式台地（图9-58）。带围墙的曲折通道保护着入口，通过坡道通向一个个台地。低处的宽阔台地供仆人使用，主人住在上部独立的院落及周围带山墙、通风口及遮阳板的住宅里。模型本身是个带喷嘴的容器，为莫奇卡早期风格的典型作品。

在莫奇卡时期，这种带等级的建筑布局想必形成

得很早，可能是在公元前400年以后，在一个有能力
大规模开凿运河修建人工灌溉系统的政权控制下。在
这样的政体下，少数人可掌控整个社会和谷地。在奇
卡马河谷，长度逾113公里的孔布雷运河目前仍在使

本页：

（左上）图9-65莫切 月亮金字塔。遗址现状

（左中及左下）图9-66莫切 月亮金字塔。阶梯状墙面灰泥装饰及
展示现场

（右两幅）图9-67莫切 月亮金字塔。泥砖砌体及台阶

右页：

（上下两幅）图9-68莫切 月亮金字塔。端头墙面灰泥装饰及近景

用。阿斯科佩水道长1400米，高15米。这样一些巨大的工程显然需要有严密的组织，令所有的利益集团都能服从公共事业的需求。

莫奇卡文化的集体主义精神和重实利的倾向，在建造巨大的堤道和平台上表现得最为明显。它同样表现在接近真券的结构试验上（当然，也不排除偶然的因素）。据拉斐尔·拉尔科·奥伊莱报告，奇卡马河谷的一个墓构里采用了曲线的土坯砖屋顶，类似欧洲的筒拱顶。在奇克林博物馆，还可看到这座墓的一个模型。温德尔·本内特相信，它只是典型的莫奇卡盒式墓（box-tomb）的一种变体形式，采用了支撑泥砖面层的纵向枝条。枝条解体后，泥砖因重力固定就位，形成拱顶的样式。但不管是出于有意或偶然，它和筒拱顶的类似还是颇为引人注目。拉斐尔·拉尔科·奥伊莱还提到莫奇卡神殿和墓寝结构中的拱券门道，但从他的插图上看，仅是叠涩挑出，而非真正的拱券。

[雕塑]

莫奇卡艺术的雕塑主要表现在陶器及金属、骨头及贝壳制作的小工艺品上（在月亮金字塔脚下发现的陵寝里，金饰品占有重要的地位；图9-59、9-60）。小型雕刻作品占主导地位可能是因为人们的主要精力都集中在大型灌溉工程的建设和维修上，因而无暇顾及大型石雕和泥刻装饰（在古代海岸地区，这类作品极少）。另一个可能是，莫奇卡人特别喜爱色彩绚丽的雕塑形式，因而把陶器和泥雕置于首位。莫奇卡陶器表现的大量色情题材可能和这种民族秉性具有密切的关系。还有人指出，在莫奇卡文化中占有重要地位的陶器主要是用于葬礼仪式。这些容器制作精美，装饰华丽，和日常使用的器皿完全不同（图9-61），有的还表现建筑造型（图9-62）。在相距甚远的一些遗址（如钦博特和奇卡马河谷），墓寝中可找到某些完全一样的人物容器的复制品，它既是莫奇卡文化统一性的证明，也表明了在没有书写文字的情况下，采用人物陶器或有助于增加社会的凝聚力。某些表情威严的肖像型容器拥有大量的复制品，显然反映了对统治者的崇拜（在马克斯·乌勒收集的莫切金字塔墓寝的莫奇卡陶器中，约10%带具有雕刻特色的人物装饰，带彩绘图案的占34%，剩下的66%为没有装饰的容器；在这批藏品中，90%为红白两色）。还有一批表

现牺牲场景的山峰状的容器（图9-63），外廓形成5或7个山峰，人物均以浮雕表现并施彩绘。

[绘画]

莫切月亮金字塔的壁画属莫奇卡中期，以7种色彩画在高约3英尺白色底面的墙裙上（复原图及遗址现状：图9-64、9-65；灰泥装饰及细部：图9-66~9-72）。线条轮廓好似徒手勾勒，施彩也很马虎。在钦博特附近的帕纳马尔卡，也发现了莫奇卡风格的壁画，表现更衣及战斗场景，足尺大的人物形象以7种色彩（黑、白、灰、红、黄、褐、蓝）绘制。

莫奇卡绘画擅长表现动态场景（图9-73）。在一幅表现奔跑的画面上（图9-74），人物好像是脱离地面，"飞"了起来。在他们头上，为另一条带倒悬铁兰（南美洲植物，属凤梨科）的地面线，表明那是位

本页：
（上下两幅）图9-69莫切 月亮金字塔。墙面灰泥装饰细部（一）

右页：
（上两幅）图9-70莫切 月亮金字塔。墙面灰泥装饰细部（二）

（中两幅）图9-71莫切 月亮金字塔。墙面灰泥装饰细部（三）

（右下）图9-72莫切 月亮金字塔。墙面灰泥装饰细部（四，色彩经修复）

于后方远处的另一空间。室内景色则用简单的剖面表示，可看到山墙房屋的梁式结构（图9-75）。

[莫奇卡艺术的终结]

1899年，德国考古学家马克斯·乌勒（1856~1944

年，图9-76）在莫切太阳金字塔主平台南台地内发现的墓寝（内有蒂亚瓦纳科风格的陶器），为安第斯山中部地区的考古序列提供了重要的线索。乌勒认为这些墓寝属莫奇卡风格末期，已经出现了被其他文化替代的迹象。随后的所有发现，都证实了乌勒有关北部

海岸地区文明排序的设想（即莫奇卡、蒂亚瓦纳科和奇穆文化）。正如我们将看到的，莫切的瓦里-蒂亚瓦纳科风格，只是稍许受到中部和南部海岸地区那种华丽风格的影响。然而，这些残片所证实的文化转换和大约同时期（即公元第一个千禧年将近结束时）西班牙基督教艺术为伊斯兰艺术取代具有差不多同样的性质。在北部海岸地区，仅莫奇卡文化领地（安卡什和拉利伯塔德省）受到影响。在奇卡马河谷以北，没有发现瓦里-蒂亚瓦纳科风格的陶器，尽管在奇克拉约北面的瓦卡法乔，据报告发现了综合莫奇卡和瓦里风格的壁画，表现单一人物的矩形嵌板面对着中央轴线，颇似蒂亚瓦纳科的纺织品构图。

　　对比鲁谷地聚居点的系统发掘，证实了这期间文化上曾发生剧变和更迭的推断。人们不再修建大型金字塔（包括莫切月亮金字塔那类宫殿金字塔，以及构

成莫奇卡建筑特色的设防山顶围地），而代之以建造占地130米见方的大型院落建筑群（周围绕泥砖墙，围东边各小平台对称地布置成排的房间、廊道和院

本页：

（上）图9-73莫奇卡绘画：狐狸和
沙漠风景（莫奇卡III风格，可能
晚于公元200年）

（中上）图9-74莫奇卡绘画：奔跑
（人物形象同时带有动物的属性，
莫奇卡III风格，可能晚于公元200
年）

（中下）图9-75莫奇卡绘画：带山
墙的房屋、居住者、蜈蚣及长毒
牙的豹神（莫奇卡IV风格，早于
公元500年）

（下）图9-76马克斯·乌勒（1856~
1944年）像

右页：

图9-77埃尔普加托里奥 遗址区
（13~14世纪）。总平面

落）。G.威利认为这些网格状的聚居点和瓦里-蒂亚
瓦纳科风格的人物形象艺术同时出现。它们靠近这时
期修建的联系各谷地的沿岸大道。这些道路形成了新
的交通体系，将沿岸的各中心城镇彼此相连，而这些
中心城镇和位于同一河谷的高原盆地的联系，反倒没
有这么便捷。

三、兰巴耶克王朝

在北面的莱切河谷，一个名埃尔普加托里奥的遗
址（图9-77）展现出莫奇卡和蒂亚瓦纳科两个时代的
遗迹。在西南区，有许多不带围地的实心金字塔平
台，据信属莫奇卡时期。在遗址北端，一个长约410
米的巨大平台上布置了成排的院落和房间，R.P.舍德
尔认为它们建于莫奇卡和奇穆两个政权之间，是统治
阶级家族及其仆人和工匠居住的宫殿建筑群。

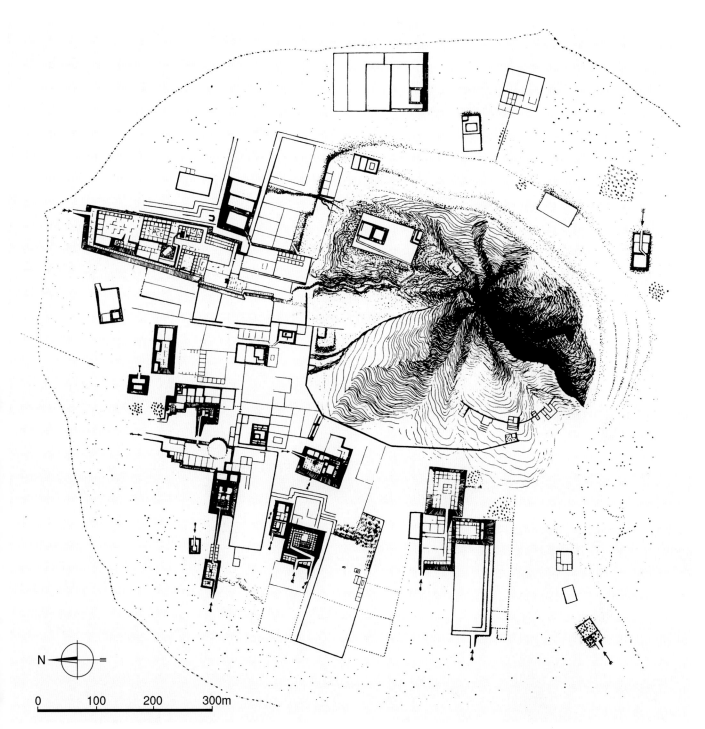

N

0   100   200   300m

在特鲁希略谷地昌昌城正东的"神龙"殿（图9-78），是个位于路边丘台的精美艺术作品，它在一个带围墙的矩形围地内（围地面积55×59米，内部绕成排的规则小室）。由彩绘黏土制作的外墙分成高几层带同样题材的板块。这个重复的主题为身体弯成弓形的双头蛇，外廓上点缀着波浪形的涡卷，每个头都张嘴欲吞一个小的人形。这道外墙内为成排的小房间，可能是神殿的车间（工匠在那里用贝壳为木雕像制作外壳）。那里留下了大量废弃的贝壳，包括制作过程的各个阶段。内金字塔高两个阶台，配有装饰着

模塑檐壁的陡峭坡道。整个建筑属公元1100年左右。兰巴耶克河谷的瓦卡乔图纳有个类似的模塑泥砖檐壁，表现一个身体弯成弓形的双头形象，只是制作比较粗糙。

莫切、兰巴耶克和莱切河谷及其他地方的这些建筑，主要根据考古证据被认为属莫奇卡统治北部海岸地区之后，14世纪奇穆占领之前。除考古证据外，1586年米格尔·卡韦略·巴尔沃亚写的兰巴耶克地区的王朝史也是重要的参考资料，该王朝系由来自海上的殖民者奈姆拉普创立，历经12位统治者后于1420年左右被来自特鲁希略河谷的奇穆王朝征服。也就是

本页：

（上）图9-78昌昌 "神龙"殿（泥砖墙雕饰，约1100年）

（下）图9-79兰巴耶克河谷 金刀（可能12世纪，金镶绿松石，利马国家博物馆藏品）

右页：

图9-80昌昌 遗址区。总平面（据Emilio González）

说，奈姆拉普世系的创立可上溯到12世纪，平均每个统治者在位约一代人期间，即20~30年；另米格尔·卡韦略·巴尔沃亚认为，在奈姆拉普王朝末代统治者费姆佩列克到奇穆王朝征服之前有一段期限不明的过渡期；如果这个过渡期很短的话，那么有关奈姆拉普王朝的报告则能和考古证据吻合。该王朝以封建贵族统治取代了早先的神权政治（在大约同时期中美洲的米斯特克和托尔特克王朝仍保留了这种神权政体）。

1936~1937年，在兰巴耶克河谷发现了三把金刀，上有带翼人物的形象（图9-79）。路易斯·巴尔卡塞尔当即认定这是王朝创立者奈姆拉普本人的造像（据传他死后，长出翅膀飞向天空）。经进一步研究可知，这种和刀具相联系并带半圆形王冠的带翼人物形象，是海岸地区后期考古学里习见的题材，在海岸北部及中部地区的陶器、纺织品和金属工艺品上均可见到。秘鲁考古学家R.卡里翁·卡乔特认为这一形象和月神有关，她还认为它不是前奇穆而是奇穆时期的形式[1]。同样的人物见于兰巴耶克河谷瓦卡平塔达的一幅壁画，两边为鸟头随从和作祭品的两个倚靠的

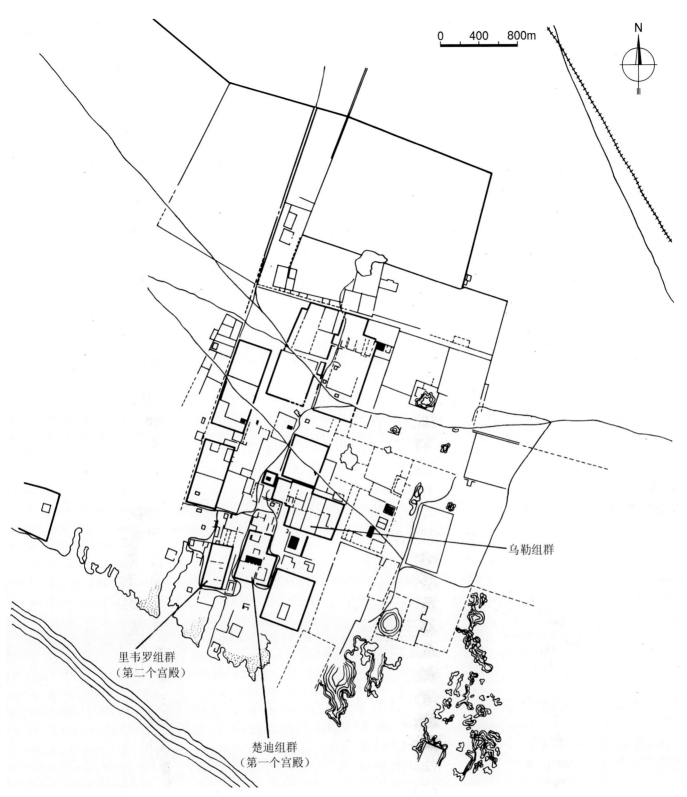

乌勒组群

里韦罗组群
（第二个宫殿）

楚迪组群
（第一个宫殿）

人。除昌昌附近的"神龙"殿（见图9-78）外，半圆形的曲线和波浪形的镶边花纹，同样出现在兰巴耶克河谷瓦卡乔图纳的模制黏土檐壁上。

四、奇穆文明

1604年西班牙人编撰的一部编年史为我们提供了

有关奇穆王朝（Chimu，另译契姆）史的唯一记录。王朝创立者泰卡纳莫早在14世纪，也和奈姆拉普一样，从海上来到奇穆。其王位传了12代。约1370年，泰卡纳莫的孙子南亨平科通过征服将王朝的统治从圣河扩大到帕卡斯马约；第九任君主明昌克曼进一步将整个海岸河谷地带，从利马附近的卡尔瓦约到通贝斯都置于奇穆王朝的统治下（约1460年）。用土坯砖砌

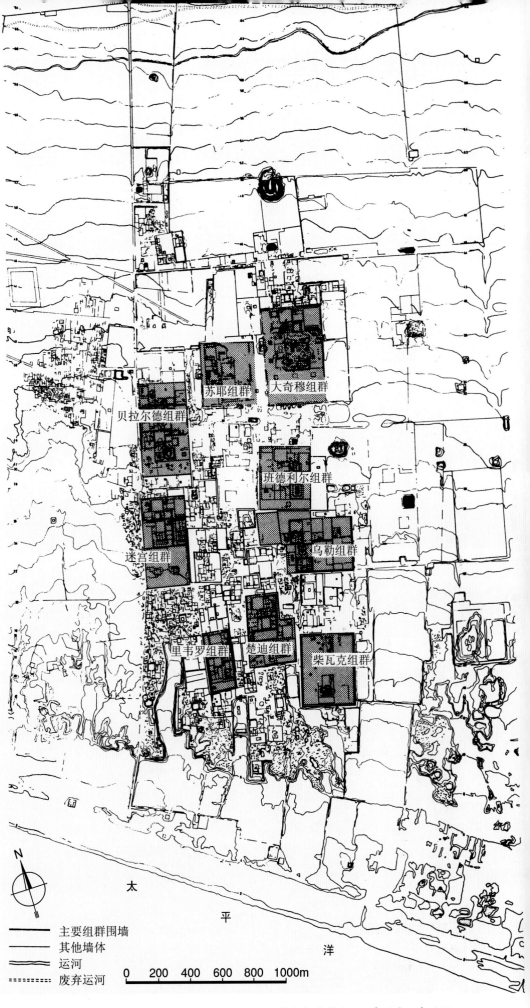

左页：

（上）图9-81昌昌 遗址区。总平面（1：30000，取自Henri Stierlin：《Comprendre l'Architecture Universelle》，第2卷，1977年；遗址位于太平洋岸边，曾有精心规划的灌溉系统，城市分成若干300~500米长带围墙的区段，其间布置金字塔式的建筑和人工开凿的水池）

（下）图9-83昌昌 遗址区。俯视景色（一、航拍照片，城市占地约18平方公里，目前已成荒漠）

本页：

图9-82昌昌 遗址区。中心区平面（取自Michael E.Moseley：《The Incas and Their Ancestors，the Archaeology of Peru》，2001年）

苏耶组群

大奇穆组群

贝拉尔德组群

班德利尔组群

迷宫组群

乌勒组群

里韦罗组群

楚迪组群

柴瓦克组群

N

太

平

洋

主要组群围墙
其他墙体
运河
废弃运河

0 200 400 600 800 1000m

筑的帕拉蒙加"城堡",可能就属这一时期。但明昌克曼的统治在1470年前,因图帕克·尤潘基率领的印加军队的入侵而中断,奇穆王国的领土遭到蹂躏,城市被抢劫,王朝也沦为附庸。

[建筑]

尽管有这样一些依据,但奇穆王国的准确创始日

左页:

(上)图9-84昌昌 遗址区。俯视景色(二)

(下)图9-85昌昌 遗址区。俯视景色(三)

本页:

(上)图9-86昌昌 泥砖围墙及入口,现状

(下)图9-87昌昌 围墙入口近景

期并不清楚（只知在公元850年左右）。其主要城市昌昌位于特鲁希略附近，在被印加人征服前，一直是王国的都城。目前已是一片残墟的城市什么时候被遗弃尚不清楚。其古代名称可能是奇莫（Chimor）。

只是到近代，它才成为系统发掘的对象，不过，由于其地下矿产丰富，16世纪就成立了开采公司，非法发掘一直在延续，加上抢劫，整个遗址遭到很大破坏。在那里发现的陶器表明，在莫奇卡时期这个城市尚不

存在，看来其创始年代不会早于12或13世纪（据B.弗莱彻，城市存续时间为1200~1470年左右）。

遗址目前总面积约28.5平方公里[2]，可能是在300~400年期间内逐渐积累而成（总平面：图9-80~9-82；俯视景色：图9-83~9-85；遗存现状：图9-86~9-91）。可以清楚地看到10或11个由带墙的围地构成的建筑组群，环绕的泥砖墙高50~60英尺。大部分围地均为规则的矩形，其中有的纳入了几百个同样的小房间。保存得最好的两个建筑群分别以里韦罗（马里亚诺·爱德华多·德里韦罗-乌斯塔里斯，1798~1857年，秘鲁科学家、考古学家、政治家和外交官）和楚迪（约翰·雅各布·冯·楚迪，1818~1889年，瑞士博物

左页：

（左上）图9-88昌昌 围墙入口卫士雕像及墙面浮雕（卫士手中曾持长矛）

（右上及下）图9-89昌昌 城堡及泥砖结构近景（一）

本页：

（左上及左中）图9-90昌昌 城堡及泥砖结构近景（二）

（右中及下）图9-91昌昌 城堡及泥砖结构近景（三）

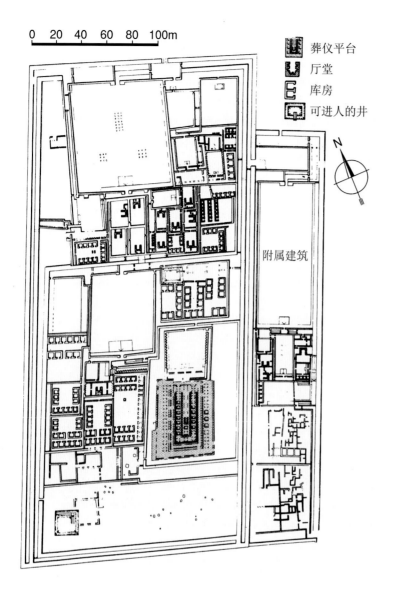

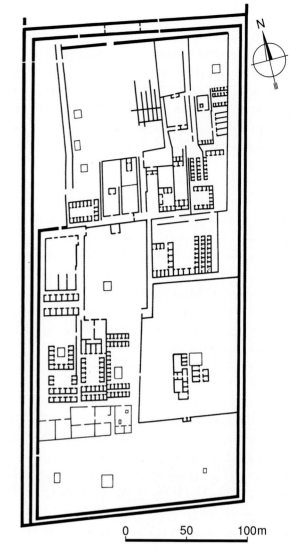

0　20　40　60　80　100m

葬仪平台
厅堂
库房
可进人的井

附属建筑

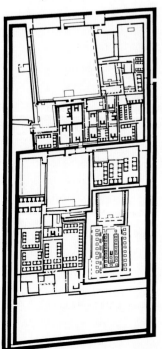

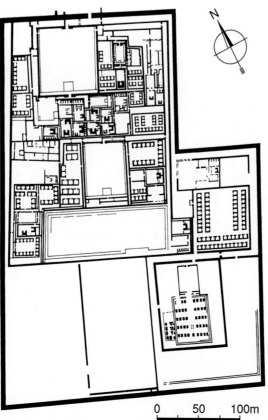

0　　　50　　　100m

（左上）图9-92昌昌 里韦罗组群。平面（为统治者及其家族居住的地方及陵寝所在，配有"U"形的办公和觐见厅堂、葬仪平台、宝库、贮藏室及可进人的井；图版取自Michael E.Moseley：《The Incas and Their Ancestors，the Archaeology of Peru》，2001年）

（右上）图9-93昌昌 里韦罗组群。平面（1∶3000，取自Henri Stierlin：《Comprendre l' Architecture Universelle》，第2卷，1977年；围墙两至三重，最初高度约达8~10米）

（下）图9-94昌昌 楚迪组群（13~15世纪）。平面（左侧是作为对照的里韦罗组群；据Moseley和Mackey）

学家，探险家和外交官）的名字命名，称里韦罗和楚迪组群（里韦罗组群：图9-92、9-93；楚迪组群：图9-94~9-99）。后者由两个相邻的矩形院落组成，一个较大一个较小，形成"L"形平面。

另两个值得注意的围地是所谓"迷宫"和以德国考古学家马克斯·乌勒（1856~1944年）的名字命名的主要宫殿组群（迷宫组群：图9-100；乌勒组群：图9-101）。乌勒组群系在一个四边形范围内，纳入了33栋带山墙端头的台地式房屋，每栋长2~5个单元，所有建筑均对称地布置在一个围着矩形院落的低平台上。台地式房屋均无转角，四边形内院于角上敞开，平面形制颇为引人注目。这组建筑以双重围墙和相邻

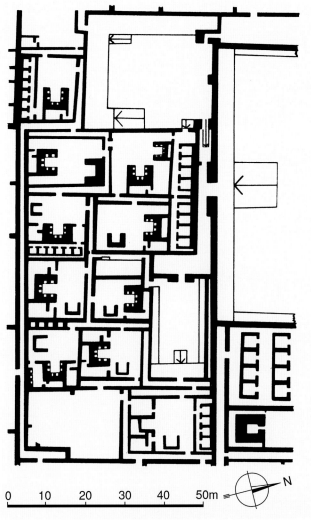

（左上）图9-95昌昌 楚迪组群。平面（局部，可看到各类"U"形厅堂的布置；取自Michael E.Moseley：《The Incas and Their Ancestors，the Archaeology of Peru》，2001年）

（右上）图9-96昌昌 楚迪组群。俯视复原图（自北面望去的景色）

（下）图9-97昌昌 楚迪组群。宫邸，典型"U"形厅堂，残迹现状（内墙每边有两个大的壁龛）

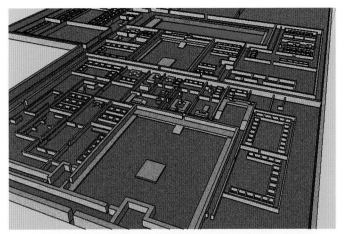

（上两幅）图9-98昌昌
楚迪组群。围墙及入口
（围墙高10米，饰有几
何图形及抽象的动物图
案，左图示北部入口现
状）

（下）图9-99昌昌 楚迪
组群。墙体装饰细部
（浮雕：鱼）

单元隔开，仅北面设出口。其对称的规则布局和相对
好的保存状态表明其建造日期已接近奇穆王朝末期。

　　在这些保存较好的围地之间，尚有许多小建筑群
的少量残迹，每个均由双重平行墙围护，内部为成片
的台地式房屋（住宅区平面：图9-102、9-103）。这
些较小且不是很清楚的廊线只有在合适的光线条件下
通过航拍照片才能加以辨认。从空中望去，除主要围
地的突出遗迹外，早期建筑的廊线依稀可见。当然，
要想准确地判定建筑的年代顺序，尚需进行科学的
发掘。

　　建筑均为泥砖结构，许多表面有高浮雕的装饰

图案（围墙装饰：图9-104~9-108；图案细部：图
9-109~9-114）。一些低矮的墙体想必属临时性或低
级的构筑物，反映了宫殿和平民住宅的差异，但在泥
砖建筑里，这种差异可能不像用耐久材料时那样
明显。

　　在采用这种材料时，建筑的销蚀程度在某种意义
上可视为其年岁的指标。最高且损毁最少的墙体可能
时间也最为晚后。航拍照片表明，城市的建造可能经
历了三个阶段：在里韦罗组群右下方为一个小的四方
形体，包括许多小的院落，其左上方为一个大得多的
四方院的双墙覆盖，后者本身又被压在几乎完整保存

下来的里韦罗组群的双墙下（见总平面，图9-80）。由于昌昌的大部分地区在城市存续期间都像这样处在不断更替和逐渐衰退的过程中，在估计其居民人数时显然应考虑这些因素。以往人们估计的数字（20万人）是以所有方院都同时住满为前提，显然是太高了，看来这个数字应减掉2/3。城内各围墙似乎时时处于改建的状态，或被扩大，或被改得更为规整。从保存得最好的两个围地来看，新围墙内的某些建筑和围墙外紧邻的一些残毁建筑看上去同样古老。围墙似乎标志着被废弃的和需要维修的建筑之间的分界线。也就是说，和被它分开的建筑相比，围墙应属新结构。同样值得注意的是，为了阻挡来自西南海岸的主

（上）图9-100昌昌 迷宫组群。平面（1：3000，取自Henri Stierlin：《Comprendre l' Architecture Universelle》，第2卷，1977年；围墙内面积530×265米，其内规则布置住宅及仓储建筑）

（左下）图9-101昌昌 乌勒组群。平面（13~15世纪，据Moseley和Mackey）

（右下）图9-102昌昌 工匠住宅区。平面（建筑本身由易腐朽的材料造成，基本无存；据Michael E.Moseley，2001年）

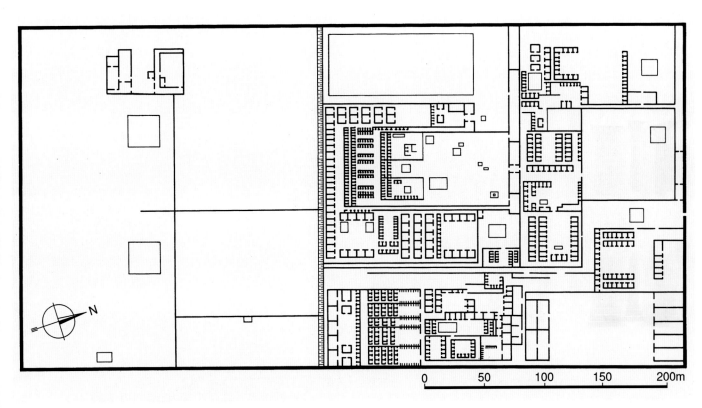

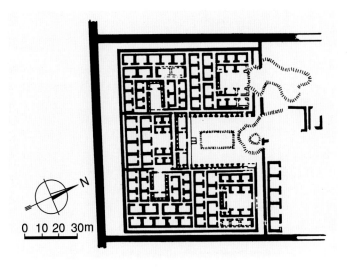

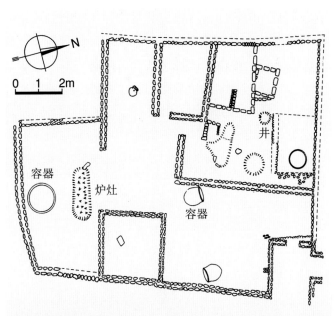

导风，在这个方向上修建了高墙；为了在多雾的气候条件下获取更多的日照，房屋大都朝向北面的院落（在这个纬度上，朝北能获取更多的阳光）。奇穆建筑的其他特色则要从社会学的角度去解释。

围绕着成组建筑的围墙数量及尺寸，给人们留下了深刻的印象。在某些地方，三条平行的土墙明确界定出两条通道，通常有一条这样的通道环绕着整个矩形组群，但只有一个门（见图9-92~9-95）。可以想象，这种夹道会产生怎样的空间感觉？人们自然还想知道，这些矩形围地究竟是宫殿还是工场？围墙是用来限制内部居民的行动还是保护他们不受外来的侵扰？从最靠近海边的那两个分别以里韦罗和楚迪命名的围地来看（见图9-94），只是偶尔有些住宅，因而极可能是工匠聚居地。另一方面，以马克斯·乌勒命名的岛状围地，有着宽阔对称的平面，显然是为特权人物精心设计的宅邸（见图9-101）。里韦罗和楚迪围地看来是逐渐积累形成，在宽阔的围地内随意安置；而乌勒围地显然是按规划一次建成，可能属城市后期。

约翰·罗指出，印加国家组织的许多特色都是来

本页及右页：

（左下）图9-103昌昌 普通贵族居住区。平面（由不规则的泥砖建筑组成，有"U"形厅堂，但无檐壁和墓葬丘台；据Michael E.Moseley，2001年）

（左上）图9-104昌昌 围墙饰带及装饰（上部的鱼形图案表明奇穆文明和海洋有着密切的联系）

（中两幅）图9-105昌昌 围墙饰带及装饰（下部的河狸鼠图案为楚迪组群常见的装饰主题，系在泥砖上抹泥浆后再行塑造）

（右中）图9-106昌昌 墙基饰带及网格装饰

（右上）图9-107昌昌 屋顶装饰细部

（右下）图9-108昌昌 龛室塑像

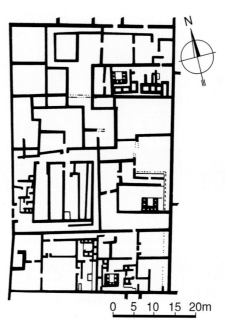

0 5 10 15 20m

自奇穆王国：一是借助地方贵族进行统治和管理；其他还包括采用矩形的城市平面，大规模的生产方式，以及金属加工、纺织品和奢侈品（如羽毛织品）等方面的制作工艺。在约1470年印加军队征服奇穆王国后，被废黜的奇穆国王明昌克曼流亡库斯科，但仍是一名受尊重的诸侯，拥有一个奇穆工匠的聚居地。印加人可能是按奇穆王国的习俗对待被征服的臣民，如果是这样的话，昌昌的城市形态亦可得到解释。也就是说，流放到奇穆都城并在那里定居的诸侯，拥有自己的工匠聚居地并开展一定的生产活动。围地内除

（上）图9-109昌昌 墙面装饰图案，细部（一）

（下）图9-110昌昌 墙面装饰图案，细部（二）

（上）图9-111昌昌 墙面装饰图案，细部（三）

（左下）图9-112昌昌 墙面装饰图案，细部（四）

（右下）图9-113昌昌 墙面装饰图案，细部（五，水生动物）

工匠聚居地外，还有为上层阶级服务的较宽敞的地段。其他一些遗址，如位于赫克特佩克河口的帕卡特纳穆（系以1370年左右占领该地的奇穆将军的名字命名），也可看到和昌昌极为相近的围地，这也在很大程度上证实了这样的论断。但昌昌和北方城市之间也有明显的差异。后者较小，更具有地方特色，历史更为悠久，昌昌则是一个大都会和新城。在昌昌少量的金字塔平台上，可明显看到年代上的差异。帕卡特纳穆约有60座金字塔，其中一个核心部分属莫奇卡时期，但仅一个大型围地。昌昌有许多围地，但仅有少数中等规模的金字塔。然而昌昌遗址上有许多矩形的

深井（称pozos或mahamaes），可能是用作运河灌溉的补充。挖掘出来的黏土和砾石可用于建造围墙和平台。许多围地内都有这样的井，还有一些在围地之间未设围墙的地段内。

帕拉蒙加城堡（约1200~1400年，图9-115~9-117），同样是个给人留下深刻印象的泥砖结构，充分表现出城堡的基本特征。上部台地和城墙可为较低的阶台提供保护，凸出的角上棱堡可从两侧掩护主要城墙。作为奇穆帝国主要前哨基地，这个建筑群既是城堡，同时也在很大程度上起到神殿的作用。

位于秘鲁西北海岸地区的印加瓦西（地名意为

（上）图9-114昌昌 墙面装饰图案，细部（六，鱼类）

（中上）图9-115帕拉蒙加 城堡（约1200~1400年）。遗址俯视（航拍照片，1928~1930年，George R. Johnson摄）

（中下）图9-116帕拉蒙加 城堡。现状全景

（下）图9-117帕拉蒙加 城堡。墙体近景

"印加之宅"），尚存一组规模巨大的库房残迹（可能属15世纪）。这是个布局极其工整的结构（由平面约4米见方的许多小间组成），充分反映了当时社会和经济组织的公社性质（图9-118、9-119）。

[雕刻]

昌昌宫殿围地内上层人物的宅邸和奇穆时期秘鲁海岸其他高档建筑都配有造型突出的黏土雕饰，布置在嵌板和由连续图案组成的条带上（见图9-104~9-114）。这些类似阿拉伯花纹的黏土图案多用于装饰房间、平台面及坡道。它们和"神龙"殿（见图9-78）那种前奇穆时期黏土装饰的区别在于没有圆形的线脚过渡，莫奇卡艺术那种极富想象力的变化和复杂的宗教传统亦不复再现，取而代之的是浓缩在装饰条带和图案里的世俗题材。在昌昌，浮雕位于以垂直刻槽截然分开的两个层面上。表面仅有的修饰是少量的刻线。许多同样的题材出现在模压金属工艺品和奇穆纺织品的装饰图案上。新近对后期雕饰檐壁的研究表明，黏土施加了两层，约2厘米厚的外层于晾干后进行雕刻。这种表现鱼类、鸟类、甲壳动物及人物的檐壁属印加人征服和占领时期（1470年前）。

以模制方式重复少数装饰题材构成奇穆艺术的基本特色。对大型结构来说，这是一种最简单、最快捷，也是最高效的装饰手法。一般认为，这种重复单一主题的做法系来自纺织品。但许多墙面展示的华丽斜纹结构在秘鲁的纺织品中并不常见，倒是更多地见于篮筐和席子的编织图案。因此有人推测，奇穆城市里黏土墙的某些雕饰是效法古代室内挂席的编织图案（如图9-109那类）。

尽管昌昌长期享有重要金属工艺品加工中心的名声，但能确认为其产品的甚少。在柏林贝斯勒藏品

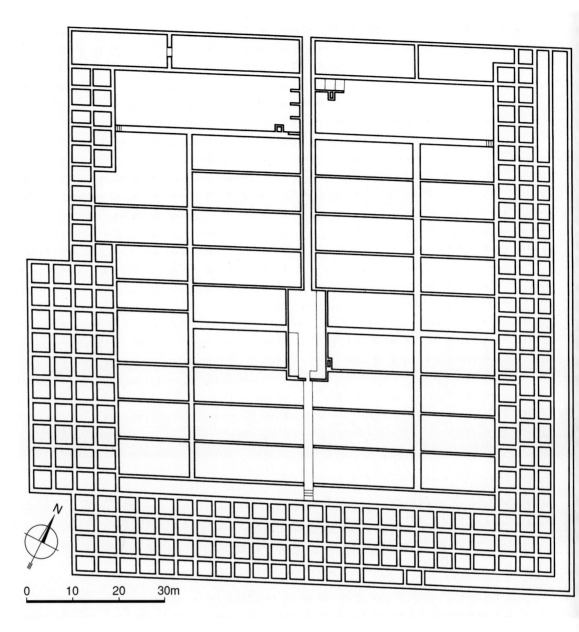

图9-118印加瓦西 印加库房（可能15世纪）。平面（1:800，取自Henri Stierlin:《Comprendre l'Architecture Universelle》，第2卷，1977年；每小间平面4×4米，广场低于道路标高）

```
0    10    20    30m
```

（Baessler Collection）的570件秘鲁金属工艺品中，仅有一件半圆形的刀具来自昌昌。很可能是1470年左右，印加征服者将珍宝运往库斯科后，墓葬亦开始受到劫掠。目前仅有少数博物馆，藏有来自昌昌的金属工艺品，而且都是小的装饰品。同样，主要的陶器制品也都受到印加和西班牙征服者的破坏。

五、高原盆地

在北部海岸地区三个主要河谷体系中，每个都对应一个刚好位于大陆分水岭大西洋一侧的高原中心。前面我们已经提到，查文-德万塔尔与安卡什省海岸谷地保持着最便捷的联系；瓦马丘科为连接大西洋一侧马拉尼翁河和太平洋一侧奇卡马及特鲁希略流域源头的高原中心。卡哈马卡则将太平洋一侧的兰巴耶克和赫克特佩克河系与马拉尼翁河流域联系起来。所有这三个高原城堡都具有护卫太平洋水系源头的作用，同时也控制了自亚马孙雨林通过马拉尼翁河谷进入太平洋沿岸地区的通道。在太平洋海岸地区和亚马孙居民之间的所有交易活动（如热带羽毛和高原羊毛的交换），都需要在这些中心城市谈判议价。印加的军事首领，在攻占富饶的海岸谷地之前，正是通过占领卡哈马卡及其周边地区，获得了一个牢固的军事基地，并从这里，于1460年代攻占了奇穆王国的领土。

在秘鲁各地区，卡哈马卡的考古研究最为完整。在从瓦尔盖奥克河到克里斯内哈斯河之间的地区，可分为消极和积极两个阶段。在以单色线刻陶器（和查文风格有些相似）为主的早期阶段终结后，地区内开

始逐渐演化出一种独特的陶器装饰，以黑、红或橙色在黄褐、乳黄或白色底面上草绘图案花纹（卡哈马卡I~III期）。这一演进系独立完成，没有受到海岸地区的影响。它一直持续到9世纪左右莫奇卡时期结束、来自南方的瓦里-蒂亚瓦纳科艺术介入卡哈马卡之时（前面我们已经看到这种艺术在莫奇卡艺术终结时对海岸地区的影响）。以后卡哈马卡和海岸居民之间的关系可从海岸谷地出现的综合卡哈马卡 IV期和前奇穆及早期奇穆风格的容器上看出来。这些残片和卡哈马卡 III期陶器的区别主要在于增添了来自瓦里-蒂亚瓦纳科风格的粗犷几何底面。

1532年，西班牙人击败印加军队，取得了统治权，印加帝国末代皇帝阿塔瓦尔帕（1497~1533年）在卡哈马卡成了战俘（图9-120），虽付大量赎金仍于次年被占领军首领弗朗西斯科·皮萨罗·冈萨雷斯处死。从编年史上可知，这时期建造了各种给人们留下深刻印象的建筑组群，但它们很少留存下来。究竟这些是印加时期的建筑还是重新利用的早期结构，也无从得知。据称，在一个有围墙的广场上，立着3个内置8个房间的"馆所"（西班牙语pabellones）。这些房间之一仍在现贝伦医院内，据一个古老的传说，这

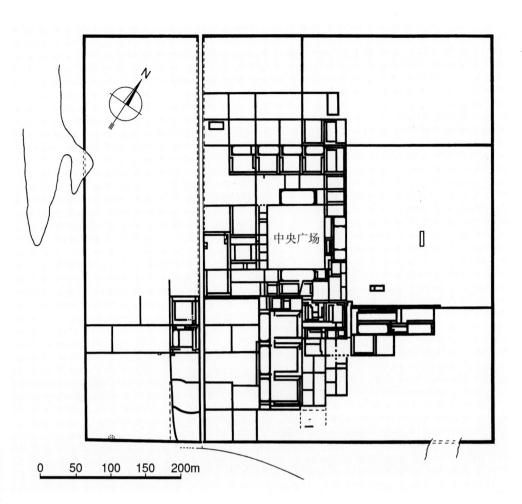

图9-121比拉科查庞帕 遗址区（约750~800年）。总平面（据McCown）

0　50　100　150　200m

就是阿塔瓦尔帕当年筹集赎金的房间。这些建筑可能即下面要提到的瓦马丘科那类廊厅（galleries）。一个矩形的金字塔式平台位于设围墙的广场东面。总的来看，对卡哈马卡的建筑目前还缺乏系统的研究。

不过，从距卡哈马卡直线距离约40英里的瓦马丘科的建筑上，人们仍然可获取北部高原地区建筑传统的某些概念。其最早的居民住在山顶的村落里，带矩形房间的石头房子随意地围着开敞院落布置。很久以后，人们才开始建造带高围墙的城堡并称马尔卡-瓦马丘科。从马克斯·乌勒收集的石雕头像和浮雕来看，其建造时间可能相当莫奇卡后期。头像所戴头盔与莫奇卡风格的头像类似。浮雕上的有机形式均按几何方式进行简化，使人想起蒂亚瓦纳科的雕刻。住宅为狭长的廊道，高两或三层，楼板支撑在挑腿上。楼面全部损毁，墙体本身亦成残墟。某些"廊厅"底层没有门窗，表明入口是在上层，通过梯子上去，在受到攻击时可将梯子撤掉。从陶器装饰上看，瓦马丘科似乎标志着安卡什省和卡哈马卡高原传统之间的分界。

瓦马丘科北面约4公里处，为比拉科查庞帕遗址的残墟，这是个按方格网规划的城市（每格约580×565米，各边接近正向，图9-121）。一条道路自北向南直线穿过城市，周围布置较小院落的中央广场构成城市的核心。城市其他部分由各种大小院落组成，院落三面布置狭窄的廊道式房屋。总平面类似昌昌的围地组群；平面和建筑则使人想起位于库斯科东南32公里，名皮基拉克塔的要塞城（见图10-86）。两者通常均被视为16世纪早期印加的聚居点，系为了将地区内的农业人口集中起来进行统一的控制和管理。但从比尼亚克风格（Viñaque Style）的陶器来看，它们也可能是属瓦里时期（公元900年前）。

第九章注释：

[1]见R.Carrión Cachot：《La Luna y su Personificación Ornitomorfa en el Arte Chimu》，1942年。

[2]另据B.Fletcher，城市面积21平方公里，包括占地6平方公里的祭祀中心。

第十章
安第斯山中部地区

第一节 秘鲁中部地区

秘鲁海岸中部河谷地区在采用陶器之前，是已知古代美洲最早的大型纪念性建筑的发源地（建于公元前2000~前1800年）。在奇利翁河谷下游的丘基坦塔，位于一个山头上的神殿由黏土墙筑成，外带石饰面，两边长长的侧翼可容上千人。到后期，在帕拉蒙加和卡涅特河谷之间的整个地区，基本上没有再出现

新的表现形式。无论是在海岸地区还是在高原，建筑和技术都和其他地区类似，整个秘鲁中部地区就好像一个接纳来自各地风格的大容器。在安孔附近的普拉亚格兰德，既可看到帕拉卡斯风格的作品，也能见到和查文风格相关的表现。在南北两边艺术的强力影响下，很难鉴别地方的独特表现。秘鲁中部地区就这样

（左）图10-1苏佩 纺织品残段（查文风格，表现一个具有鹰鹫和猫科动物特征的形象，可能早于公元前400年；线条图据Strong、Willey和Corbett）

（右）图10-2洛斯阿塔韦略斯（坎塔马尔卡）地区 塔楼式建筑。剖析图（带挑腿式屋顶和拱券，可能晚于公元1000年；据Villar Córdova）

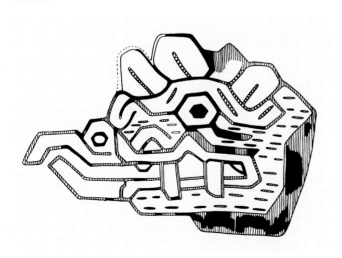

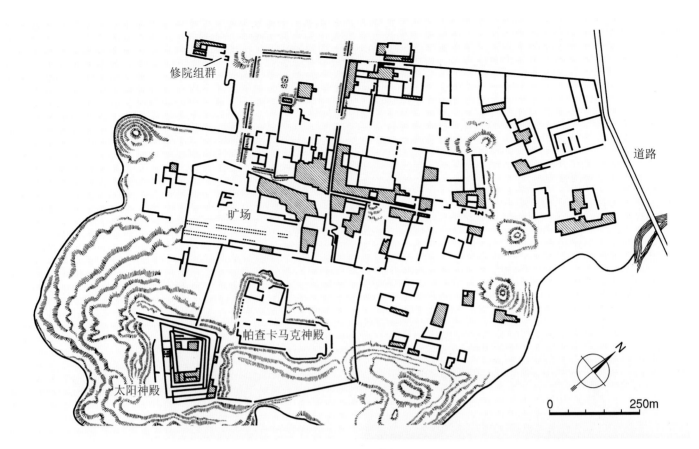

太阳神殿

修院组群

旷场

帕查卡马克神殿

道路

N

0   250m

（上）图10-3帕查卡马克 遗址区（大部公元700年以后）。总平面
（据Uhle和Strong）

（下）图10-4帕查卡马克 遗址区。复原模型（自西北方向望去的
景色）

成为南北两面传统的自然交会地，在汲取各方营养的
同时也丧失了自己独特的艺术地位。位于里马克和奇
利翁河谷之间、利马正北面的斯图梅尔目前被认定为
南北两方不同考古体系的分界。

　　但不管怎样，秘鲁中部地区遗址因其巨大的规模
和重要性仍需单立篇章来叙述。此时的帕查卡马克是
大都会的中心，一如殖民时期和共和时期的利马，尽
管和这个总督的首府相比，它对海上贸易的依赖程度
要小得多。自利马向北，和海岸谷地的联系主要指安
卡什省及更远地区；而自利马向南，主要是和南部高
原地带的蒂亚瓦纳科及印加风格相联系。

一、利马以北地区

　　自里马克河到瓦尔梅河的北部河谷地带，包括约
260公里的太平洋岸区。在向北近130公里的苏佩和更

远处安孔的岸边，一些大型墓地和堆积层里发现了按
海岸地区查文风格制作的产品。在这两个遗址，早期
陶器既有红陶也有黑陶，具有查文艺术特有的带刻纹
的表面。图案形象包括查文风格的蛇类、猫科动物和
鸟类。由于气候干燥，墓地里这类风格的纺织品（图
10-1）和木雕都保存完好。建筑为带石基础的简单住
宅，在这些渔民聚居地里，没有发现公共建筑，随葬
器物忠实地反映了北面安卡什省和拉利伯塔德省的早
期礼仪习俗。

　　精美的公共建筑最早出现在靠近奇利翁河口的库
莱布拉山（4世纪）。这是个带有独特平面的平台-金

字塔建筑，虽被掩埋在后期结构下，但已揭示出最初的彩绘面层。以七种色彩绘制的壁画长达26米，位于黄色黏土底面上，表现几何化的人物造型，周围绕以蛇的象征图案和鱼的主题。从画面上可明显分辨出两组不同等级匠师的作品。墙面装饰的风格类似东北约240公里处卡列洪-德瓦伊拉斯盆地雷库艾的陶器绘

画，相关的陶器也表明遗址应属这一时期，即早于公元500年。

所谓"利马风格"约和库莱布拉山遗址同期，其典型遗址马兰加由一系列金字塔平台和墓寝组成，沿着从利马到卡亚俄的大道边一字排开。这是个古典时期的祭仪中心，建于瓦里风格传入之前。阶梯式的平

台由手工和翻模制作的矩形黏土砖建成，类似北部海岸边莫切的主要建筑（建筑可能也与之同时）。在马兰加的历史上可辨认出5个发展阶段。最早阶段在平台建造之前，带有许多相连成排的小型基础。第2阶段（与库莱布拉山的彩绘墙面同时）包括早期的平台

（上）图10-7帕查卡马克 神殿平台（左前景为公元1500年前的印加平台，右侧远景处为600~1000年蒂亚瓦纳科时期的平台）

（中）图10-8帕查卡马克"修院组群"。俯视全景

（下）图10-9帕查卡马克"修院组群"。建筑现状（自二层平台上望去的景色）

结构。第3阶段的新结构和早期阶段通过一层灰烬分开，混用正像和负像的陶器图案类似雷库艾及纳斯卡风格，年代当在公元500年前。第4和第5阶段包括许多新建筑。在第4阶段的残墟中，除了后期纳斯卡风格的遗存外，还发现了莫奇卡风格的残片。

在第4阶段，公元600年后，马兰加的地位已被里马克河谷新的城市中心、位于现利马以东18公里的卡哈马基亚取代。在那里，已发现了无数房间和小院落的基础，足够几千个家庭居住。这些房屋始建于公元

500年以后。其陶器表现出纳斯卡、莫奇卡和瓦里诸多风格的特征。整个遗址无疑属R.P.舍德尔所谓"城市精英中心"（Urban Elite Centers）。早期部分由手工制作的土坯砖与层叠黏土墙（tapia）混合修建；后期（印加统治时期）结构仅手工砖为翻模制作的泥砖取代。

在卡哈马基亚，早期层位独特的陶器和马兰加的一样，被称为利马风格。它们以精细的橙色黏土制作，饰有六种色彩（白、灰、黑、褐、红紫及黄

本页：

（上下两幅）图10-10帕查卡马克 太阳神殿。正立面现状

右页：

（下）图10-11帕查卡马克 太阳神殿。立面端头近景

（上）图10-12帕查卡马克 太阳神殿。侧立面全景

色），形体造型突出。绘画和雕塑形式的结合使这些最优秀的利马风格陶器具有非凡的品性。和莫奇卡风格的作品相比，其色彩要更为丰富；和纳斯卡风格的相比，雕塑造型要更为突出。容器的形状来自两种传统，但造型更为圆润、柔和。总的来看，这些陶器要更接近南方海岸的风格。有些特点则可肯定是外来的，如三足或四足容器，显然属厄瓜多尔和中美洲造型，除围绕着卡哈马卡的北部高原外，在秘鲁其他地方均非标准样式。

奇利翁河和帕萨马约河上游地区属洛斯阿塔韦略斯（即坎塔马尔卡省），弗朗西斯科·皮萨罗·冈萨雷斯正是在这里，获得了"侯爵"的称号。这一地区最引人注目的是带围墙的城市和石构住宅。它们颇似的的喀喀湖岸附近科廖省的石构葬仪塔楼（chullpa）。这些塔楼式建筑（称kullpi）和南部高原地带艾马拉人的同类结构一样，用巨石或砾石干垒而成，带简单的挑腿拱顶（图10-2）。它们和南方实例的区别仅在于是真正的住房。就现在所知，类似的结构有两种类型：中央立柱支撑拱顶的方形和圆形塔楼主要位于奇利翁河上游坎塔周围的地区；再向北去，在帕萨马约河谷海拔2800米的奇普拉克和阿尼艾，住宅较大，中央为带挑腿的拱顶厅堂，周围厚实的墙体内布置蜂窝

般的小室和贮存间。这种住房和卡列洪-德瓦伊拉斯盆地的颇为类似（如瓦拉斯附近的维尔卡瓦因，温德尔·本内特在那里发掘出一些廊道式住宅和一个带楼层结构的神殿，分别带有雷库艾和蒂亚瓦纳科风格的陶器）。坎塔的塔楼平面宽6.5米，中央柱子系用来支撑挑腿屋顶，只是立面没有多少特色。而在奇普拉克，平素的立面由于增添了自地面至檐口的狭窄梯形龛室，形成了强烈的节拍，装饰效果颇为突出。这些壁龛使人想起印加人在墙上开梯形壁凹的习俗。其建

本页：

（上）图10-13帕查卡马克 太阳神殿。侧立面，端头近景

（下）图10-14帕查卡马克 太阳神殿。侧立面，大门近景

右页：

图10-15帕查卡马克 太阳神殿。台地上部现状

造时间可能要晚于坎塔的塔楼。

二、利马以南地区

位于利马以南约32公里的卢林河穿过一些低矮的山丘后注入太平洋。坐落在北岸的帕查卡马克占据了一块位于主要干道和海岸之间长宽分别为6.5公里和3.2公里的地域。主要建筑和街道大体依照规则的四分式平面布置（总平面及复原模型：图10-3、10-4；遗址现状：图10-5、10-6）。西南区有山为城市挡住来自海岸的大风，山上的土筑平台通称太阳神殿。东南区为另一座高山，山间的马鞍形地段上有一个年代较早的神殿平台，经马克斯·乌勒鉴定为祭祀地方神帕查卡马克的神殿（图10-7）。其最早的部分与莫奇卡和纳斯卡文明同时。东北区有最早的住宅，西北区占主导地位的是一栋印加时期的建筑，称"修院组群"（图10-8、10-9），它隔着一个带柱廊的宽阔广场，面向远处的太阳神殿（图10-10~10-15）。柱廊广场沿西南至东北轴线延伸约300米，为秘鲁仅有的实例。神殿平台与住宅台地及院落的结合，颇似昌昌的形制。

尽管和北部海岸地区的大型"城市精英中心"相比，帕查卡马克要小一些，但仍属西班牙人占领之前秘鲁中部或南部地区最大的城市，其建筑是北方那种大型金字塔平台组群在最南端的表现。一些殖民时期的文献比较详细地描述了这些建筑，按他们的说法，印加时期的太阳神殿，是最接近海岸、也是最高的一个，由层叠黏土建造，高6层，涂成红色（图10-16）。1636年前已从事著述的耶稣会教士贝尔纳韦·科沃对这座建筑有详细的记录。他的测量数据与马克斯·乌勒的非常接近，所看到的建筑维修状态则要好得多。顶部台地上有两座平行建筑，每个长170英尺、宽75英尺、高24英尺，在俯视着周围风光的东南和西北两面辟有深深的龛室。建筑内有祠堂及祭司的住房，具有各种颜色的彩绘和动物形象的装饰。其他建筑占据着第二、第三和第四层宽阔的台地。有的凹进如高台边上的洞穴。

西南面为俯视着海洋的主要立面。位于倒数第二个平台上面对着水面的是一道柱廊，端头与顶上两个建筑对应。屋顶为最上层台地地面的延伸。主要台阶位于对面，即东北面，有10或12跑，每跑约20个宽阔的台阶，嵌进台地面内。W.D.斯特朗的发掘已摸清了大部分细部，尽管他和他的同事们并没有引用贝尔

图10-16帕查卡马克 太阳神殿。砌体及灰泥细部（可看到红色涂料痕迹）

纳韦·科沃的记述和1793年约瑟夫·胡安主要根据贝尔纳韦·科沃的记述绘制的平面布局图（手稿现存大英博物馆）。W.D.斯特朗还证实了整个外部结构属印加时期。然而，在东北面下面，他发现了年代更早的器物，包括大约相当雷库艾和帕拉卡斯时期具有综合风格的陶器。马克斯·乌勒在祭祀帕查卡马克的其他较低的平台结构里，也发现了类似的残片。

在太阳神殿北面的帕查卡马克神殿是个由许多台地构成的平台，占据了一块很大的矩形地段，但和位于山顶上的太阳神殿相比要矮得多。8个台地中，每个高度都不超过3英尺，建筑朝北，以粉红、黄、蓝绿、灰蓝等无机颜料绘制植物及动物形象。壁画常常改绘，某些地方达16层之多。平台顶部和太阳神殿一样，上承围绕院落的建筑。空间布局亦和太阳神殿类似，包括住宅和神殿，按功能要求松散地布置。

再向北为一系列大型前院。从航拍照片上可分辨

出三个平行的双排支柱，当年这些柱廊可能是支承着简单的席子屋顶，为朝圣者和商人提供庇护和遮阳。遗址西北边界处的"修院组群"，则是一栋宏伟的层叠黏土建筑（tapia）。基础按库斯科的样式，由几层精美规整的粉红色石块砌筑。房间经修复，台地式院落朝南，可看到各个神殿和大海。建筑有些类似的的喀喀湖上卡蒂岛印加时期的"修院组群"。

柱廊平台和旷场是最引人注目的独创要素。作为圣地中心，帕查卡马克的重要地位已为许多早期西班牙文献证实。玻利维亚人类学先驱安东尼奥·德拉卡兰查（1584~1654年）说过，圣地的维持费用由帕查卡马克的其他组群负担，朝圣者来自秘鲁各地，葬在神殿附近更是帕查卡马克的崇拜者热切向往的特权。只是墓寝里出土的纺织品、木雕、金属制品和陶器，尽管很丰富并属两千年历史的各个时期，但并不具备为这个遗址特有的品性和标记。

如果说双色陶器和大型城市建筑群构成了秘鲁北部古代文明的特色，那么，色彩丰富的陶器和具有明亮色调的纺织品则是安第斯山中部地区南段的独特产品，其传统至少可上溯到公元前5世纪。南部这一地区从秘鲁太平洋沿岸的卡涅特河谷开始，向东南延伸到玻利维亚、阿根廷西北和智利北部。像秘鲁的其他地区一样，艺术活动的重要中心或在海岸边的河谷地带，或在远处隔离的高原盆地。和北方一样，在前哥伦布历史后期，南方的高原部族也成为海岸地区的统治者，因此，海岸和高原地区的分期方法（早期、中期和后期），在这里也同样适用。

一、帕拉卡斯和纳斯卡

[发源与考古分期]

秘鲁南部的早期文明（公元前1400~公元540年）发源于两个河谷地带。向南穿过沙漠高原流入大海的伊卡河两岸有南部地区已知最早的聚居地。这些早期

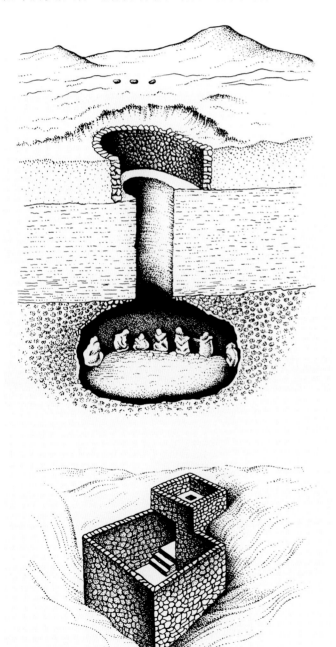

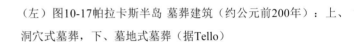

（左）图10-17帕拉卡斯半岛 墓葬建筑（约公元前200年）：上、洞穴式墓葬，下、墓地式墓葬（据Tello）

（右）图10-18卡瓦奇 祭祀中心。俯视全景

（上）图10-19卡瓦奇 祭祀中心。遗址现状

（下）图10-20卡瓦奇 祭祀中心。金字塔平台，远景

（中）图10-21卡瓦奇 祭祀中心。金字塔平台，全景

（上下两幅）图10-22卡瓦奇 祭祀中心。金字塔平台，近景（中部平台尚未清理时状态）

城市位于由沙漠和两条河谷（皮斯科及伊卡河）分开的帕拉卡斯半岛上，许多残迹都埋在这个边远半岛的荒原下和墓寝中。另一条河名格兰德-德纳斯卡，在伊卡河口东南约32公里处注入太平洋。其上游有许多支流，由贫瘠的草原和山脉分开。这些上游河谷的居民享有共同的文化，但只是在伊卡河谷的最早居民点形成后很久才进入繁荣期。研究这一地区的考古学家现已同意将较早的伊卡河文化依大墓地所在地帕拉卡斯半岛命名，而将较晚的一个按其主要聚居地纳斯卡上游谷地命名。

由于放射性碳测定的绝对日期和基于类型学研究推定的相对日期之间相差甚大，在这一地区，考古时序的排定显得格外复杂。例如，1960年前碳-14测定的海岸地区陶器出现的时间，要比1960年后依另外的实验方法测定的数据晚7个世纪之多。目前得到普遍应用的是"长级差制"（long scale），但年表本身主要是根据地层层位和风格排序而不是依赖放射性碳测定。

在帕拉卡斯半岛，J.C.特略辨认出两个阶段，分别以"洞穴式墓葬"（Cavernas burials）和"墓地式墓葬"（Necropolis burials）为代表。后者占据了较早的洞穴时期的堆积层。洞穴和墓地遂形成了时间序列。帕拉卡斯地区绝对日期的确定则比较复杂。早期（洞穴阶段）和后期（墓地阶段）可能有所重叠。J.C.特略的帕拉卡斯编年法后被另一种分期法取代，这后一种方法主要以在伊卡河谷发现的帕拉卡斯陶器风格作为定期依据，将公元前1400~前400年分为10个阶段，每阶段持续一个世纪左右。1~8阶段相当

查文雕刻时期，第10阶段（公元前5世纪）与纳斯卡陶器早期相合，但它包括未施彩的精美白色陶器（称Topara ware，在纳斯卡早期仍然是占主导地位的产品）。在格兰德-德纳斯卡河中游卡瓦奇的墓寝里，墓地风格的刺绣纺织品直到纳斯卡早期均有发现。因此，墓地风格的刺绣作品和纳斯卡早期的陶器应属同期。

L.E.道森最近发表了一篇论述纳斯卡艺术风格排序的文章，提出了9阶段的分期法。目前人们仍在应用的排序是1927年A.H.盖顿和A.L.克罗伯提出的。他们将来自纳斯卡地区的大量艺术品分为4个时段：仅有简单形式和图案的为A，接下来是过渡期X，续为形式更为精美的B，最后是制作马虎开始衰退的Y；就这样，在兼顾器皿形式和图案设计相互关系的同时，提出了A-X-B-Y的风格序列。他们还第一次将最后这个时期分为三个阶段，即Y1、Y2和Y3。以后A.L.克罗伯又进一步提出修正，确认A、B、Y序列，但放弃了Y3，并对过渡期X是否存在提出了质疑。

碳14测定进一步确认了A、B序列，它们成为进一步将纳斯卡风格分为早期和后期的依据。因而可认为实际上存在两个分别以帕拉卡斯和纳斯卡为名的风格组群，每个又可分为早晚两个阶段。帕拉卡斯的后一阶段（墓地风格）和纳斯卡早期阶段（A）很大部分是重叠的，因而可视为一个阶段。就这样，最后形成了早期、中期和后期三个阶段的划分（其主要表现为陶器和纺织品）。

[建筑]

在研究雕刻和绘画体系之前，必须先考察南部海岸谷地的建筑。没有迹象表明，帕拉卡斯半岛曾住过埋葬在那里的富裕居民。在这里，只有在海滩上谋生的贫困渔民，但这个离伊卡河谷88公里、离钦查和皮斯科河谷32~40公里的荒野却为富人提供了葬身之地。在这里，洞穴式墓构与墓地毗邻。前者是一些在类似页岩的黄色岩石里挖出的碗状墓室。附近墓地的

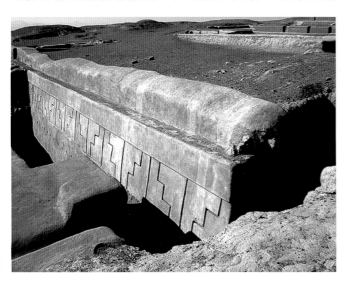

左页：

（上）图10-23卡瓦奇 祭祀中心。金字塔平台，近景（清理完成后现状）

（下）图10-24卡瓦奇 住宅。砌体现状

本页：

（上两幅）图10-25卡瓦奇 住宅。墙面灰泥图案

（下）图10-26纳斯卡 地画。平面总图（取自P.F.Cortazar:《Documental del Perù》）

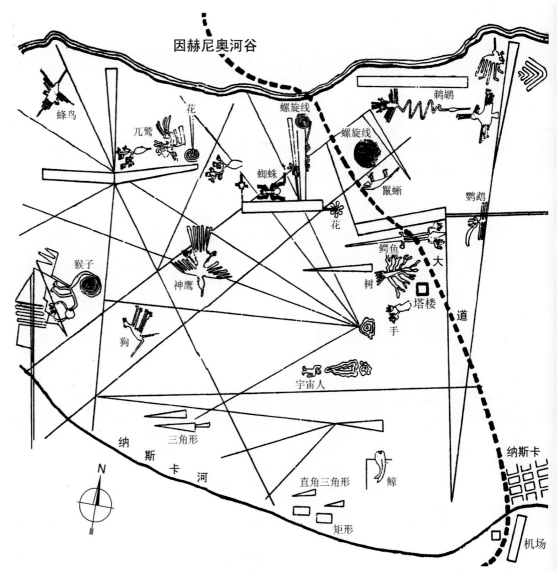

因赫尼奥河谷

蜂鸟

兀鹫

花

螺旋线

螺旋线

鹈鹕

蜘蛛

鬣蜥

鹦鹉

花

鳄鱼

猴子

神鹰

树

大

塔楼

狗

手

宇宙人

道

纳斯卡

三角形

纳斯卡河

鲸

N

直角三角形

矩形

机场

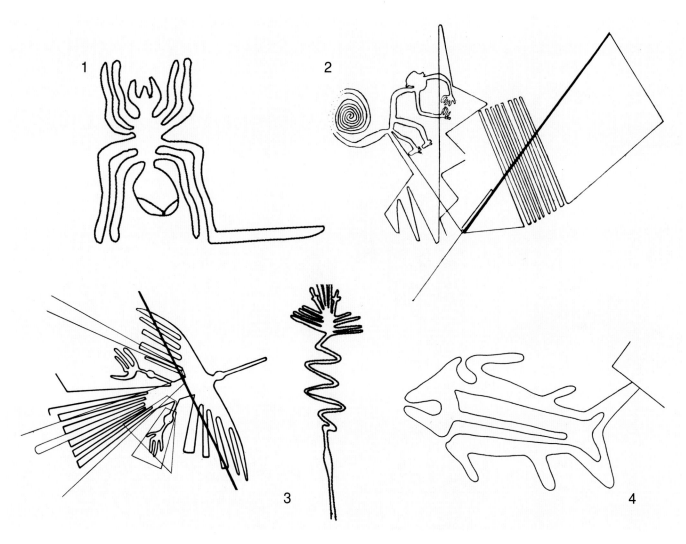

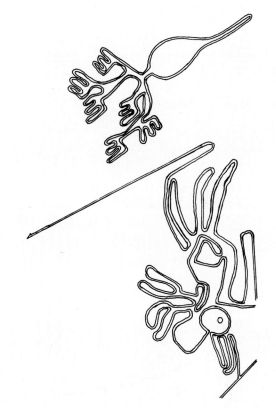

墓葬则是一些矩形的房间般的结构，建在早期洞穴式墓构的残迹和灰烬层中（图10-17）。

伊卡和纳斯卡河谷的一些丘台属帕拉卡斯后期（墓地风格）。在伊卡河谷奥库卡赫的一个由成捆的芦苇和矩形黏土砖建造，形如乳房，直径50米，高4米。在卡瓦奇的相关住宅残迹表明其平面为矩形，带支柱和抹泥的枝条结构。

最大的纳斯卡早期残墟位于纳斯卡河中游的卡瓦奇（祭祀中心：图10-18~10-23；住宅：图10-24、10-25）。在那里，一个由楔状土坯砖建造高65英尺的金字塔式平台俯视着几组在陡峭山坡上拔起的矩形房屋。其他的阶梯式平台位于北面和东面，有的用带沟的锥形泥砖建造。但在宏伟壮观的程度上，它们没有一个能和北方海岸地区的建筑遗存相比。在卡瓦奇附近的拉埃斯塔克里亚，尚存时间晚近得多（"短级差制"碳14测定1055±70年）的独特木构建筑，和该地区纳斯卡后期和蒂亚瓦纳科早期遗存同时。建筑由12排直立树干组成（每排20根，间距2米，上部形成叉

左页：

（上）图10-27纳斯卡 地画。

各类动物图案：1、蜘蛛，2、猴子，3、鸟类，4、虎鲸

（下）图10-28纳斯卡 地画。植物及鸟类

本页：

（上）图10-29纳斯卡 地画。几何图案，俯视景色

（下）图10-30纳斯卡 地画。梯形图案（泛美干线自纳斯卡河谷边上的平原地带穿过，切去了梯形的一部分）

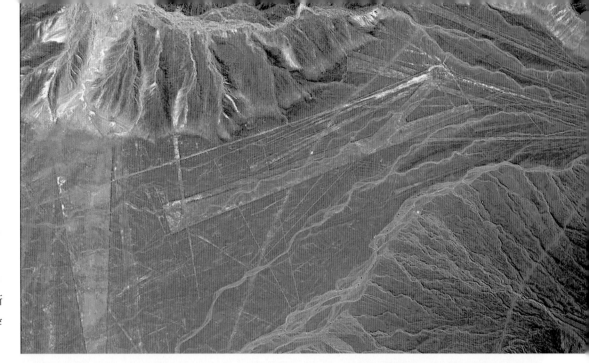

状），用途不明。这种布置方式颇似纳斯卡河上游河谷之间沙漠地带规则布置的石桩。

著名的纳斯卡线画（Nazca Lines）已于1994年由联合国教科文组织定为世界文化遗产。这个尺度巨大的一系列古代地画（geoglyphs）位于利马以南约400公里，纳斯卡和帕尔帕之间一片干燥贫瘠的高原上，占了帕尔帕河和因赫尼奥河边约96公里长数公里宽的一块地面（平面总图：图10-26；各类图案：图10-27~10-44）。尽管有些地画类似帕拉卡斯的主题，但学者普遍相信，纳斯卡线画是公元400~650年间纳斯卡文化的产物。独特的形象中有几百个为简单

的线条、纹带、螺旋线或程式化的几何图形，70多为动物[鸟类、美洲驼、美洲豹、猴子、鱼类（鲨鱼、鲸）、蜘蛛、蜥蜴等]及人物形象，其他还包括植物图案（树木花草等）。从风格上看很接近纳斯卡早期的绘画，如上钩的鱼、正在飞翔的鸟和带分枝的树。最大的图形长度逾200米。所有图样均用尺寸巨大的连续线条勾勒，线条宽度相当步行小径。线条和纹带系将微红色的砾石移走露出下面较浅的灰白色底面并沿已揭示暴露的侧边堆积深色石头而成（被风雨侵蚀的小石头表面已经发黑，但下面的沙子和沙砾颜色要浅得多）。这些巨大的图形具有极其引人注目的几何

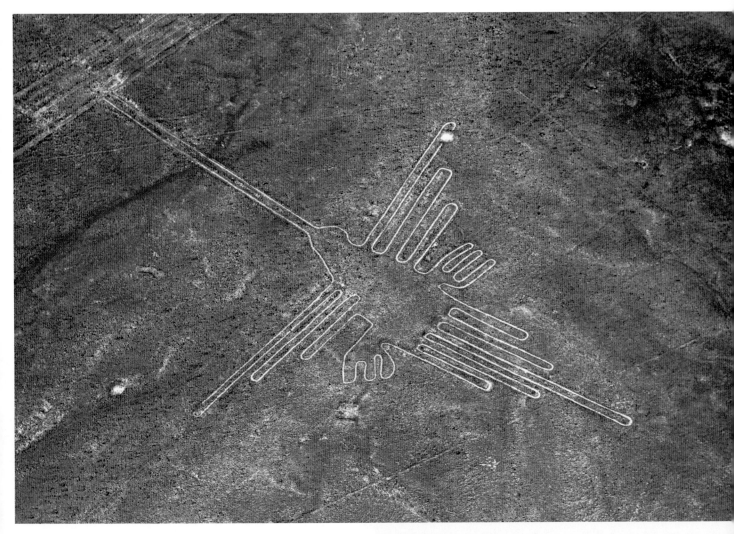

左页：

图10-31纳斯卡 地画。梯形图案（位于纳斯卡附近的沙地上，为纳斯卡地画中最常见的几何图形，可能是象征与水源相通，并作为举行引水仪式时使用的通道）

本页：

（上下两幅）图10-32纳斯卡 地画。鸟（一，蜂鸟，俯视全景及细部）

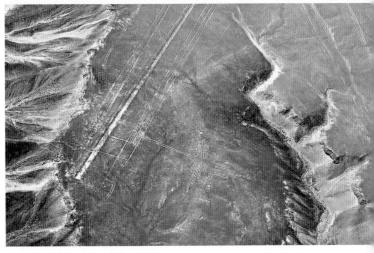

特色，但对它们的放线方法如今人们只能推测。直线部分可能是据小样按固定比例放大。大的曲线图形（植物和动物）可能是借助辐射形的导线，现场还有一些微弱的迹象可寻。可以肯定其制作包含着几代人的努力，因为有些地方有若干层位并有改动的迹象。

　　对这些模拟像和图案的功能，学界看法始终未能统一（由于许多直线穿过高原直上陡坡并突然消失，

显然不是作为道路使用），一般认为具有宗教意义（有人想象是举行宗教仪式时祭司们的行走路线），还有的认为可能是星座的象征图形，特别是因为有些尺寸（如长26米和182米）已查明得到多次应用和重复。出生于德国的数学家和考古学家玛丽亚·赖歇（1903~1998年）对纳斯卡地画进行过深入的研究。她曾耐心地对这些图形进行标绘和测算，认为它们可

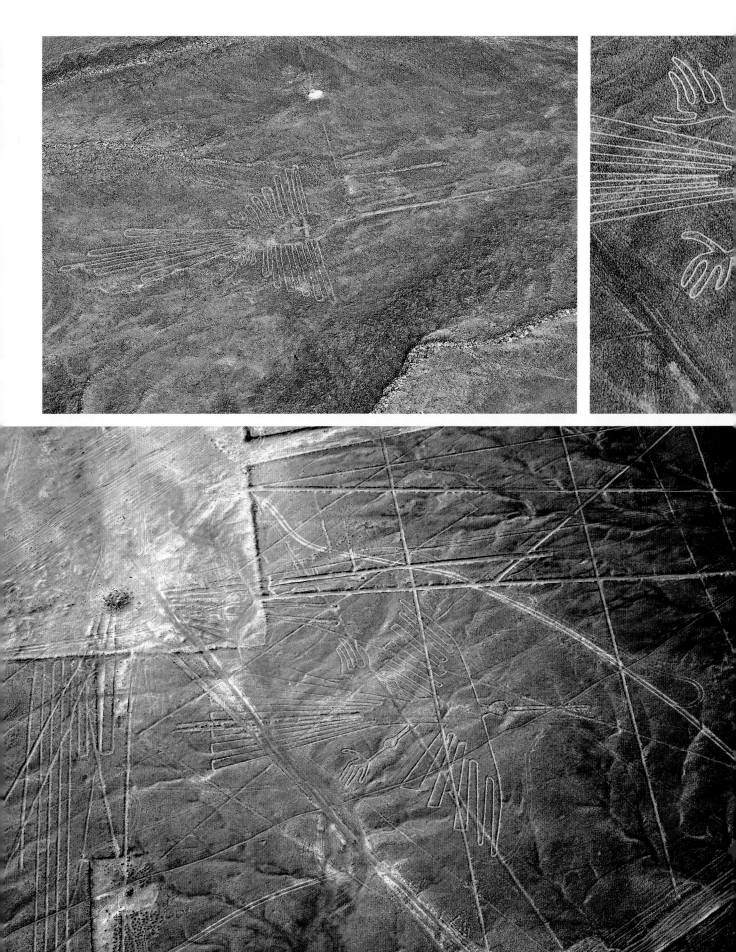

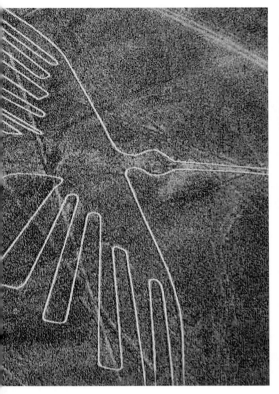

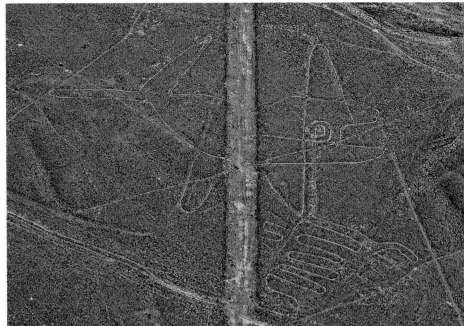

本页及左页：

（左上）图10-33纳斯卡 地画。鸟（二，蜂鸟，约公元前200~公元200年，本例长约138米，翼展宽度近60.5米，俯视全景）

（中上及左下）图10-34纳斯卡 地画。鸟（三，俯视全景及细部）

（右中及中下）图10-35纳斯卡 地画。猴子（俯视全景及细部）

（右上）图10-36纳斯卡 地画。鲸，俯视景色

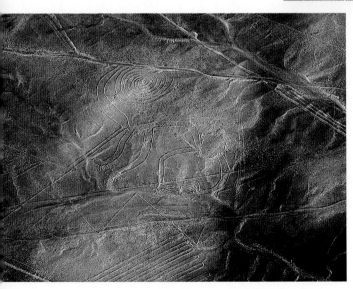

能是天文观测线，其中有的标志着地平线上的冬至和夏至、春分和秋分点。其他的可能是标志着某些星球的升起和降落位置（如大熊座的一个星，它和11月农历开始时一年最大洪水季节正好相合）。

实际上，这些巨画完全可视为某种特定的建筑，具有明确的纪念品性，作为一种不可移动的标志，表明在这里曾有过重要的活动，并以图像记录了现已被人们遗忘的那些重要仪式。它们是两度空间的建筑，同样为人们提供活动场所只是没有遮蔽风雨的功能；它们也如特奥蒂瓦坎或莫切那样，记录了地球和宇宙的关联，只是没有它们那样巨大的体量。可以认为，这是一种图解和表意的建筑，只是把实体减到了最少。

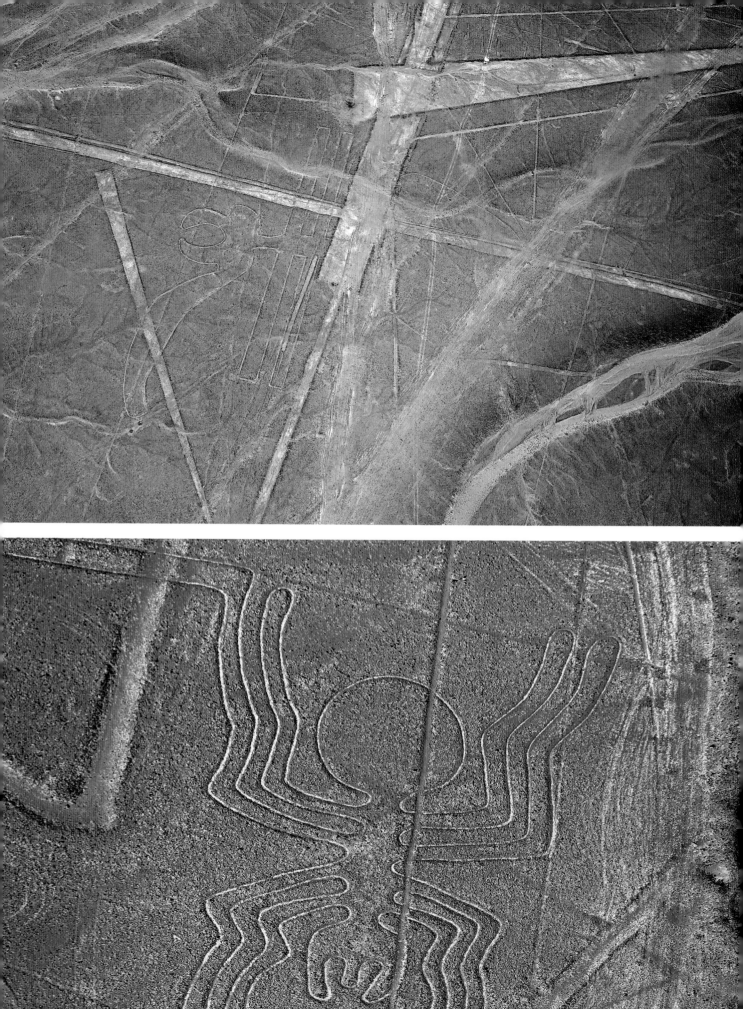

[陶器]

南部海岸的居民没有任何书写文字。记录和交流因此全靠陶器绘画和纺织品装饰。由于厚葬的习俗和比北方干燥得多的气候，帕拉卡斯和纳斯卡墓寝中尚有大量陶器和纺织品完好地保存下来。陶器均具有圆形的基底，完全不同于北部海岸地区那种环状基底和平的底板。这种球状基底表明住宅建筑内是采用松散的沙质地面，因而圆底的容器可以很容易立稳。和莫奇卡文化的容器相比，其形式和色彩的变化要多得多。总的来看，莫奇卡陶器更重画面的生气和动态，而他们南部海岸的同代人更喜爱绚丽的色彩。

（左页上）图10-37纳斯卡 地画。几何图形及鹦鹉

（左页下及本页上）图10-38纳斯卡 地画。蜘蛛

（本页中）图10-39纳斯卡 地画。狗

（本页下）图10-40纳斯卡 地画。人形图像

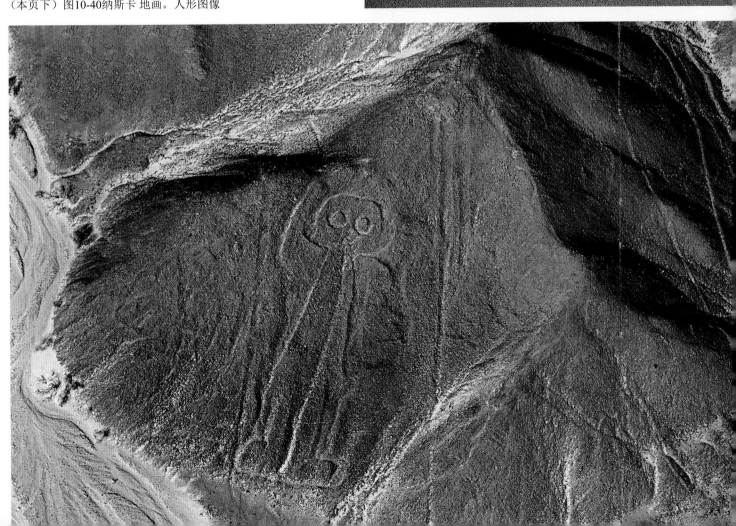

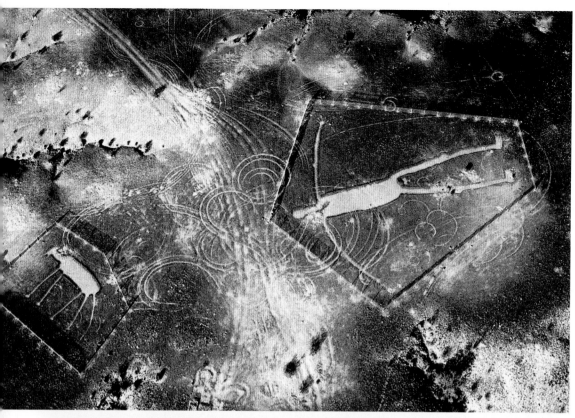

二、纳斯卡艺术的终结

　　和秘鲁中部及北部一样，在南部海岸地区，纳斯卡风格很快被来自高原的一种更为表意的风格取代。但这种引人注目的图像艺术的准确发源地及其扩散的原因还不是很清楚。大多数权威学者认为它起源于玻利维亚的蒂亚瓦纳科，由于表现了一种极具影响力的宗教崇拜得以流行；另外的人认为其中心在曼塔罗河谷的瓦里，随着高原部族的军事扩张得到传播。

　　在纳斯卡传统已开始衰退的海岸谷地，瓦里风格最早出现在纳斯卡城附近的帕切科。1927年，J.C.特略在这里发现了将近3吨重的彩陶碎片，许多都可复原成完整的容器，其中包括20个各种样式的巨盆、上百个带足尺头像的花瓶，以及3个大型美洲驼造型的

容器。最大的盆好似倒置的钟，顶部直径75厘米，高64厘米，壁厚5厘米（图10-45）。其他如古典时期蒂亚瓦纳科的杯具，顶部直径50厘米，基部35厘米，高60厘米。底部均为平面，和纳斯卡传统的容器不同。这种巨大的陶器估计具有礼仪的用途，可能是在某些骚乱中遭到人为的破坏。

绘画结合了纳斯卡和蒂亚瓦纳科传统，有两类形式：一是具有曲线外廓自由表现的植物；一是具有几何和表意特色以直线轮廓表现的人物。在深色底面上以明亮色调表现的植物均属高原物种。形象完整清晰，类似欧洲早期的植物版画。具有表意特色的人物自方形的脸部出各类触手（如图10-45所示），头部既有动物也有植物。其形式和蒂亚瓦纳科中央的太阳门浮雕极为类似，两者可能是表现同样的内容，但没有文献可作为鉴定的凭证。这种形式估计是来自纺织品图案，或许正是通过纺织品的交易得到传播。

门塞尔认为"中期"（约600~1000年）的第一阶段仅持续了50年左右，接下来在7和8世纪出现了地方的衍生风格和变体形式，中心亦从纳斯卡转向伊卡河谷。随着形式和色彩越来越粗糙低下，纳斯卡风格要素亦不复存在。从帕切科风格的出现已可看到日后南方海岸河谷文化归附到高原统治者旗下的征候。

在15和16世纪伊卡统治期间，纳斯卡和伊卡河谷地区的地位均不如前期。地区的行政中心迁往皮斯科、钦查和卡涅特诸河谷地带，后期最重要的建筑也都建在这些地方。钦查河谷可能是地区的行政中心；皮斯科河谷提供了通往曼塔罗河盆地及阿亚库乔周围省份的交通大道；卡涅特河谷则提供了与海岸中部聚居地的联系。

建筑为沉重的土坯砖或层叠黏土结构。某些早期

组群，如钦查河谷的瓦卡-德阿尔瓦拉多，系由帕拉卡斯时期的球状土坯建造。钦查河谷的拉森蒂内拉由层叠黏土建造的阶台式平台高出河谷地面约30米，建于前印加风格后期。位于西南角的宫殿通过几个台地直落平原，配置了院落、厅堂、廊道及旷场；所有建筑均属印加时期，用矩形泥砖建造。在皮斯科河谷，坦博科罗拉多有目前保存得最好的印加时期的泥砖建筑（见图10-242）。主要组群于大院周围布置建筑，可能是个带货栈的旅社、营房和行政区。周围建筑位于台地上、由大块扁平泥砖筑造，墙上开用于贮存的壁龛（涂成红色、黄色和白色）。这种建筑传统（包括角上封闭的院落、厚重的土坯结构、带壁龛的墙体）可能是来自中部海岸地区，在那里，最早的这类建筑属中期（10世纪前），系将高原的需求和海岸地区的建筑材料及结构方式结合在一起，成为在瓦里统治下印加国家的先兆。

第三节 南部高原地区

南部高原地区的主要城市中心占据了3个主要盆地：高原区，位于秘鲁和玻利维亚交界处，围绕着的的喀喀湖；曼塔罗河谷流域，包括自阿亚库乔至豪哈之间的地区；库斯科区，位于乌鲁班巴河源头附近。在的的喀喀湖盆地，普卡拉和蒂亚瓦纳科的早期文明始于公元前500年，直至公元500年。此后，蒂亚

（左）图10-46普卡拉 石座雕像（手持作为战利品的头像，可能属公元前1世纪，图版作者Valcárcel）

（右）图10-47奇里帕 石构房屋。组群复原图（取自Michael E.Moseley：《The Incas and Their Ancestors，the Archaeology of Peru》，2001年；16栋矩形建筑围绕着下沉式院落布置，角上各栋布置成斜角，建筑入口平面成"阶梯状"，外侧敞口大，内侧门小）

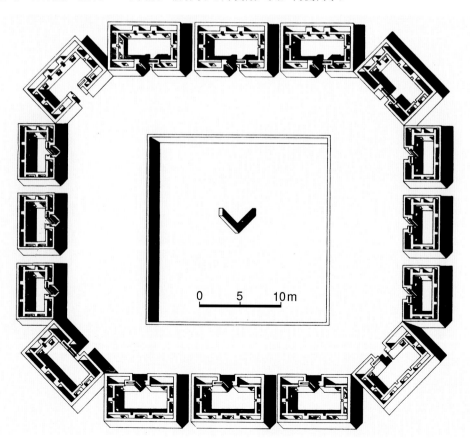

瓦纳科风格传播到曼塔罗河谷和库斯科地区。前面我们已经看到，一种类似曼塔罗阶段的风格在公元600年左右出现在南部海岸纳斯卡河谷帕切科的陶器里。在安第斯山地区，前哥伦布时期最后阶段最主要的事件是15世纪期间印加王朝的地域扩张，它从库斯科开始，穿过整个安第斯山中部地区，直到智利、阿根廷西北地区和厄瓜多尔。

一、早期高原地区

围绕着的的喀喀湖（海拔3812米）的高原地带，很早就出现了以打猎和种植谋生的居民。在奇里帕，公元前1300年之前，人们已经能够制作某些陶器。美洲驼和羊驼为纺织品提供了羊毛（美洲驼可能已实行了驯养，并是美洲本地唯一的驮畜），湖本身提供了

（上）图10-48波科蒂亚 巨石像（可能公元1或2世纪）

（下）图10-49蒂亚瓦纳科（泰皮卡拉）城市礼仪中心。总平面（取自Michael E.Moseley：《The Incas and Their Ancestors，the Archaeology of Peru》，2001年），图中：1、阿卡帕纳（金字塔平台），2、卡拉萨赛亚（平台神殿），3、带石碑的半地下院落

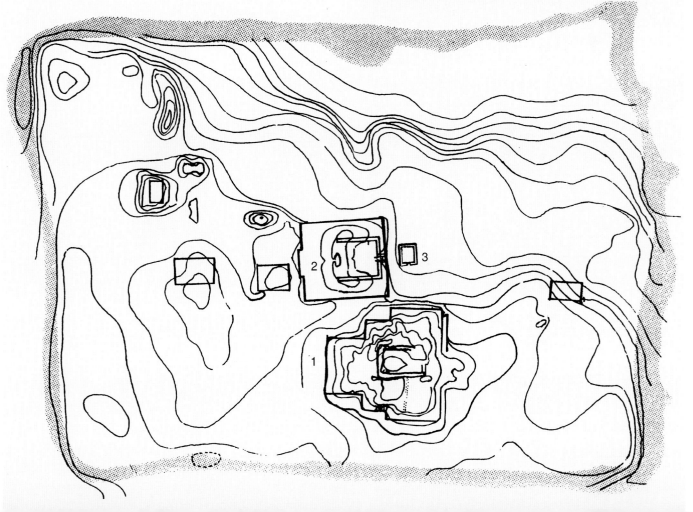

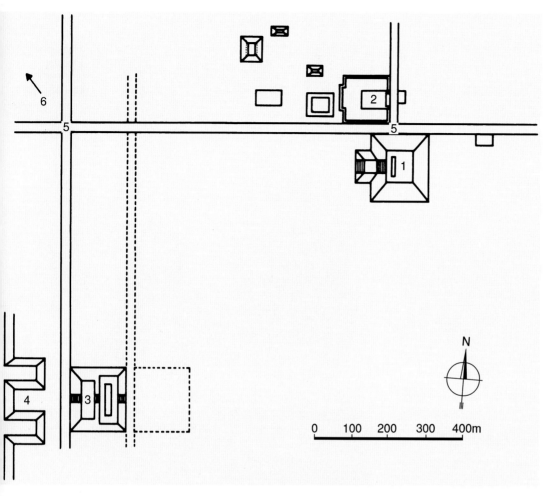

（上）图10-50蒂亚瓦纳科 城市礼仪中心。总平面（约公元900年，据Mesa），图中：1、阿卡帕纳，2、卡拉萨赛亚，3、普马蓬库，4、台地，5、古代道路，6、近代村落

（下）图10-51蒂亚瓦纳科 城市礼仪中心。俯视复原图（自东北方向望去的景色），图中：1、阿卡帕纳，2、带石碑的半地下院落，3、卡拉萨赛亚平台神殿，4、宫殿，5、普马蓬库，6、博物馆

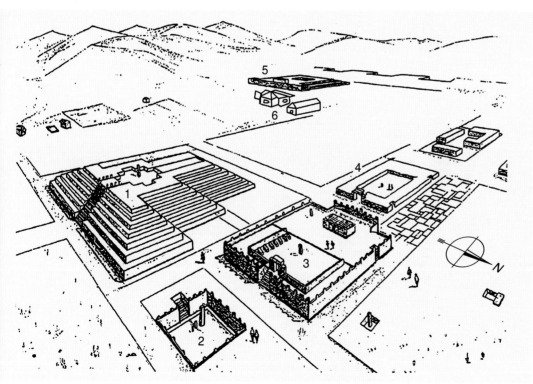

制作席子和小船的芦苇，周围山岭里储存的大量游离金，以及银、锡、水银等矿藏，为早期的金属匠师提供了足够的原料。虽说已有了创造文明的一些基本条件，但在这个气候寒冷、树木缺少的高原，局限也很明显。因此，这里的居民总是想方设法，或通过贸易，或通过征服，向气候温和的地域扩张。

温德尔·本内特按考古证据，将盆地划分为六个不同的地区，从这也可看出，在这一地域缺少统一的文化。虽说在印加帝国统治下，地区取得了政治上的统一，但即便在这时，操不同方言的四个艾马拉部族仍然住在盆地内。在古代（公元500年前），的的喀喀湖南北风格的差异表现得非常明显，两者分别以普卡拉和蒂亚瓦纳科为中心。长期以来，人们都相信，这两种风格属同一时期。但放射性碳测定表明，普卡拉风格的繁荣期始自公元前500年至前1世纪，也就是说，要比蒂亚瓦纳科风格和瓦里的统治早若干世纪。

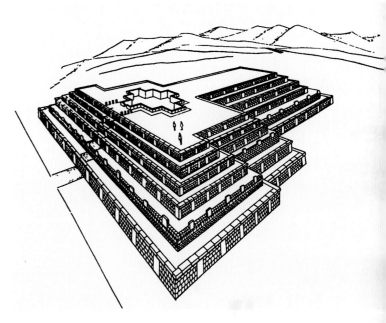

（左上）图10-52蒂亚瓦纳科 城市礼仪中心。遗址卫星图

（左中）图10-53蒂亚瓦纳科 城市礼仪中心。遗址现状

（右上）图10-54蒂亚瓦纳科 城市礼仪中心。阿卡帕纳，复原图（取自Michael E.Moseley：《The Incas and Their Ancestors, the Archaeology of Peru》，2001年；金字塔平台，高七层，顶上设一下沉式院落）

（下）图10-55蒂亚瓦纳科 城市礼仪中心。阿卡帕纳，遗址现状

普卡拉为一纪念性建筑遗址，现仅红色砂岩板块构筑的基础尚存。它由不规则的辐射状房间组成C形围地，房间的门开在曲线内部，每间布置一或两块祭坛板。中央下沉式方院于各面中间布置一个由石板建造的墓室。琢石基础上为现已无存的土坯黏土墙，墙上承茅草（或芦苇）屋顶。充当墙体基础的石块雕琢光滑，但没有后期蒂亚瓦纳科砌体那种为安置金属扣钉而凿的沟槽或其他复杂的接头处理。

普卡拉地区的造像艺术很有特色，但质量参差不齐，技术变化多端。这些特色很容易识别，如浑圆的体型（和蒂亚瓦纳科那种立方体风格完全不同，图10-46），程式化的淡水鱼形象（称suche），以扁平浮雕形式表现的平行对称的涡卷，浅浮雕的锯齿线（刻在如石碑般的直立石板上）等。在普卡拉地区，有些形象显然属以后的蒂亚瓦纳科风格，附近卡卢尤的一些造型很可能是代表了这一风格的早期阶段。

的的喀喀湖盆地北半部的陶器序列，尽管尚不完备，但主要线索已经清楚，即普卡拉风格早于蒂亚瓦纳科风格，但比在卡卢尤发现的早期陶器为晚。卡卢尤位于普卡拉附近，其陶器经放射性碳测定属公元前500年，这就为整个序列提供了年代定位。这种饰有刻纹或彩绘（在乳黄色底面上绘黑色或褐色花样）几何图案的陶器，以后又出现在普卡拉上游阿亚维里附近和通往库斯科半路的锡夸尼周围。它和的的喀喀湖南岸奇里帕出土的第一批陶器同时，在那里，同样可看到和普卡拉类似的围绕着下沉式院落布置的石构房屋（图10-47）。

据放射性碳测定，普卡拉陶器风格成熟阶段的作

本页：
（上）图10-56蒂亚瓦纳科城市礼仪中心。阿卡帕纳，遗址现状（自顶上望去的景色，远处可看到卡拉萨赛亚平台）
（下）图10-57蒂亚瓦纳科城市礼仪中心。阿卡帕纳，残迹近景

右页：
（上）图10-58蒂亚瓦纳科城市礼仪中心。卡拉萨赛亚（平台神殿），遗址全景（自阿卡帕纳望去的景色）
（下）图10-59蒂亚瓦纳科城市礼仪中心。卡拉萨赛亚，外围墙，西侧现状

左页：

（上）图10-60蒂亚瓦纳科 城市礼仪中心。卡拉萨赛亚，外围墙，北侧边门

（下）图10-62蒂亚瓦纳科 城市礼仪中心。卡拉萨赛亚，入口立面全景（前方为下沉式院落）

本页：

（左上）图10-61蒂亚瓦纳科 城市礼仪中心。卡拉萨赛亚，入口立面远景（前景为入口前方的下沉式院落）

（下）图10-63蒂亚瓦纳科 城市礼仪中心。卡拉萨赛亚，主入口立面（自下沉式院落望去的情景）

（右上）图10-64蒂亚瓦纳科 城市礼仪中心。下沉式院落，向北面望去的景色

品为公元前1世纪；在表现形式上，它和普卡拉雕刻具有一定的关联。带立体造型的猫科动物和人的头部装饰着各种各样的容器，器皿光滑的红色底面上进一步点缀着涂成黑色或黄色的图案刻纹。这些陶器仅存残片；容器的形状、制作技术及图案花纹和蒂亚瓦纳科风格的联系颇似洞穴式风格与纳斯卡陶器的关系；两者表现出同样的倾向，即从带刻纹和造型的多彩装饰转变为仅靠彩绘效果的风格。只是普卡拉的图像是圆面上的曲线（如图10-46所示），蒂亚瓦纳科的是棱柱上的直线（见图10-84）。

总之，普卡拉艺术可视为的的喀喀湖盆地北面特有的高原风格的早期阶段，而蒂亚瓦纳科风格则是在湖南岸地区得到繁荣的后期阶段。普卡拉雕刻风格在南部地区显然属最早的样式。无论是温德尔·本内特还是A.波斯南斯基，都同意把蒂亚瓦纳科一些具有普卡拉风格的造型视为该地区最早的雕刻作品。这是些

布置在蒂亚瓦纳科殖民村落墓地入口两侧的巨大跪像。还有一些位于蒂亚瓦纳科南面的波科蒂亚和万卡尼，显然和普卡拉有一定的关联。波科蒂亚村落附近的两尊巨像（图10-48）同样采取跪姿。面部已损毁的一个由略呈绿色的火山岩制作，另一个取材颜色发白的砂岩。两者均戴着蛇形头饰，粗大的发辫对称地落在双肩上并在背部以动物头作为结束。裸露的上身表现肋骨及肚脐等细部，硕大的脑袋带有突出的嘴唇、高高的颧骨和肿胀的眼睛，鹰钩鼻则类似近代该地区的艾马拉印第安人。在不远的万卡尼，有三个长4~5米类似石碑的棱柱状石雕，上有几排低浮雕的形象，表现鱼类、人物和猫科动物，姿态极为生动，只是处理上更为抽象。在表现站立人物时，比例及分划类似蒂亚瓦纳科的雕像，但表面浮雕更类似普卡拉的雕刻而不是蒂亚瓦纳科那种小尺度的精细线刻。也就是说，在这个南方盆地的遗址上，人们看到的是一种

介于普卡拉和蒂亚瓦纳科之间的风格。此外南方组群里还包括莫卡奇和圣地亚哥-德瓜塔的独石碑，它们同样表现站立的人物并带有鱼类和猫科动物的浮雕。温德尔·本内特在蒂亚瓦纳科也发现了一块这种风格的石碑，和其他各个时期的许多雕刻一起，位于一栋

蒂亚瓦纳科后期的建筑内。

总体而论，在建筑上，高原艺术早期阶段的特色主要表现在围绕下沉式院落布置平面为矩形、相互毗邻的房屋，雕刻上则是于平面部分表现解剖学构造，并带猫科动物和淡水鱼类的浮雕装饰。这种风格一直

（本页左）图10-67蒂亚瓦纳科 城市礼仪中心。下沉式院落，边墙雕饰细部

（本页右及右页两幅）图10-68蒂亚瓦纳科 城市礼仪中心。卡拉萨赛亚，独石雕像[所谓"蓬塞独石像"（Ponce Monolith，因已故玻利维亚考古学家Carlos Ponce Sanjinés而名），手持大杯和短权杖]，正面、侧面及背面细部

持续到公元后头几个世纪。但它只是一个范围更广的主体风格的地方变体形式（尽管具有重要的地位），这种风格从北面的锡夸尼和琼比维尔卡斯延伸到南边各遗址，向东直到玻利维亚低地。由此可见，把高原地带按编年及对应的典型遗址普卡拉和蒂亚瓦纳科分为早期和后期，可能要比把它划分为北方及南方风格更为恰当。

二、蒂亚瓦纳科

[建筑]

位于现玻利维亚境内，被称为蒂亚瓦纳科或泰皮卡拉的考古区包括几个平台、围地和建筑，它们松散地分布在约1400×1200米的地面上，以黏土建造并外覆大的石块。组群包括一个像莫切、蒂卡尔或特奥

蒂瓦坎那样的城市礼仪中心，尽管要小得多（总平面及复原图：图10-49~10-51；遗址现状：10-52、10-53）。建筑布置接近正向，显然和特奥蒂瓦坎一样，是个太阳年的观测站，因而被视为宇宙的中心，一如其艾马拉语名称泰皮卡拉所示（意"中心石"）。

5个世纪以来，遗址遭到一代又一代人的劫掠和破坏，最初的面貌已很难进行完整的复原，在这点上它完全无法和墨西哥及玛雅的大型中心，以及安第斯山地区主要的海岸遗址相比。但在规模和复杂的程度上，蒂亚瓦纳科或可和查文-德万塔尔和塞钦峰一比上下。它可能创建于公元400年前，经历了各个时代的繁荣直到被西班牙人占领。其著名雕刻和陶器生产的古典阶段据放射性碳测定为公元300年以后。蒂亚瓦纳科的后期历史尚不清楚，尽管在6世纪以后，瓦里风格在海岸地区的重要地位表明，作为宗教中心，这个高原遗址又持续了很长时间。

古代遗址位于河道以南海拔3825米高处，一个水草丰富的宽阔谷地上（如今，长约600公里的耕地还供养着约两万居民）。以一个土筑平台为主体的主要建筑群，由几个周围绕50米宽壕沟的结构组成（壕沟用于收集地表水并将各个泉水连在一起，见图10-

50）。壕沟向北通过围地东侧蒂亚瓦纳科河的一个小支流注入河中。西南半英里处为另一个名普马蓬库的建筑，目前仅有一个丘台和许多散落的巨石，附近的台地棱堡俯视着一条与蒂亚瓦纳科河相连的小溪。新近的研究表明，这两组建筑曾由成直角相交的道路相连，形成一个宗教中心（道路在平面图上以虚线表示，该图经W.鲁宾和伊瓦拉·格罗索改绘）。

有关这些建筑的最初形式是个远远没有搞清的问题。主要部分为一个可能属后期的土筑平台（被称为阿卡帕纳，平面210米见方，高15米，图10-54~10-57），一个名卡拉萨赛亚的平台围地和前面的下沉式院落（卡拉萨赛亚：图10-58~10-63；下沉式院落：图10-64~10-67；独石雕像：图10-68；地下石室：图10-69），以及前述普马蓬库的平台组群（图10-70~10-73）。伊瓦拉·格罗索、梅萨和希斯韦特根据16世纪的文献对这些建筑进行了复原，从图上看，阿卡帕纳为一金字塔平台，带房间的狭窄建筑朝西；卡拉萨赛亚是个朝东的U形平台（平面135×130米），前面下沉式院落内置石碑，墙上有雕刻；普马蓬库则是重复同样形式的两个朝东的建筑。他们还认为坎塔泰塔石（Kantataita stone，一块重900公斤的巨石，雕有缩小的台阶和下沉式院落）在某种程度上是卡拉萨赛亚的模型。文献中提到的带房间的建筑现仅存散落的石块，平台的土筑部分已完全被盗宝者破坏，仅护

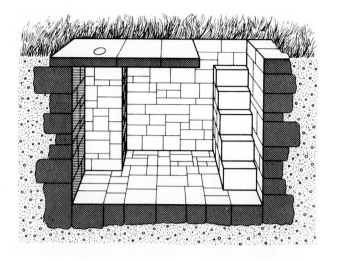

墙的石基础尚能标示出最初的平面（即便这些基础也有许多缺失）。伊瓦拉·格罗索、梅萨和希斯韦特相信，建筑曾覆有特制的琢石面层；附近城市殖民时期的建筑里确有大量精美的砌体是来自遗址内的残墟，这在很大程度上证实了他们的看法。在蒂亚瓦纳科，遗址内留下的只有最大或埋得最深的石构件。

　　三种不同的墙体砌造方法为人们确定蒂亚瓦纳科各建筑的年代顺序提供了线索。在卡拉萨赛亚围地内的发掘表明，所用的方法可能属早期。棱形的火山岩立柱好似按一定间距布置的栅栏桩，其间以小块石头填充形成干垒的屏墙。这种未粘合的立柱及填充体系颇似塞钦峰最早的实例，在蒂亚瓦纳科它一直用到遗址后期（1932年，在卡拉萨赛亚正东面一个近乎方

（上）图10-69蒂亚瓦纳科 城市礼仪中心。地下石室（位于卡拉萨赛亚围墙以西，公元400年以后），剖析图（据Posnansky）

（下）图10-70蒂亚瓦纳科 城市礼仪中心。普马蓬库（平台组群，公元400年以后），遗址现状

（中两幅）图10-71蒂亚瓦纳科城市礼仪中心。普马蓬库，遗址上残留的石部件

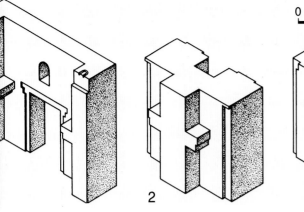

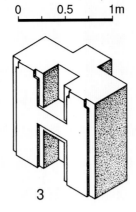

（上）图10-72蒂亚瓦纳科 城市礼仪中心。普马蓬库，琢石部件（据Uhle和Stübel）：1、带大门的构件，2、3、带壁龛的墙板构件（正反两面）

（中）图10-73蒂亚瓦纳科 城市礼仪中心。普马蓬库，琢石部件（巨大的板块均由整块石头雕制，彼此咬合）

（下）图10-74蒂亚瓦纳科 石雕（所谓"修士"，El Fraile）

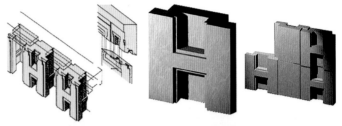

形的小建筑里， 温德尔·本内特发掘出各个时期的雕刻）。位于立柱间的砌体里纳入了几种风格的雕刻头像。整个围区可能是由重新利用的部件组成。第二种方法使人想起希腊神殿的砌合方式，石砌块表面开对称的T形浅槽，注入融化的铜形成H形扣钉。这是美洲建筑结构上使用金属的最早实例。有些石块上还有为插销子预留的小孔，可能是用于粘贴金箔或镶边。第三种更复杂的石块砌合方式是开沟槽及各式榫眼，使构件能像木结构那样结合。普马蓬库（见图10-71~10-73）尚存许多巨大的琢石板块，因为太重未被盗走，它们最初可能是像东方的木结构殿堂那样，用精细切凿的榫头和槽沟组合在一起。

切割这些石块的工匠想必已掌握了金属工具（可能是冷锻铜）。蒂亚瓦纳科风格的这一时期和美洲所有其他古代石雕具有许多重要差异。角状切割、直线图案、精致的细部装饰是其主要特色。根据这些需要新工具才能出现的形式可大致排出其年代序列。卡拉萨赛亚的立柱及填充技术显然仅靠石工具就可以完成。1903年在卡拉萨赛亚西面发现的一个由石块及平板组装成的盒子般的工整结构估计属采用石工具的后一阶段（见图10-69）。类似的采用石块及石板的地下室在曼塔罗河谷阿亚库乔附近的瓦里也可见到（见图10-85）。但没有根据认为这些石板及块材必须使用金属工具，事实上，仅用磨蚀的办法也能成形。只是在普马蓬库那种棱角清晰、构造复杂的大型构件中（如图10-72、10-73那类），才真正过渡到采用金属工具切凿。在面上，大都采用具有几何特色的人物装饰形象（如许多台地的浮雕面），或是具有精美细部的纺织品式的装饰条带（如立像和著名的太阳门，见图10-82）。这些装饰在重复和规则的表现上类似纺织品图案，在实施上则要求事先有周密的设计并制作

本页及右页：

（左）图10-75蒂亚瓦纳科 双人浮雕板（可能公元300年后，现存拉巴斯Museo al Aire Libre）

（中上）图10-76蒂亚瓦纳科 太阳门（约公元600~1000年）。历史照片[取自1892年Georges B. Von Grumbkow发表的专著，照片旁边站着的是德国地理学家Moritz Alphons Stübel（1835~1904年），他在1876年花了9天时间在蒂亚瓦纳科考察，并细心绘制了古迹的草图，记录了雕刻及其他建筑特征]

（中下）图10-77蒂亚瓦纳科 太阳门。远景（自西南方向望去的景色）

（右下）图10-78蒂亚瓦纳科 太阳门。正面全景（东侧，上午景观）

（右上）图10-79蒂亚瓦纳科 太阳门。正面全景（东侧，下午景观）

精确。

当然，在石料加工技术上的这些阶段并不是每个都完全取代了前一个。头两个阶段的实例有可能和出现得较晚制作更为精致的第三阶段共存。人们能说的只是，在蒂亚瓦纳科，用金属工具加工石材要比以石工具使石料成形来得更晚，但早期的方式并没有为后期的取代。对人物雕刻的研究也证实了这一印象。

[雕刻]

尽管在其他方面有所分歧，但长期以来，蒂亚瓦纳科的研究人员在把遗址雕刻分为两个阶段上，看法还是一致的。早期风格具有曲线的表面、外廓及线条；后期风格采用棱柱形体，表面按纺织品样式刻小的直线图案和人物。但目前人们还没有提出更详细的年代划分，在棱柱形体和所谓"古典"风格的彩绘陶器之间的关系亦未能得到充分的证实。

在蒂亚瓦纳科，类似波科蒂亚、莫卡奇和普卡拉作品的所谓"早期"雕刻，可能相当于前古典风格。

圆雕和浮雕均以石工具加工，具有浑圆的造型。在拉巴斯发现的小石碑和以发现者温德尔·本内特命名的大型棱柱造像均属此类。从风格上看，这个石碑显然是和它埋在一起的巨大雕像的原型。

一些主要雕刻和浮雕均属所谓"古典"时期（即中期）。被称为"修士"（El Fraile，图10-74）的一个雕刻，现存拉巴斯的一个巨大的头像和被A.波斯南斯基视为"古怪"的奇特双人浮雕（一个直立，一个倒立；图10-75），从大的尺度和简单的刻纹装饰细部来看，应属同时。特别是双人浮雕，显然是采用了金属工具，可能是作为屋面板。

古典作品的第二阶段主要根据形态特征确定，包括最著名的作品太阳门和本内特造像。在这些作品里，雕饰的尺度均经精炼和调节以创造类似珠宝工艺品那种错综复杂的微妙效果。太阳门（约公元600~1000年）高3米，宽3.8米，为蒂亚瓦纳科城市祭祀中心一系列石门中最华丽的一个（通向主要建筑的这些大门之间原有泥砖城墙，仅存的部分门现均为孤立建筑；外景：图10-76~10-80；雕饰细部：图10-81~10-83）。在这个门上，主要浮雕既具有突出的体量，同时它和背景部分又有精湛的雕纹细部（重复的图案表明它们很可能是来自纺织品的装饰纹样），因此无论在远处还是近处都能吸引人们的注意，而较早的作品则因雕纹过大难以满足近看的需求（可能是因为早期在掌握铜工具上还不很熟练）。在本内特造像，人体的主要比例分划均通过突出部分的阴影加以强调，这种阴影的分划可以充分发挥巨像的远视效果。

其他一些作品同样根据风格比较，被列为这一序列的最后阶段。其中包括1903年库尔蒂发现的独石造像[被A.波斯南斯基称为"科查马马"（'Kochamama'），图10-84]及一组石雕，后者浮雕凹入石面层而不是自表面突出。"科查马马"造像的腰带部分亦按此法雕出，这种下沉式石浮雕使阴影效果更为突出，构图更有生气，如埃及新王国时期的浮雕。惟雕像其他部分刻纹比较单调重复，更为程式化，缺少早期匠师那种创作活力。

[色彩及绘画]

城市内各建筑部件均涂白色、红色和绿色，1903年发掘的部分尚存这些颜色的痕迹[G.德克雷基-蒙福

（左上）图10-82蒂亚瓦纳科 太阳门。东侧中央雕饰细部

（左下）图10-83蒂亚瓦纳科 太阳门。东侧中央雕饰，立面图（取自Michael E.Moseley:《The Incas and Their Ancestors, the Archaeology of Peru》，2001年；手持双权杖的主神站在高三层的平台顶上，两侧其他手持权杖的带翼"天使"正在向他会聚）

（右）图10-84蒂亚瓦纳科 独石造像（"科查马马"，可能公元600年以后）。现状外景

尔1904年发表的《蒂亚瓦纳科的发掘》（Fouilles à Tiahuanaco）中对此有详尽的报告]。雕刻和浮雕同样施有色彩；库尔蒂发现的用作墙面装饰的人物头像涂赭红色。同样由他发现的猫科动物头像眼部着群青色，耳朵和嘴巴为红色。此外，某些檐壁和檐口还覆有金属片，可能是金箔，用钉子固定在石头上。

人物绘画仅见于留存下来的彩绘陶器。1932~1934年，温德尔·本内特通过发掘摸清了的的喀喀湖盆地南部考古层位的序列，包括早期、古典时期及所谓"衰退"期，接下来是被称为奇里帕的阶段，有点类似普卡拉风格的卡卢尤阶段，于红色底面上绘黄色图案，带线刻外廓和粗糙的猫科动物的浮雕形象。

在早期蒂亚瓦纳科陶器上，很少有在黄褐色黏土或黑色底面上用四五种颜色作画的。容器的形状包括圆筒形（带波浪形的边缘和美洲狮头状的水嘴）、长颈瓶、碗和盘子等。在一组痰盂状的容器中，外部绘几何图案，内缘表现程式化的鱼和美洲狮形象。

古典时期的蒂亚瓦纳科彩绘陶器包括各种优美的杯具和祭奠器皿。两类均于红色底面上施彩绘（颜色可达五种之多），并围着色块用浓重的黑色勾边。除人物外，其他形象还包括美洲狮、神鹰等，多为侧面像，勾画清晰，很容易辨认。在的的喀喀湖南岸盆地到处可见的一组葬仪杯具饰有类似蒂亚瓦纳科太阳门中央形象的脸面图案，而其他古典时期的器皿则很少重复雕刻师用过的形式。

在后期（即温德尔·本内特所谓"衰退"期），出现了一些新的形式，于橙色底面上绘黑白色装饰，将人类、美洲狮和神鹰的各部分重新组合，形成极具表现力和充满活力的表意造型及符号。这些陶器类型和蒂亚瓦纳科的建筑及雕刻之间的准确关系尚不清楚，但古典及"衰退"时期的陶器和太阳门及相关古迹属同一时期，应该没有疑问。

在图像表现方面，蒂亚瓦纳科和瓦里风格均属安第斯传统，主要受语义和观念支配而不是靠形象模仿。在这点上有些类似查文艺术，尽管两种风格之间

同样存在很大差别。查文艺术的对象采用曲线形式和非对称布局，蒂亚瓦纳科的为直线，构图平衡稳定；查文的雕刻使人想起木雕和锻压金属工艺品，蒂亚瓦纳科艺术类似纺织品和编篮技艺；查文艺术只有少数几个母题，而蒂亚瓦纳科艺术则囊括了大量的程式化人物和动物形象。

这些母题极其简约和死板，犹如用圆规和直尺绘制。人物缩减为最简单的几何要素，只是作为装饰小尺度动物器官（包括神鹰的头、美洲狮、鱼类和蜗牛等）的骨架。这些部分如帕拉卡斯的纺织品那样，可以根据色彩的变化和搭配相互调换，或通过各种组合形成新的图案。这些图像的传统含义尚不清楚。有些研究人员试图证明它们是表意文字或历法记录，但未能成功。还有人假设它们是表现泛神崇拜，代表太阳、月亮、湖水和鱼类诸神。由于完全没有文献记录，其传统意义很难揭示，但认为具有宗教内涵，大致不会太离谱。和莫奇卡或纳斯卡艺术那种变化多端的形式相比，单纯的几何形态可能更易于表现社会稳定、统一和永恒的理想。

三、曼塔罗盆地

虽说曼塔罗河盆地历来是秘鲁南部高原和中部海

图10-85瓦里 石板房（公元700年以后）。残迹现状

岸地区的主要通道，但在考古上却大大落后于秘鲁其他地区，部分原因是缺少壮观的建筑或雕刻，再一个原因是陶器被过早地认定属蒂亚瓦纳科风格，该地区自身的艺术特色没有得到很好的发掘。

在这里，最值得注意的是阿亚库乔附近的瓦里。在印加人占领之前，这里一度是人口密集的地区。精致的石板住房（形如监狱牢房，图10-85）和一些石雕像是仅存的遗迹。温德尔·本内特发掘出许多彩绘陶器碎片，但其质量低下，不及附近阿亚库乔地区的查基帕姆帕或孔乔帕塔的同类产品，也赶不上曼塔罗河上游100英里处万凯奥附近发现的精美陶器。在纳斯卡河谷帕切科遗址出土的大型容器（见图10-45），无论在尺寸还是制作上，都要超过所有其他的曼塔罗河地区产品。

和其他曼塔罗河盆地的中心相比，瓦里的建筑、雕刻和陶器遗存看上去全都像是地方作品。板状结构的地下室颇似蒂亚瓦纳科的类似结构（见图10-69）。比例粗笨沉重的立像面部毫无表情，既缺乏几何的明确性，也没有蒂亚瓦纳科雕刻那种可供远观近赏的效果。陶器装饰和蒂亚瓦纳科风格的关联仅在于某些按几何程式完成的母题，使人想起蒂亚瓦纳科的石雕。

现一般认为，曼塔罗河谷瓦里的艺术和玻利维亚的蒂亚瓦纳科属同一时期（公元400年以后）。和曼塔罗容器极为类似的纳斯卡河谷帕切科的作品（见图10-45）为6世纪以后。如今，研究安第斯地区历史的学者认为中期存在两个"帝国"。一个以瓦里及其附近为中心，在公元600年后控制着伊卡和纳斯卡河谷。而瓦里本身，从其比尼亚克风格陶器的扩展来看，以后（8世纪期间）其统治范围很可能向北延伸到奇卡马和卡哈马卡，向南至高原地区。另一个帝国是蒂亚瓦纳科，其统治范围向南至阿塔卡马、科恰班巴和阿根廷西北部。曼塔罗河谷的风格可能就是在秘鲁本身延续了蒂亚瓦纳科的影响。但曼塔罗河谷的画师并没有采用蒂亚瓦纳科艺术那种僵硬的直线构图，和玻利维亚风格相比，其形式具有更多的变化，外廓更柔和，表情也更为生动。

第四节 库斯科谷地

一、早期城镇

在库斯科谷地，最早的居民点至少可追溯到两千年前。这个古代的冰川湖床，是沟通亚马孙低地、南部高原和安第斯山各主要流域的自然联系纽带，具有重要的战略地位和经济价值，但直到前哥伦布时期的最后阶段才得到开发和利用，其光辉岁月仅延续了三代人左右。但在这作为帝都的不足一个世纪期间，它却创造了令人难以忘怀的建筑遗存。法国最具有影响力的文艺复兴作家蒙田（米歇尔·埃康·德·蒙田，

左页：
（左右两幅）图10-87皮基拉克塔 遗址区。平台及塔楼，现状

本页：
（上）图10-86皮基拉克塔 遗址区（可能1500年，亦可能早于公元900年）。现状（航拍照片，利马国家航拍中心资料）

（中及下）图10-88皮基拉克塔遗址区。行政中心，现状

1533~1592年）在他的《随笔集》（Essais，1580年）中，用"令人震撼的壮观"来形容在西班牙人征服前不到一个世纪才创立的印加帝国的都城——库斯科。

在库斯科，前印加时期的居民点查纳帕塔大约和普卡拉、奇里帕或查文-德万塔尔属同一时期，但在这期间，其物质遗存要比所有这些早期遗址简单得多：既没有宏伟的纪念性建筑，也没有石雕或金属制

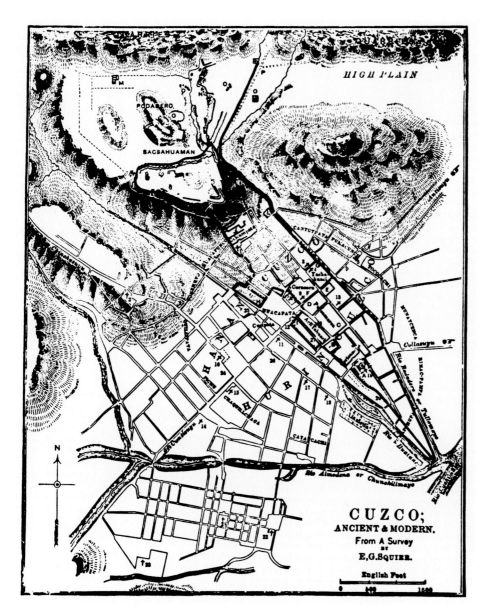

本页：

（上）图10-89库斯科 城区。总平面（据E.G.Squier早期城图绘制，萨克塞瓦曼城堡位于顶端）

（下）图10-90库斯科 城区。总平面（约1951年状况，图上粗线示印加城墙位置，联合国教科文组织资料）

右页：

图10-91库斯科 城区。总平面（取自Leonardo Benevolo：《Storia della Città》，1975年；粗线示印加古城墙位置）

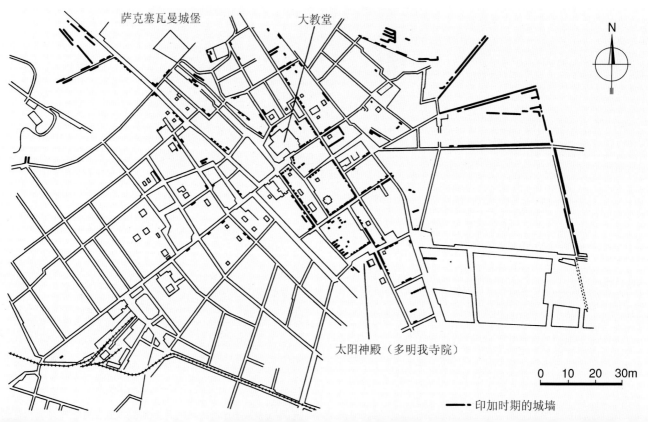

萨克塞瓦曼城堡　　　大教堂

太阳神殿（多明我寺院）

0　10　20　30m

—— 印加时期的城墙

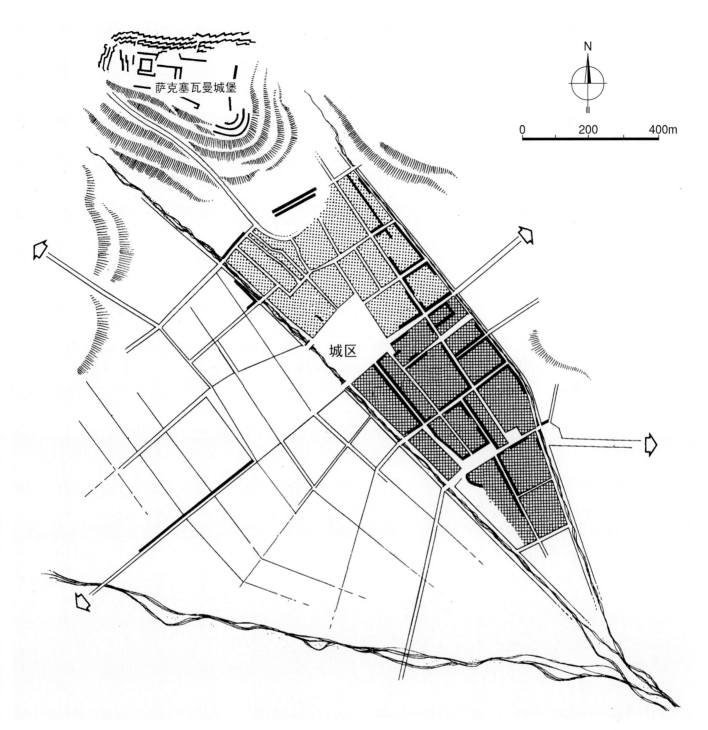

萨克塞瓦曼城堡

城区

0　　200　　400m

N

品。典型陶器为光面施彩绘或刻纹，有点类似查文风格的样式。蒂亚瓦纳科时期的产品对库斯科影响不大，在城内及其附近没有留下多少重要建筑，仅在乌尔科斯附近的巴坦乌尔阔和离库斯科20英里的卢克雷附近发现了真正的蒂亚瓦纳科陶器遗存。

　　由于在库斯科谷地南端许多地方都发现了瓦里-蒂亚瓦纳科风格的陶器，约翰·罗和兰宁相信，现已成为残墟的皮基拉克塔城亦属这一时期（图10-86~10-88）。实际上，由于城中废弃物甚少，仅根据建筑亦能确定年代。城市的布局颇似北部高原地带瓦

马丘科附近的比拉科查庞帕（见图9-121）。几乎可以肯定，如16世纪西班牙的殖民城镇那样，两者在同一个统治阶层管辖下，大约属同一时期。它占据了一块2公里长1公里宽的地域，约有160个由狭窄街道分开的街区。和比拉科查庞帕一样，方形院落周围布置狭长的廊道式房屋。墙体由带尖棱的不规则毛石砌筑，坐在厚厚的黏土层上，外覆黏土面层。通常底层没有门或窗，可能是借助梯子自上层入口进入室内。如今，交通布局已很难复原，因为街道和门都被后世占有者用墙隔开，以防止牲畜乱窜。

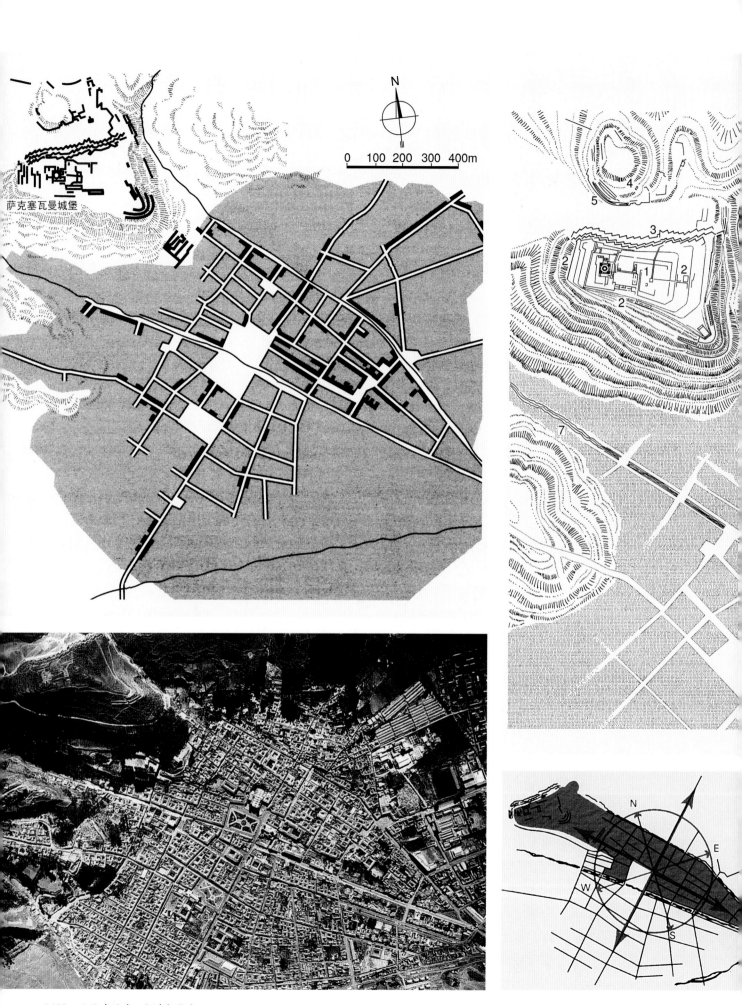

萨克塞瓦曼城堡

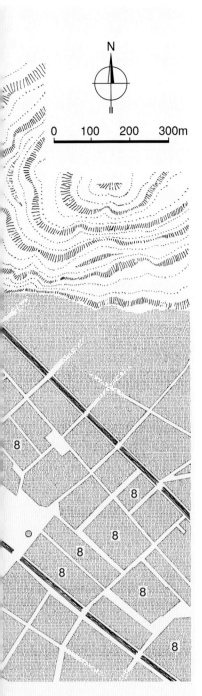

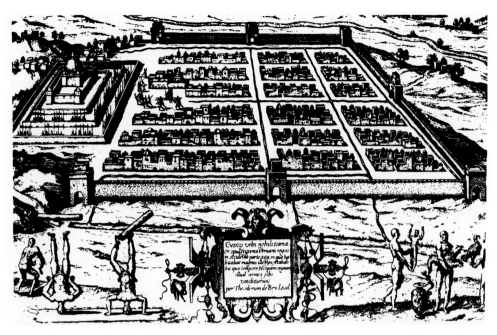

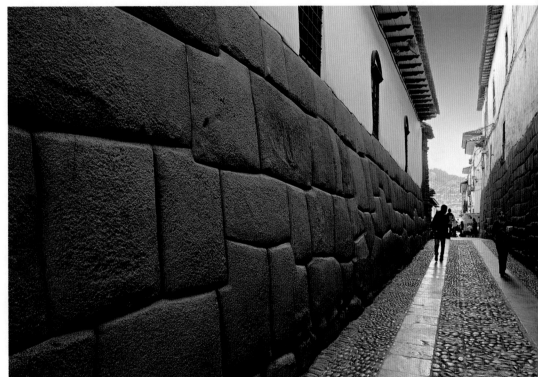

本页及左页：

（左上）图10-92库斯科 城区。总平面（西班牙征服时期，灰色为建成区，粗线示尚存的印加时期城墙；图版取自Nigel Davies：《The Ancient Kingdoms of Peru》，2006年）

（中上）图10-93库斯科 北区。平面（15世纪~16世纪初状况，图版取自Spiro Kostof：《A History of Architecture，Settings and Rituals》，1995年），图中：1、萨克塞瓦曼城堡，2、塔楼，3、主门，4、印加宝座，5、农业台地，6、瓦塔奈河，7、图卢马约河，8、神殿/宫殿

（右上）图10-94库斯科 城市景观（16世纪铜版画，实际上是当时欧洲人头脑中想象的城市景色；取自Leonardo Benevolo：《Storia della Città》，1975年）

（左下及中下）图10-95库斯科 城市卫星图及分析简图（老城形如一头象征力量和权势的美洲狮，简图示城市四个主要区划的朝向和正方位之间的关系）

（右下）图10-96库斯科 蛇殿。残迹现状（现已被纳入到西班牙人的一座修道院里）

左页：

（左上及下）图10-97库斯科 蛇殿。残迹现状（向另一方向望去的景色）

（右上）图10-98库斯科 辛奇·罗卡宫（辛奇·罗卡为库斯科王国第二任国王，宫殿建于13世纪，位于今阿通-鲁米约克街上）。砌体细部（所谓"十二角石"）

本页：

（上两幅）图10-99库斯科 印加·罗卡宫（14世纪）。砌体细部

（下）图10-100库斯科 太阳神殿。残迹平面（含基址上后建的西班牙多明我会修道院；据Graziano Gasparini和Luise Margolies，1974年），图中：A、B、C、E、边侧房间，D、凹室，F、最大房间，G、主神殿，H、曲线墙体，I、可能埋在教堂下的建筑，J、曲线墙体的延续部分

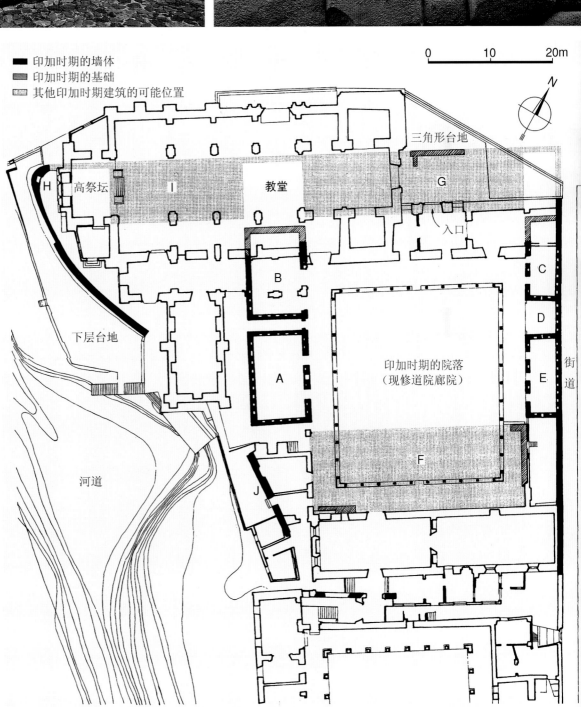

- ■ 印加时期的墙体
- ▨ 印加时期的基础
- ▦ 其他印加时期建筑的可能位置

0   10   20m

N

高祭坛   I   教堂   三角形台地   G

H   入口

B   C

下层台地   D

A   E

印加时期的院落
（现修道院廊院）   街道

F

河道   J

如果瓦里时期的建筑匠师已具有足够的城建知识和技能建造皮基拉克塔和比拉科查庞帕这样的城镇，如果它们确实建于公元900年前的话，那么，这将是秘鲁最早的重要城镇，其方格网的布局至少比昌昌那样的大型组群（见图9-80~9-82）早好几个世纪。不过，根据现有的证据，两者亦可能是印加的要塞城或建于西班牙人占领期间，由于从没有人长期居住，因而没有形成大的废弃物堆积层。

1927年，在皮基拉克塔一个房间的地面下，发现了40个着各种服装的绿松石雕像。其他类似的系列雕像尚见于附近的奥罗佩萨、伊卡谷地，以及阿亚库乔附近。皮基拉克塔的作品想必采用了铜制工具，因此应属印加时期。着各种地方服装的这些雕像可能有助于官员核实印加道路上来自各处的旅客身份。另一方面，约翰·罗和瓦利亚塞发现它们和瓦里雕刻有某些相近之处，加之结构上也有些相似，因此亦可能属瓦里-蒂亚瓦纳科时期。我们之所以在这里论述皮基拉

克塔，而不是把它明确地列入印加风格，正是基于这种不确定的因素。

二、库斯科

由于王朝的历史和城市紧密地联系在一起，印加

（上）图10-101库斯科 太阳神殿。博物馆内的复原模型

（下）图10-102库斯科 太阳神殿。19世纪90年代状况（版画）

（上）图10-103库斯科 太阳神殿。残墙，自东南侧望去的情景（神殿建于印加帝国第九任帝王帕查库蒂时期，严丝合缝的砌体经历了多次地震的考验，而上面殖民时期的修道院却因地震多次改建）

（中）图10-104库斯科 太阳神殿。神殿残墙，东南侧近景

（下两幅）图10-105库斯科 太阳神殿。自南面桥头上望神殿残墙及修道院景色

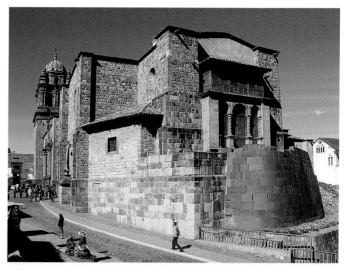

建筑实践的整个过程都在库斯科的建造史上有所反映（总平面：图10-89~10-93；历史景观及卫星图：图10-94、10-95）。从大约1200年开始直到1533年被西班牙人占领，可确定年谱的统治者有12或13位。城市最初的核心系围绕着现多明我会教堂，在瓦塔奈和图卢马约河之间、俯视着下城的山脊上展开。在14世纪，第六任国王印加·罗卡统治期间（约1350~1380年），这个早期居民点开始迅速扩展。此后每任国王

都建造自己的宫殿，而不是住在原来家族的宅邸里。到1533年，这些带高墙的围地俯瞰着整个城市，每个都属一位去世的印加王，里面住着他的后代、家族及仆人。这些宫邸残迹，现都被纳入到后期建筑里（蛇殿：图10-96、10-97；辛奇·罗卡宫：图10-98、10-99）。

1400年后不久，早期印加人对邻近部族由突袭转变为系统的征讨和吞并。在第九任印加王帕查库蒂

（左页左上及下）图10-106
库斯科 太阳神殿。神殿残
墙，南侧近景

（左页右上及本页上）图10-
107库斯科 太阳神殿。自西
南侧望神殿残墙及修道院，
全景及近景

（本页下）图10-108库斯科
太阳神殿。在遗址上举行一
年一度"太阳祭"仪式的场景

（左页左上）图10-109库斯科 太阳神殿。回廊院西侧殿堂（彩虹殿，见图10-100，A），俯视内景

（左页左中及左下）图10-110库斯科 太阳神殿。回廊院西侧殿堂，朝廊院一侧墙面及入口近景

（左页右上）图10-111库斯科 太阳神殿。回廊院东侧殿堂，现状

（左页右中）图10-112库斯科 太阳神殿。殿堂间廊道（位于回廊院西侧，图10-100A、B两建筑之间），现状景色

（本页上两幅）图10-113库斯科 太阳神殿。殿堂内景

（左页右下及本页中）图10-114库斯科 太阳神殿。殿堂墙体近景（从水平分层修琢齐整的砌块上可看出建筑的重要地位）

（本页下）图10-115库斯科 萨克塞瓦曼城堡（萨克塞华曼，约1520年）。平面（图版，取自Chris Scarre编：《The Seventy Wonders of the Ancient World》，1999年；可看到塔楼基础，三道锯齿形城墙及右下角的库房遗迹）

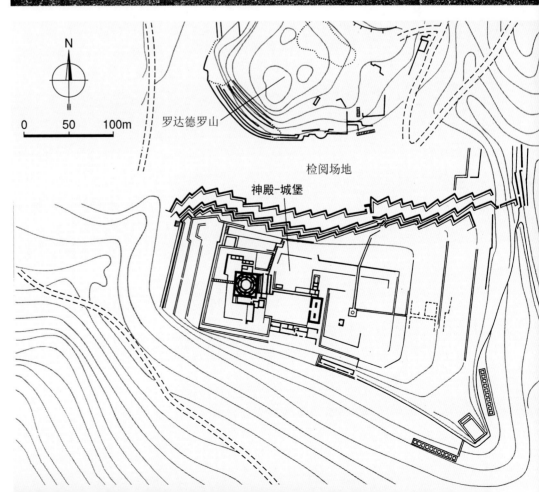

罗达德罗山

检阅场地

神殿-城堡

（1438~1471/1472年在位）统治期间，从的的喀喀湖到胡宁湖的高原盆地和峡谷均置于印加帝国的控制下；到1500年，帝国的版图已扩展到整个安第斯山地区，从厄瓜多尔的基多直到智利南部，成为前哥伦布时期美洲幅员最广阔的大一统国家。

15世纪中叶，帕查库蒂通过在早期城市核心北面安置新中心进一步扩大城市。曾为沼泽地的这一地区经排水处理后成为大片礼仪建筑区并修建了许多新的院落，其中某些部分一直保留下来，如位于殖民时期街道两侧的墙体残段。帕查库蒂还开始建造控制通往库斯科北部通道的萨克塞瓦曼城堡（又称萨克塞华

（左页上）图10-116库斯科 萨克塞瓦曼城堡。遗址俯视（自北面望去的景色，顶上可看到方形和圆形塔楼的基础）

（左页中）图10-117库斯科 萨克塞瓦曼城堡。城墙中段全景

（左页下及本页上）图10-118库斯科 萨克塞瓦曼城堡。城墙东段现状

（本页下）图10-119库斯科 萨克塞瓦曼城堡。城墙东端景色

曼，约1520年），重建位于南面山脊老城中心处的太阳神殿。后面这个院落组群位于现多明我会修道院基址上，在围绕着主要回廊院东西两面的底层房间内，尚存少量这时期的墙体（残迹平面及复原模型：图10-100、10-101；历史图景：图10-102；外景：图10-103~10-108；内景：图10-109~10-114）。外部支承着教堂圣所的一段曲线墙体属最有名的印加结构遗存，墙高约6米，曲面内斜，如希腊多立克柱式（Doric order）卷杀（entasis）的做法。其最初的用途及名称均不清楚，但内表面的大型壁龛（1951年发掘）表明，该区当年曾有屋顶。

这两个主要高地，城堡和神殿，就这样俯视着整

本页：

（上）图10-120库斯科 萨克塞瓦曼城堡。城墙西端景色

（中及下）图10-121库斯科萨克塞瓦曼城堡。中部入口处形势

右页：

（上及中）图10-122库斯科萨克塞瓦曼城堡。自东侧望去的城墙景色

（下）图10-123库斯科 萨克塞瓦曼城堡。东北侧景观

个城市，城内带高墙的院落形成网格，其间以道路分开，这些道路一直延伸到帝国各处，把都城和整个帝国紧密联系在一起。两河之间的城市本身则被赋予了某些神圣的品性，被比作美洲狮，两河汇交处为尾，城堡为头，身躯位于为院落住宅所环绕的主要广场。库斯科城内的祭司、官员、贵族及其仆人由生活在周围许多村落里作为臣民和附庸的农民及工匠的劳动供养。从帕查库蒂改革（西班牙神父布拉斯·巴莱拉称，帕查库蒂曾进行改革、修订法律，如规定一律使用库斯科语，禁止生活奢侈，确定假期，整顿风俗

本页及左页：

（左上及中上左）图10-124库斯科 萨克塞瓦曼城堡。城墙台地景观

（左中）图10-125库斯科 萨克塞瓦曼城堡。城墙及梯道

（左下）图10-126库斯科 萨克塞瓦曼城堡。东区西北侧近景

（中上右、中中及右上）图10-127库斯科 萨克塞瓦曼城堡。阳角处砌体构造

（中下、右中及右下）图10-128库斯科 萨克塞瓦曼城堡。阴角处砌体近景

本页及左页：

（左三幅）图10-129库斯科 萨克塞瓦曼城堡。墙体的砌合方式（一）

（右上及右中）图10-130库斯科 萨克塞瓦曼城堡。墙体的砌合方式（二）

（中上）图10-131库斯科 萨克塞瓦曼城堡。端头砌体

（中下及右下）图10-132库斯科 萨克塞瓦曼城堡。砌块咬合细部（一）

本页及右页：

（左上及左中）图10-133库斯科 萨克塞瓦曼城堡。砌块咬合细部
（二）

（左下）图10-134库斯科 萨克塞瓦曼城堡。城门（一）

（中上及右上）图10-135库斯科 萨克塞瓦曼城堡。城门（二）

（中下及右下）图10-136库斯科 萨克塞瓦曼城堡。城门（三）

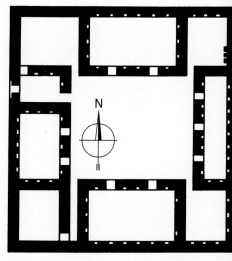

本页及右页：

（左上）图10-137库斯科 罗达德罗山台地。遗
存现状（位于萨克塞瓦曼城堡北面，与城堡隔
检阅场相望）

（左下）图10-138网格石板（帕拉斯卡省出
土，约15世纪，可能为建筑模型，现存巴黎
Musée de l'Homme）

（中下）图10-139奥扬泰坦博 城市总平面（约
1500年景况，据v.Hagen和Squier）

（中上）图10-140奥扬泰坦博 建筑组群。平
面[据v.Hagen和Squier；为印加建筑中最常用
的组合形式，在矩形围地内布置三栋或更多
平面矩形的建筑，对称地环绕着中央庭院；
这种类似中国四合院的组合被称为"坎查"
（kancha），既可用于住宅，亦可用于神殿或宫
殿；若干"坎查"还可组合在一起，形成街区]

（右上）图10-141奥扬泰坦博 住宅群。复原图
（取自Michael E.Moseley：《The Incas and Their
Ancestors，the Archaeology of Peru》，2001年；
图示两个"坎查"组合在一起的状况，由一道
内墙分为没有联系的两组建筑，各有自己的中
央庭院）

（右下）图10-142奥扬泰坦博 城堡。俯视全景

等）到西班牙人征服这不到90年期间，几乎囊括了印
加帝国建筑的全部历史。

　　现已不可能把库斯科城内帕查库蒂统治前后的印
加建筑加以区分，但很可能大部分早期建筑为黏土和
草皮建造，没有采用石结构。编年史作者提供了四位
建筑师的名字，即瓦尔帕·里马奇、马里坎奇、阿卡
瓦纳和卡拉·昆崔；他们均为印加贵族，设计了萨克

塞瓦曼的建筑和城防工事。由于帕查库蒂只是完成了
基址清理和准备材料等前期工作，这些建筑师真正开
始工作想必已到帕查库蒂的继承人登位以后。这座

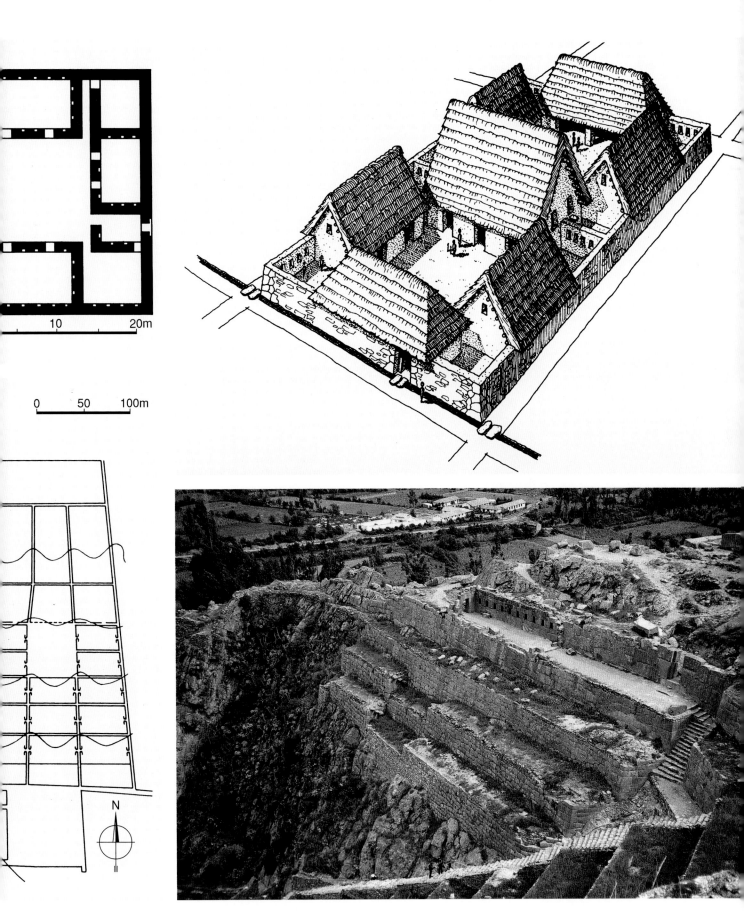

被认为是城堡的石墙建筑，位于库斯科古城西北约2公里处，跨越一个海拔3701米的自然山脊，面积约400×250米。总体设计非常简单。三个筑有石墙的台地，平面设计成锯齿状，护卫着自北面上山的通道。南面为陡峭的山坡，俯瞰着下面的城市（平面：图10-115；现状景观：图10-116～10-126；砌体构造及细

本页及右页：

（左上及左中）图10-143奥扬泰坦博 城堡。城门及台地

（左下）图10-144奥扬泰坦博 城堡。城门（自台地上望去的景色）

（中上）图10-145奥扬泰坦博 城堡。多边形砌体，细部

（右上）图10-146奥扬泰坦博 太阳神殿。残迹现状

（中下及右下）图10-147海勒姆·宾汉姆在考察途中（多少年来，人们一直在寻找传说中位于库斯科北面茫茫崇山峻岭中的神秘古城。但包括一心寻宝的西班牙人在内，始终没有找到任何踪迹。20世纪初，在耶鲁大学研究拉美历史的青年学者宾汉姆，得到耶鲁大学和美国地理学会的资助，在当地印第安人的指引下，终于在安第斯山脉的悬崖峭壁上，找到了这座废弃多年的古城，成为多少年来，第一位踏上马丘比丘的白人学者）

部：图10-127~10-133；城门：图10-134~10-136；罗达德罗山台地：图10-137）。 每个台地面均有约40个直线区段，相邻面形成尖角使入侵者处在各个方向的射程内。三个狭窄的门道（每道墙一个）构成唯一

的入径。城堡内，石建筑为贮存室，守备部队驻地和供水设施。建筑可能还具有政治及宗教功能。下城墙的巨大石块自附近采石场取得，石头加工精确，密丝合缝，加上石灰石块的圆角、石块连接形状的多样性

本页：

（上两幅）图10-148海勒姆·宾汉姆（1875~1956年）像

（下）图10-149马丘比丘 岩壁上的铜牌（为纪念1911年6月24日美国考古学家海勒姆·宾汉姆带领的耶鲁大学考察队发现这座古城而设）

（中）图10-150马丘比丘 遗址区（15~16世纪）。总平面（取自Leonardo Benevolo:《Storia della Città》，1975年）

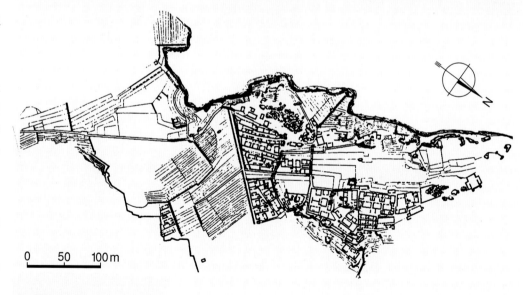

0 50 100m

右页：

（上）图10-151马丘比丘 遗址区。总平面（1：2000，取自Henri Stierlin:《Comprendre l' Architecture Universelle》，第2卷，1977年）

（下）图10-152马丘比丘 遗址区。全景及主要景观图（图版，取自Carolina A Miranda and others:《Discover Peru》，2013年）

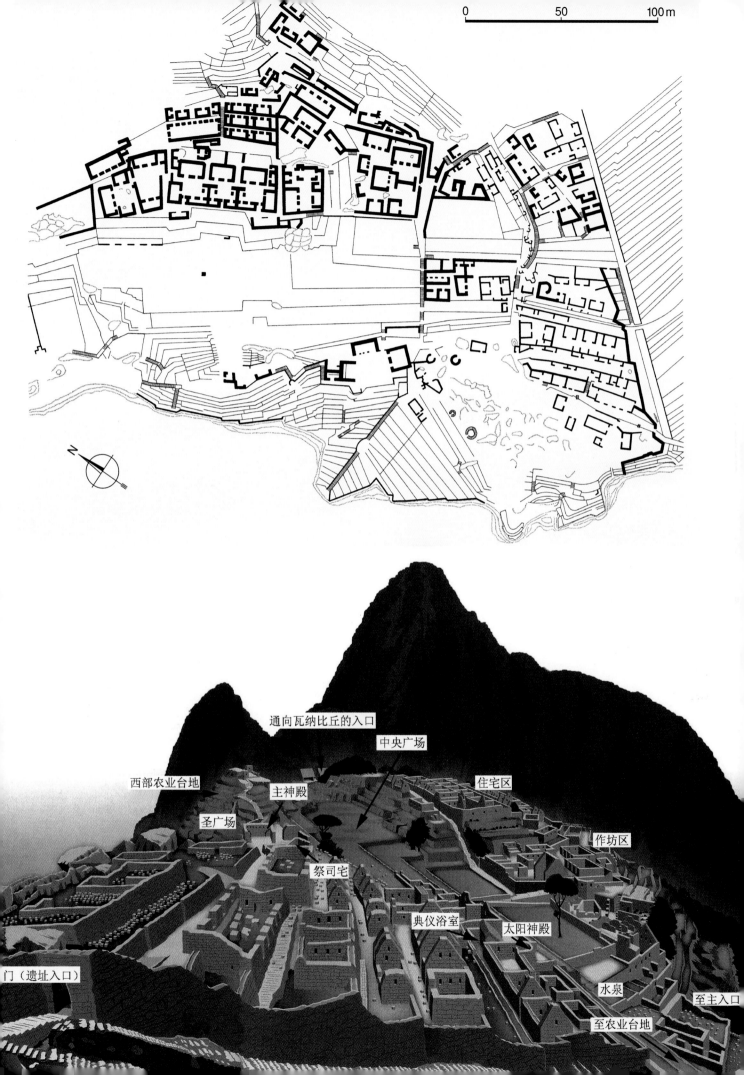

通向瓦纳比丘的入口

中央广场

西部农业台地

住宅区

主神殿

圣广场

作坊区

祭司宅

典仪浴室

太阳神殿

门（遗址入口）

水泉

至主入口

至农业台地

本页及左页：

（左上）图10-153马丘比丘 遗址区。总体形势（自南侧远望景色）

（右上）图10-154马丘比丘 遗址区。南侧远景

（下两幅）图10-155马丘比丘 遗址区。南侧俯视全景（晨景）

以及墙体的内倾构造，使这个遗址在库斯科的毁灭性地震中得以幸存。

殖民时期的城市中，很多都是用取自萨克塞瓦曼的石料建造。在殖民早期的内战中，为防止被反叛组织利用，残墟最后均用土覆盖。1934年清理这些覆土时，仅建筑基础部分尚存，三重棱堡的东端很早就遭到破坏。在殖民早期，印加时期城市本身的残墟也都被用土充填。15世纪的一些院墙就这样成为16和17

世纪的挡土墙，支撑着殖民时期的平台；西班牙的教堂、修道院和城市住宅，就建在这些平台上。

在库斯科，由于殖民政府统治时期长期沿用印加帝国建造墙体的方法，因而要想确认前征服时期的墙体难度很大。许多通常认为是前殖民时期的墙体实际上已属殖民时期。其中一个实例就是彪马府邸的三层

本页及右页：
（左上及中上）图10-156马丘比丘 遗址区。南侧俯视全景（下午及日落时景色）
（右上）图10-157马丘比丘 遗址区。南侧俯视全景（左面可看到深600米的峡谷和在谷中奔流的乌鲁班巴河）
（下）图10-158马丘比丘 遗址区。东南侧俯视全景

立面（门道上带印加式的分层平砌墙体）。但殖民时期的门道设垂直的侧板，不像前征服时期入口那样为梯形。印加时期人们令侧板内斜显然是为了缩小门上楣梁的跨度，节省制作大跨石梁的费用。在城市各处，殖民时期和前征服时期的墙体和门道就这样混在一起，因而很难界定印加时期城市的界限，也无法准确指明殖民时期的街道和建筑自何处起始。少数梯形门道和少量带壁龛的墙体表明它们是印加时期的遗存，但它们在院落体系里的最初位置仍然不清楚。

从萨克塞瓦曼城堡和太阳神殿这样一些最重要的墙体中，可看到前征服时期加工石块的技术，这种技

术可能直到16世纪仍在应用。可明显看到三种主要砌体类型："多边形"石墙，采用大的不规则石块，令各石块间密合；矩形石块或泥砖，按大体规则的层位垒砌；最后是在黏土层上砌粗糙的卵石或砾石[称皮尔卡（pirca），粗石干墙]。萨克塞瓦曼的墙体属第一种类型；太阳神殿为第二种类型的代表；第三种主要用于简单的分界墙和普通的住房。多边形砌体可能

主广场

东城

西城

是来自皮尔卡传统，仅用于要求厚重结实尺寸巨大的挡土墙和主要围护墙。而矩形砌块则主要用于独立的双面墙体。

这两种砌筑方法都要求石块之间精确吻合。从萨克塞瓦曼砌体的一些特点上可看到满足这种准确度的

（左页上及本页）图10-165马丘比丘 遗址区。南侧晨景

（左页下）图10-166马丘比丘 遗址区。城区分划（以一组广场为界，分为东西两区；西城为贵族和祭司区，集中大部分宫殿及神殿，东城为平民居住和作坊区）

本页及左页：

（左上）图10-167马丘比丘 遗址区。主要建筑及区划示意（自南面望去的全景），图中：1、瓦纳比丘，2、乌纳比丘，3、主广场，4、通向瓦纳比丘的路，5、三门殿，6、作坊区，7、监狱区，8、鹰鹫神殿，9、主台阶，10、入口城门，11、圣广场，12、主神殿，13、三窗殿，14、祭司宅，15、太阳历神殿（拴日殿），16、宫殿，17、礼仪浴室，18、太阳神殿及国王墓寝

（左下）图10-168马丘比丘 遗址区。东北区近景

（中下）图10-169马丘比丘 遗址区。西北区全景

（右）图10-170马丘比丘 遗址区。东南区远望

（上）图10-171
马丘比丘 遗址
区。东南区全景

（下）图10-172
马丘比丘 遗址
区。东南区近景

（上下两幅）图10-173马丘比丘
遗址区。东南区台地及建筑

具体做法。许多石块，特别是最大的，外表面都留有
榫头的根部。而且所有石块都坐在下层块体的凹面
上。在多边形砌体中，没有一块石头是坐在平面上，
尽管有的凹面似乎难以觉察。从榫头和榫口的结合以
及这种曲线的坐面可想象加工石料使之密合的方法。
在用石或铜工具粗略成形后，将石块搁置在底面上，
并用拴在榫头上的绳索悬吊在木架台上。这样只需少
数人通过摆动使上下石块相互刮擦即可获得密合的接
触面。

　　在采用太阳神殿那样的分层砌体时（见图10-

106），技术上虽没有这么复杂，但工作量较大。在
这里凹形坐面并不明显。从现存曲线墙体顶部暴露出
来的层间接触面看，石块的结合主要通过平面之间的
摩擦来实现。无论是多边形还是分层砌体，石块的总
重量总是随着高度的增加而减少。石块之间仅填加了
微红色的细黏土层。没有发现采用蒂亚瓦纳科建筑那
种金属扒钉的痕迹。据称，太阳神殿上部墙体还饰有
带金箔的檐壁（用钉子固定在石头上），但这些信息
只是来自某些军人和编年史作者闪烁其词的口述，并
无确证。

（本页上及右页上）图
10-174马丘比丘 遗址
区。东南角建筑及近景

（本页下）图10-175马
丘比丘 遗址区。西南
区俯视

（右页下两幅）图10-
177马丘比丘 遗址区。
主要城门（左右两幅分
别示外侧及内侧状态）

在帝国各个行省，库斯科均被尊为圣地，其臣民通过地理模型了解到它的外观形式。在利马、库斯科和瓦拉斯各博物馆内，都有一些雕有多边形小室网格的石板。小室中有两个较高，位于网格其他部分之上（图10-138）。P.A.米恩斯认为它是数学运算板，但它颇似库斯科的平面，带有高于城市其他部分的城堡和神殿。库斯科本身显然是不规则的，具有许多有机成长的特色而不是按规划扩展。因此城市的准确形态，并不是很容易描述，特别是在地形和文化形势都如此复杂的背景下。在每个地区，地方传统都被加以改造以适应印加人的需求，有价值的地方特色因被占领者承继而得到延续。可能正是昌昌那种大型矩形围地，促成了印加人在分开的独立组群里安置各级统治者家族的习俗。

本页及左页：

（左及右上）图10-176马丘比丘 遗址区。西南区现状（前景为农业区的梯田）

（右中及右下）图10-178马丘比丘 通向城市的古道及外围的梯田

本页及右页:

(左上) 图10-179马丘比丘 印加古道及便桥

(中上) 图10-180马丘比丘 印加古道,地面构造

(左下) 图10-181马丘比丘 遗址区。中央广场,南侧远望景色(广场东南依山势成曲尺形逐层下降,形成几个台地广场)

(右下) 图10-182马丘比丘 遗址区。中央广场,近景

(右上) 图10-183马丘比丘 遗址区。中央广场,主广场东南角台阶及台地

本页及左页：

（左上）图10-184马丘比丘 遗址区。台地及脚蹬

（中上）图10-185马丘比丘 遗址区。东区，北端近景（右侧为东区北部台地，左侧房屋为通往北面瓦纳比丘的出口）

（左下）图10-186马丘比丘 遗址区。东区，北部台地砌体

（右上）图10-187马丘比丘 遗址区。东区，北部现状

（右中）图10-188马丘比丘 遗址区。东区，中部现状（自西区望去的景色）

（中下）图10-189马丘比丘 遗址区。东区，中部住房及台地（南侧俯视景色）

三、马丘比丘及其他城镇

位于乌鲁班巴河谷的奥扬泰坦博，可作为15世纪后期印加市镇规划的实例（总平面及组群平面：图10-139、10-140；住宅群复原图：图10-141；城堡：图10-142~10-145；太阳神殿：图10-146）。其历史和库斯科具有密切的联系（两城直线距离仅30英里）。位于两河汇交处高踞山肩的城堡，控制着重要的通衢。下游约64公里处为比尔卡班巴地区的台地城镇（其中最著名的即马丘比丘）。奥扬泰坦博很可能是整个乌鲁班巴流域的地区首府，该地区是与热带雨林居民交往的前哨基地（他们的产品对高原地区的经济至关重要）。在城堡下方，宽阔的平原滩地上，即15世纪后期的奥扬泰坦博城，城市按网格平面规划，由

（上）图10-190马丘比丘 遗址区。东区，中部住房及台地（自台地上望去的景观）

（中及下）图10-191马丘比丘 遗址区。东区，北部中央广场一侧住房

18个矩形街区组成，街区被直线街道分开，围绕着中央广场布置。每个街区内安置两个背靠背的建筑组群，组群各有自己的院落，两者互不联系。每个院落周围布置四个石砌房间，内墙上开设众多壁龛。房间之间角上形成小院。建筑里现仍有人居住，可能是南美洲有人连续居住的住宅中最古老的一组。

和乌鲁班巴河谷地带一样，在峡谷高处，从皮萨克到马丘比丘，有许多小的居民点，位于精心修建的

（上）图10-192马丘比丘 遗址区。东区，住房及台地近景

（下）图10-193马丘比丘 遗址区。作坊区，俯视全景

本页及左页：

（左上）图10-194马丘比丘遗址区。作坊区，南侧景观

（左中）图10-195马丘比丘遗址区。作坊区，编织作坊（亦有人认为该处是国王嫔妃的养成所），外景

（中上）图10-196马丘比丘遗址区。作坊区，编织作坊，内景

（左下）图10-197马丘比丘遗址区。南区，带山墙的排屋

（右两幅）图10-198马丘比丘遗址区。太阳神殿，南侧俯视景色（建筑可能同时起天象台的作用，从两个窗户可分别观测夏至和冬至的阳光）

本页及左页：

（左上）图10-199马丘比丘 遗址区。太阳神殿，东南侧俯视景色

（左中）图10-200马丘比丘 遗址区。太阳神殿，东南侧外景

（中上及右上）图10-201马丘比丘 遗址区。太阳神殿，东侧窗户及砌体近景

（中中）图10-202马丘比丘 遗址区。太阳神殿，俯视内景

（右中两幅）图10-203马丘比丘 遗址区。太阳神殿，国王陵寝

（左下）图10-204马丘比丘 遗址区。太阳神殿，陵寝近景

（中下及右下）图10-205马丘比丘 遗址区。鹰鹫神殿，残迹全景（建于一堵岩石背面避风处，两块巨大的三角形岩石构成鹰鹫的两个翅膀，龛室内安放木乃伊）

（左上）图10-206马丘比丘 遗址区。鹰鹫神殿，近景

（右上及下）图10-208马丘比丘 遗址区。圣广场，俯视全景（向东南方向望去的景色，近景处为主神殿，对面是祭司宅，左侧为"三窗殿"）

阶梯式平台上，有的平台，如因蒂帕塔，高达数百英尺。在该地区，还有一些新的建筑形式。如在伦库拉凯，围绕着直径11米的圆形院落布置了一栋圆形住宅，颇为奇特。三个长房间构成圆环的曲线部分，开门朝向带顶棚的院落。这种布局似可视为典型矩形组群的一种环状变体形式。

　　壮观的风景和对复杂地形的大胆利用，构成这些城址的主要特色。1911年由美国考古学家海勒姆·宾汉姆（图10-147~10-149）带领的耶鲁大学考察队发现的马丘比丘，是这些建在山腰上的居民点中布局

（上）图10-207马丘比丘 遗址区。鹰鹫神殿，形如鹰嘴的牺牲台

（中）图10-209马丘比丘 遗址区。圣广场，俯视全景（向西北方向望去的景色，广场对面为主神殿，前景为祭司宅，右侧为"三窗殿"）

（下）图10-210马丘比丘 遗址区。圣广场，西南侧台地（右上为主神殿）

本页及右页：

（左上及中上）图10-211马丘比丘 遗址区。圣广场，主神殿，内景现状

（左中及左下）图10-212马丘比丘 遗址区。三窗殿，东北侧外景

（中下）图10-213马丘比丘 遗址区。三窗殿，东南侧景观

（右两幅）图10-214马丘比丘 遗址区。三窗殿，残迹现状（由西南方向望去的景色）

最为复杂精美的一个。马丘比丘之名来自奇楚亚语
（Machu Piqchu，西班牙语作Machu Picchu；另译麻
丘比丘、玛丘皮丘），意为"古老的山"。这个印加
后期（约公元1500年）的城市遗址，位于库斯科西北
130公里，两山之间的一个海拔2350~2430米的马鞍形
山脊上。遗址一面俯瞰着下方的河谷，一面对着山顶

（总平面及全景图：图10-150~10-152；现状景观：
图10-153~10-165；城区分划及主要建筑示意：图10-
166、10-167；各区现状：图10-168~10-176；主要城
门：图10-177）。这座山顶上的城市只有狭窄的古道
与外界相通（图10-178~10-180），这大概也是它未
曾受到西班牙人破坏的一个主要原因。由于发现时间

较晚，在4个多世纪期间未被触动，遗址上的建筑为人们提供了高原地带印加城镇的完整面貌。独特的地理位置和城址特色，使它不仅成为秘鲁最著名的前哥伦布时期的考古景观，被喻为新的世界七大奇迹之一，也是印加帝国最为人们所熟悉的标志性遗址，并于1983年，被联合国教科文组织定为世界文化与自然双重遗产。

现存建筑主要围绕着山顶一个大致南北向的纵长广场布置（中央广场，广场东南部分依山势修建成逐渐下降的曲尺形台地；图10-181~10-183）。在广场各面，坡度很陡的城址上修建了一系列台地。城区各台地之间以石阶相连（有的地方还修建了脚磴，图10-184）。东侧北面高处为居住区（图10-185~10-192），南面较低的地段上布置主要作坊（图10-193~10-196）。城市南区主要由成排带山墙的房屋组成（图10-197）。在通向中央广场的大道西侧布置了一个带曲线墙体的太阳神殿（下面为国王陵寝；图10-198~10-204）。大道东侧作坊区南面还有一个样式奇特的鹰鹫神殿，地面上安置了一块抽象的鹰鹫石刻（图10-205~10-207）。中央广场西侧集中了许多主要宗教建筑。在一个不大的圣广场周围布置了主要神殿、祭司宅及所谓"三窗殿"（圣广场：图

左页：

（上）图10-215马丘比丘 遗址区。三窗殿，内景，北角现状

（中）图10-216马丘比丘 遗址区。三窗殿，内景，东角现状

（下）图10-217马丘比丘 遗址区。三窗殿，砌体细部

本页：

（上）图10-218马丘比丘 遗址区。三窗殿，内景，窗口及砌体细部

（中及下）图10-219马丘比丘 遗址区。太阳历神殿（拴日殿），地段形势（位于城区西北山头上，下图右下方为圣广场及主神殿）

10-208～10-210；主神殿：图10-211；三窗殿：图10-212～10-218）。在这组建筑北面的小山丘顶上，立着著名的太阳历神殿（拴日殿；图10-219～10-222）。据说上面的拴日石是古代印加人心目中的世界中心。每年冬至太阳节时，人们就在这里祈祷太阳重新回来，并将它象征性地拴在这块石头上。同时，人们还可根据它的影子判断日期和时间，以安排播种和收获，实际上起着日晷的作用（在3月21日和9月21日，太阳几乎是垂直照在小柱墩上，没有阴影）。

城内建筑大都是带山墙的平房，全部以地方石料建造，采用了各种墙体类型，从分层琢石到粗加工的碎石，配以极具特色的梯形大门和窗户（图10-223～10-227）。一些墙上于内侧开矩形龛室。王室建筑只是在砌体上更为精细而已（图10-228）。

本页及左页:

(左上) 图10-220马丘比丘 遗址区。太阳历神殿，近景

(左中及中下) 图10-221马丘比丘 遗址区。太阳历神殿，内景

(中上及右上) 图10-222马丘比丘 遗址区。太阳历神殿，拴日石

(左下) 图10-223马丘比丘 遗址区。山墙建筑群(位于东区北段三门殿附近)

(右下) 图10-224马丘比丘 遗址区。已修复的部分房舍(四坡顶，位于农业区边)

　　农业区布置在城市外围的坡地上，并依坡度修建了一层层的挡土墙保存种植土，形成蔚为壮观的梯田，同时还配置了相应的灌溉系统(图10-229~10-236)。

　　在遗址所在山头北侧，耸立着高2720米的瓦纳比丘(图10-237、10-238)。在山的北侧，距顶部约390米的山腰上，另有一个建在山洞里的月亮神殿(不过，和遗址上的许多建筑一样，在命名上并没有充分的依据；图10-239)，洞口后部有一个自岩石上凿出的宝座，旁边有台阶通向山洞深处(可能内置木乃伊)。1936年发现的这个神殿据信已有1500年的历史。

本页：
（上）图10-225马丘比丘
遗址区。已修复的部分房
舍（双坡顶，带山墙）

（下）图10-226马丘比丘
遗址区。山墙构造，细部
（远景处为东区北段带山
墙的房屋）

右页：
图10-227马丘比丘 遗址
区。山墙构造，细部（外
侧）

　　如今，在遗址已弃置的梯田上，长满了野生草莓和覆盆子，从那里，可看到下方600米处蜿蜒流淌的乌鲁班巴河。在云雾环绕的群山背景下，遗址显得格外壮观。它使我们想起了智利诗人巴勃鲁·聂鲁达（1904~1973年）的著名诗句：

我看见石砌的古老建筑
镶嵌在青翠的安第斯高峰之间。

激流自风雨侵蚀了几百年的城堡下奔腾远去。
……在这崎岖的高地，
在这辉煌的废墟，
我获取了续写诗篇所需的原则和信念。

在库斯科以南，的的喀喀湖高原地带的印加建筑表现出全然不同的地域特征，尽管同为河谷遗址，都具有壮观的景色。在科廖省，两个重要的印加风格宫殿实例分别位于的的喀喀湖上相邻的两个岛屿上，两岛之间仅隔着不到10公里的湖面。位于的的喀喀岛上的称皮尔科凯马（"宫殿"），最初是个两层楼的

住宅组群（图10-240），建筑俯视着湖面，面向卡蒂岛。后者有一栋高两层楼带院落的建筑与之相对，通称"修院组群"（"阳女宫"，图10-241）。据说，它们均建于15世纪最后二三十年托帕印加统治时期。的的喀喀岛"宫殿"最引人注目的特色是采用对称的布局和充分发掘基址及景观的构图潜力，巧妙地在两层楼面上布置六组套房，人们可从二层楼面的露天台地上俯视湖水。这种形制使人想起意大利文艺复兴建筑的规则布局。为了强调对称的效果，不惜在每个立面真正的入口边上，布置了假的门洞（盲洞）。

卡蒂岛上的一组建筑构成了一个三面围合仅北

本页及右页：

（左上）图10-228马丘比丘 遗址区。王室建筑（砌体上更为精细，墙内侧开小型壁龛）

（左下）图10-229马丘比丘 遗址区。农业区，近景为南部农业区（与城区之间以一条坡道分开），远处为城区及其东南角的另一片梯田

（中上）图10-230马丘比丘 遗址区。城东南农业区（自城南农业区望去的景色）

（中中）图10-231马丘比丘 遗址区。城西农业区（右侧前景处为太阳历神殿所在山头）

（右上）图10-232马丘比丘 遗址区。城西农业区顶部现状

（右中及右下）图10-233马丘比丘 遗址区。城西农业区中部景色

（中下）图10-234马丘比丘 遗址区。城西农业区西边房舍（可能是谷仓）

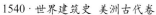

面敞开的院落，立面上设置的许多凹面形成了华美的几何装饰，大大丰富了构图，其光影效果使人想起蒂亚瓦纳科的石雕。这是一种完全不同的建筑设计，和意大利文艺复兴建筑那种板块式的构图迥然异趣。在这里，可能是表现了两种完全不同的建筑传统。的的

（本页上及右页左上）图10-235马丘比丘 遗址区。城西农业区及城区西部边界的房舍

（本页中及下）图10-236马丘比丘遗址区。农田灌溉系统遗存

（右页右上）图10-237瓦纳比丘（海拔2720米，比马丘比丘高约360米）峰顶建筑遗迹（自马丘比丘望去的景色）

（右页右中）图10-238瓦纳比丘 建筑残迹

（右页下两幅）图10-239瓦纳比丘月亮神殿。内景

喀喀岛上的"宫殿"承继了印加的固有传统：梯形的门道、带壁龛的墙体和台地式的入径；而在"修院组群"，则是延续了蒂亚瓦纳科风格，在几何层面上突出明暗对比的效果。

在海岸地区，印加建筑的综合特色在许多河谷地带都得到存续，如帕查卡马克（太阳神殿和"修院组群"，见图10-3，10-8~10-16）、坦博科罗拉多（图10-242，其台地式院落相当编年史家描述的印加高原的旅社和农庄）。

另一个著名残墟是乌鲁班巴河上游的卡查，该地位于库斯科东南130公里，通向科廖省的道路边。位于边远居民点内的这座建筑通常被称为比拉科查神殿

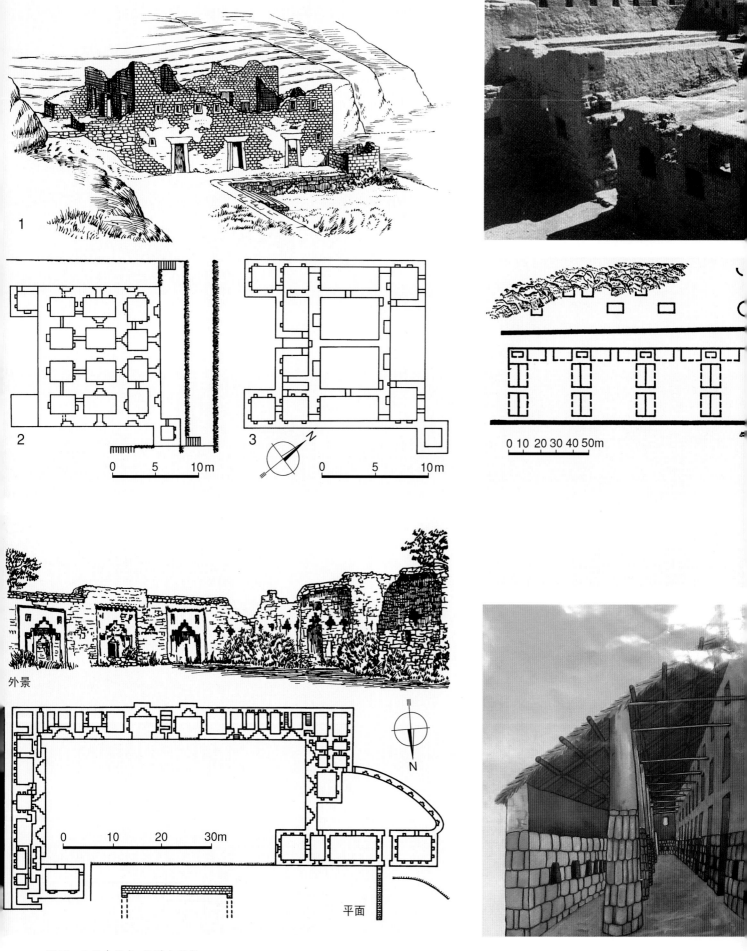

1

2

3

0 5 10m

0 5 10m

N

0 10 20 30 40 50m

外景

0 10 20 30m

N

平面

本页及左页：

（左上）图10-240的的喀喀岛皮尔科凯马（宫殿，15世纪后期）。平面及外景：1、1870年状态，2、底层平面，3、上层平面（据Squier）

（左下）图10-241卡蒂岛"修院组群"（"阳女宫"，15世纪后期）。平面及外景（据Squier）

（中上）图10-242坦博科罗拉多 遗址区（1400年以后）。现状

（中中）图10-243卡查 比拉科查神殿（约1400~1500年）。平面（据Squier）

（右上）图10-244卡查 比拉科查神殿。剖面

（中下）图10-245卡查 比拉科查神殿。剖析图

（右下）图10-246卡查 比拉科查神殿。残迹现状（一）

（约1400~1500年，图10-243~10-247）。曾在查理五世的军队中服役的西班牙诗人加尔西拉索·德拉·维加（1501~1536年）详细地记述了这个建筑的情况（为带楼层的神殿，入口朝东，圣所位于上层）。G.加斯帕里尼和L.马戈利斯认为其立面高一个楼层，端头为山墙。这是个巨大的建筑，E.G.斯奎尔的平面图提供了大致的尺寸。建筑长92米，宽25米，屋顶覆盖面积达2323平方米，采用了印加多功能市民大厅

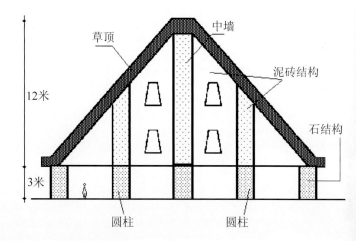

（上及左下）图10-247卡查比拉科查神殿。残迹现状（二）

（右中及右下）图10-248西柳斯塔尼 墓塔（可能14~15世纪）。残迹外景（一，上下两图分别示右塔修复前后状态）

（kallanka）的形式。室内中央柱墩式主墙贯穿建筑全长，高15米，直接位于屋脊下，将大厅分为两个狭长房间；其中每个中间又对称立一排（11根）圆柱。无论是柱墩式墙还是圆柱，均设高2（或3）米由相互吻合的多边形石块砌筑的基座，基座以上为泥砖结构（至屋脊处续建12米左右）。带山墙的双坡茅草屋顶覆盖着四个廊厅组成的空间（可能分为三个楼层）。在这个仓库般的巨大结构边上至少还有六个小的院落，每个边上均布置平面矩形并带山墙的建筑，可能是作为朝圣者或祭司的住房。还有许多平面圆形的结构和这些建筑通过一道墙分开，用粗石干垒

（即皮尔卡）法砌筑的这些圆室按行平行排列，组成10×12个的方阵。

这种圆形住房在整个安第斯山中部地区用得非常普遍，但现存大量实例的建造日期很难确定。在整个高原地区，所谓墓塔（chullpas，一般为石砌）显然是反映了这种住宅建筑传统。有些如印加的分层砌体一样，用精心加工接缝严密的石块砌造，如的的喀喀湖边普诺西北的西柳斯塔尼（图10-248~10-252）；其他的平面方形，规模较小。对科廖地区这类建筑进行过全面研究的M.H.乔皮克，通过她对相关陶器的考察认为，所有这些墓塔均属印加时期或前印加后期，而不是蒂亚瓦纳科时期。

四、雕刻和绘画

在印加社会，纪念性雕刻的主要表现是在山洞表面和巨石上刻制不带人物形象的复杂图形。在印加统治时期，整个南部高原上到处都可看到这类作品。特殊的地质景观有时也被加以改造从而具有了某种纪念意义。据殖民时期编年史作者收集到的资料，某些山岩被人们视为神祇居住的圣所（huacas），具有超自然的神力；有的则被视为人类远祖的化石遗存；还有的是神话中主要事件的发生地。库斯科山顶上一些

（上）图10-252西柳斯塔尼墓塔。塔楼砌体（内外构造细部）

（左下）图10-253库斯科 肯科圣地（15世纪）。现状全景

（右下）图10-254库斯科 肯科圣地。圣岩近景

裸露的岩石就这样通过各种方式受到人们的格外尊崇，如距库斯科仅4公里的肯科圣地（图10-253、10-254）。其最初的名字已不可考[肯科（Kenko）的字面意义为"迷宫"]，西班牙人根据半圆形的场地想当然地称其为"圆剧场"（amphitheatre）。它可能是印加王帕查库蒂的埋葬地，每年都要在这里举行盛大的节庆活动，包括祭祖、奠酒等。整个组群可能被视为通向人间的入口和进入冥府的大门。

由于受到欧洲传教士的破坏，印加风格的大型雕像实际上已不复存在，尽管16世纪的文献曾提到某些祭祀雕像，如卡查的比拉科查像。1930年，在库斯科耶稣会堂铺地下8米深处发掘出一尊被认为是这位印加王的大型石雕头像。这个仅存的雕刻残段有可能是殖民时期重新刻制的，手法有些拘谨，通过皱纹刻线表现中年人的特征。

从大量小型人物及动物石雕上或许能大致想象出如今已湮没的纪念性雕刻的样式。站立的男女裸像身躯笨拙、姿态僵硬，此外还有一些陶制的小型建筑模型。

·全卷完·

附录一 地名及建筑名中外文对照表

A

阿布-辛波Abu Simbel

    大庙（拉美西斯二世祭庙）Great Temple

阿茨卡波察尔科Atzcapotzalco

阿蒂特兰湖Atitlán，L.de

阿尔塔-德萨克里菲西奥斯（"牺牲坛"）Altar de Sacri-

ficios

    1号碑Stela 1

    结构A II，StructureA II

阿尔通Altún

阿尔通哈Altún Há

    结构A-6B，Structure A-6B

    结构B-4，Structure B-4

阿尔万山Monte Albán

    2号碑Stela 2

    4号碑

    7号墓Tomb 7

    33号墓Tomb 33

    43号墓Tomb 43

    59号墓Tomb 59

    77号墓Tomb 77

    82号墓Tomb 82

    93号墓Tomb 93

    103号墓Tomb 103

    104号墓Tomb 104

    105号墓Tomb 105

    118号墓Tomb 118

    "凹院" Cour Encaissée

    巴桑碑Bazán Stela

    北平台North Platform

    北院North Quadrangle

    建筑（组群、神殿）IV，Édifice IV（System IV，'System IV' Temple）

    建筑（组群、神殿）M，Édifice M（Group M，'System M' Temple）

    金字塔（神殿）Zapotecs' Pyramid（Temple）

    南平台South Platform

    丘台（建筑）B，Mound B

    丘台（建筑）G，Mound（Bâtiment）G

    丘台（建筑）H，Mound（Bâtiment）H

    丘台（建筑）I，Mound（Bâtiment）I

    丘台（建筑）K，Mound（Bâtiment）K

    丘台（建筑）P，Mound（Bâtiment）P

    丘台（建筑）Q，Mound（Bâtiment）Q

    丘台（建筑、宫殿）S，Mound（Bâtiment，Palacio）S

    丘台（金字塔）A，Mound A

    丘台（天象台）J，Monticule J（Monument J，Mound J，Observatory）

    丘台X（下部结构）Mound（Monticule）X（X-sub）

    球场院Terrain de Pelote

    "胜利"碑 'Triumphal' Stelae

    "舞廊"殿（神殿、宫殿、建筑L）Galería de los Danzantes（Danzantes Temple，Danzantes Building，Édifice L）

    主广场（大广场）Main Plaza（Grand-Place）

阿瓜-埃斯孔迪达Agua Escondida

阿卡兰Acalan

阿卡里河Acari，R.

阿卡特兰Acatlán

阿坎塞Acancéh

    灰泥宫殿Palais des Stucs

    主金字塔（面具金字塔）Main Pyramid（Pyramide des Masques）

阿克Aké

    结构1（柱宫）Structure 1（Säulenpalast）

阿拉斯加Alaska

阿马帕Amapa

阿梅卡Ameca

阿纳瓦克谷地Anahuac Valley

阿尼艾Añay

阿帕里西奥Aparicio

    七蛇碑Seven-Serpent Stelae

阿普里马克河Apurimac，R.

阿斯卡波察尔科Azcapotzalco

阿斯科佩Ascope

　水道Aqueduct

阿特利瓦扬Atlihuayán

阿瓦赫塔卡利克Abaj Takalik

　5号碑Stela 5

阿亚库乔Ayacucho

阿亚维里Ayaviri

阿约特拉Ayotla

阿旃陀Ajanta

阿兹特兰Aztlan

埃察特兰Etzatlán

埃尔阿沃利洛El Arbolillo

埃尔奥佩尼奥El Opeño

埃尔包尔El Baúl

　石雕4，Monument 4

埃尔马南蒂阿尔El Manantial

埃尔米拉多El Mirador

　2号碑Stela 2

　大卫城Great Acropolis

　虎台El Tiger

　结构（平台）34，Structure（Platform）34

埃尔佩腾El Petén

埃尔皮塔尔El Pital

埃尔普加托里奥El Purgatorio

埃尔塔瓦斯基奥El Tabasqueño

　1号建筑Édifice I

埃尔塔欣El Tajín（Tajín）

　16号建筑

　18号建筑

　19号建筑

　1号碑Stela I

　2号建筑Édifice（Structure）2

　3号建筑Édifice（Structure）3

　5号建筑Édifice（Structure）5

　北球场院North Ball-Court

　大球场院Great Ball-Court

　大蛇形回纹墙Grand Xicalcoliuhqui

　龛室金字塔（方金字塔）Pyramid of the Niches（Niched Pyra-mid，Square Pyramid）

　南球场院（中央球场院）South Ball-Court（Terrain de Pelote

Central）

溪流广场Plaza del Arroyo

小塔欣Tajín Chico

　建筑A（平台A）Édifice A（Platform A）

　建筑B，Édifice B

　建筑C，Édifice C

　建筑D，Building D

　建筑K，Building K

　建筑Q，Édifice Q

　龛室四方屋Quadrilatère des Niches

　宅邸Residences

　柱楼Édifice des Colonnes（Columnar Edifice）

主广场Main Plaza

埃尔伊斯特佩特El Ixtépete

埃克巴拉姆Ek Balam

　卫城Acropolis

埃斯昆特拉（地区）Escuintla

埃特拉Etla

埃兹纳Edzná（Etzná）

　大卫城Great Acropolis

　五层殿（主神殿，结构19）Five-Storey Temple（Templo Major，Structure 19）

　刀平台Platform of the Knives

　结构414，Structure 414

　结构419-2，Structure 419-2

　结构419-3，Structure 419-3

　球场院Ball Court

　小卫城Little Acropolis

　月亮宅邸House of the Moon

　主广场Main Plaza

艾哈Aija

安第斯（山脉）Andes

安卡什（省）Ancash

安孔Ancón

安提瓜河Antigua River

奥尔穆尔Holmul

　第II组群Group II

　　建筑A，Building A

奥科尔维兹Okolhuitz

奥科斯Ocós

奥库卡赫Ocucaje

波科蒂亚Pokotia

伯利兹（城）Belize City

博隆琴Bolonchén

博南帕克Bonampak

  1号碑Estela 1

  2号碑Estela 2

  3号碑Estela 3

  建筑1（神殿1，壁画殿），Edificio 1（Templo 1，Templo de las Pinturas）

  建筑2，Edificio 2

  神殿3，Templo 3

  神殿4，Templo 4

  神殿5，Templo 5

  神殿6，Templo 6

  神殿7，Templo 7

  神殿8，Templo 8

  卫城Acropolis

  主广场Plaza Principal

布鲁霍Brujo

C

查尔卡钦戈Chalcatzingo

查尔卡辛戈山Chalcacingo

  1号岩雕Petroglyph 1

查尔奇维特斯Chalchihuites（Alta Vista de Chalchihuites）

查基帕姆帕Chakipampa

查科峡谷Chaco Canyon

查克穆尔通Chacmultún

  建筑A（宫殿），Édifice A（Palace）

  球场院Juego de Pelota

查帕拉湖Lake Chapala

查普特佩克Chapultepec

查文-德万塔尔Chavín de Huántar

  神殿平台Temple Platforms

    雷蒙迪石雕Raimondi Stela（Raimondi Monolith）

    特略方尖碑Tello Obelisk

    主神殿（城堡）Main Temple（Castillo）

查文Chavín

昌昌Chanchan

  班德利尔组群Bandelier Compound

  贝拉尔德组群Velarde Compound

柴瓦克组群Chayhuac Compound

楚迪组群Tschudi Compound（Group）

大奇穆组群Gran Chimu Compound

里韦罗组群Rivero Compound（Group）

"迷宫组群"'Labyrinthe'

"神龙"殿Huaca Dragón

苏耶组群Souier Compound

乌勒组群Uhle Compound（Group）

崔蒂纳米特Chuitinamit（Chuwitinamit）

D

大卡萨斯Casas Grandes

达拉斯Dallas

代苏Dainzú

得克萨斯（州）Texas

德萨瓜德罗河Desaguadero，R.

德斯科科Texcoco

的的喀喀岛Titicaca Island

  皮尔科凯马（宫殿）Pilco Kayma（Palace）

的的喀喀湖Lake Titicaca

迪基尤Diquiyú

地中海Mediterranean Sea

蒂基萨特Tiquisate

蒂卡尔Tikal

  5号碑Stèle 5

  9号碑Stèle 9

  16号碑Stèle 16

  29号碑Stèle 29

  31号碑Stèle 31

  巴特宫Bat Palace

  北卫城North Acropolis（Acropole Nord）

    建筑5-D-sub-l-l°，Édifice 5-D-sub-l-l°

    神殿20，Temple 20

    神殿22（结构5D-22）Temple 22（Structure 5D-22）

    神殿23，Temple 23

    神殿26，Temple 26

    神殿29（结构5D-29）Temple 29（Structure 5D-29）

    40号碑Stela 40

    神殿32，Temple 32

    神殿33，Temple 33

    神殿34（结构5D-34），Temple 34（Structure 5D-34）

大广场Great Plaza

大台阶Grand Marché

东广场Place Est

祭坛5，Autel 5

结构5D-95，Structure 5D-95

结构5D-96，Structure 5D-96

金字塔Pyramid

马勒堤道Maler Causeway

门德斯堤道Mendez Causeway

铭文殿Temple of Inscriptions（Temple des Inscriptions）

莫兹利堤道Maudslay Causeway

南卫城Acropole Sud

建筑51，Édifice 51

"七殿广场"Plaza of the Seven Temples

球场院Terrain de Pelote

神殿I（巨豹殿，阿·卡卡奥神殿）Temple I（Temple du Jaguar Géant，Temple of Ah Cacao）

神殿II（结构5D-2），TempleII（Structure 5D-2）

神殿III，TempleIII

29号碑Stela 29

神殿IV，TempleIV

神殿V，TempleV

双塔组群（"孪生组群"，Ensemble-Jumeau，Twin-Pyramid Complex）N，Complex N

双塔组群H（3D-2），Group H（3D-2）

双塔组群O，Complex O

双塔组群Q（4E-4），Complex Q（4E-4）

22号碑Stela 22

双塔组群R（4E-3），Complex R（4E-3）

托塞尔堤道Tozzer Causeway

"五层宫"Five Story Palace

伊金·钱·卡维尔墓Tomb of Yik'in Chan K'awiil

"遗世"广场Plaza of the Lost World

"遗世"组群Lost World Complex

结构5C-49 Structure 5C-49

结构5D-84，Structure 5D-84

"遗世"金字塔（编号5C-54）Mundo Perdido Pyramid

中卫城Central Acropolis（Acropole Centrale）

建筑5-D-63，Édifice 5-D-63

结构5D-46，Structure 5D-46

结构5D-52，Structure 5D-52

马勒宫殿（结构5D-65）Maler's Palace（Structure 5D-65）

组群A，Group A

组群B，Group B

组群E，Group E

组群F，Group F

结构74，Structure 74

结构77，Structure 77

组群G，Group G

结构1，Structure 1

组群M，Complex M

组群P，Complex P

蒂科曼Ticoman

蒂兰通戈Tilantongo

蒂萨潘Tizapán

蒂萨特兰Tizatlán

蒂亚瓦纳科（泰皮卡拉）Tiahuanaco（Taypicala）

阿卡帕纳Akapana

卡拉萨赛亚Calasasaya

"科查马马"（造像）'Kochamama'

普马蓬库Puma Puncu

太阳门Sun Gate（Gate of the Sun）

蒂亚瓦纳科河Tiahuanaco River

东圣路易斯（卡霍基亚）East St.Louis（Cahokia）

72号丘台Mound72

北广场North Plaza

祭司丘（卡霍基亚丘）Monks Mound（Cahokia Mounds）

木栏围地Woodhenge

双丘Twin Mounds

中央广场（大广场）Grand Plaza

多斯皮拉斯Dos Pilas

杜兰戈（州）Durango

F

费城Philadelphia

大学博物馆University Museum

艺术博物馆Museum of Art

弗洛雷斯湖Lac Flores

G

戈多峰Cerro Gordo

格兰德-德纳斯卡河Rio Grande de Nazca

格雷罗（州）Guerrero

格里哈尔瓦河Fleuve Grijalva

古马尔卡赫（圣克鲁斯-德尔基切，古代称乌塔特兰）Q'umarkaj（Santa Cruz del Quiché, Utatlán）

　美洲虎神殿Temple of Tohil（Tojil）

　女神殿Temple of Awilix

　球场院Ball Court

　山神殿Temple of Jakawitz

　羽蛇殿Temple of Q'uq'umatz

瓜纳华托（州）Guanajuato

瓜尼亚佩Guañape

H

哈拉帕Jalapa

哈利斯科（州）Jalisco

海纳（岛）Jaína，île de

豪哈Jauja

赫克特佩克河Jequetepeque River

胡宁湖Lake Junín

胡斯特拉瓦卡Justlahuaca

华盛顿Washington

　敦巴顿橡树园Dumbarton Oaks

霍霍卡姆Hohokam

霍科诺奇科Xoconochco

霍努塔Jonuta

霍奇卡尔科Xochicalco

　北球场院North Ball Court

　大金字塔（结构E）Great Pyramid（Structure E）

　东球场院East Ball Court

　建筑C，Édifice C

　建筑D，Édifice D

　结构4，Structure 4

　结构6，Structure 6

　结构7，Structure 7

　结构C，Structure C

　结构D，Structure D

　拉马林切丘台Colline de La Malinche

　　球场院Ball-Court

　礼仪广场（主广场）Ceremonial Plaza（Main Plaza）

　石碑殿（结构A）Temple des Stèles（Structure A）

　　1号碑Stèle 1

　　2号碑Stèle 2

　　3号碑Stèle 3

　　"天象台" 'Observatory'

　卫城Acropolis

　羽蛇神殿（主金字塔）Temple des Serpents à Plumes（Main Pyramid）

　蒸疗浴室Temazcal

　中央广场（双字碑广场）Central Plaza（Plaza of the Stela of the Two Glyphs）

霍奇米尔科Xochimilco

霍奇帕拉Xochipala

霍奇特卡特尔Xochitécatl

J

基多Quito

基里瓜Quiriguá

　动物雕刻B，Zoomorphe B

　动物雕刻P，Zoomorphe P

　祭坛O，Altar O

　结构1，Structure 1

　结构2，Structure 2

　结构3，Structure 3

　结构4，Structure 4

　结构5，Structure 5

　神殿广场Temple Plaza

　石碑A，Stèle A

　石碑C，Stèle C

　石碑D，Stèle D

　石碑E，Stèle E

　石碑F，Stèle F

　石碑J，Stèle J

　石碑K，Stèle K

　"象形石"B，Boulder（Zoomorph）B

　"象形石"G，Boulder（Zoomorph）G

　"象形石"O，Boulder（Zoomorph）O

　"象形石"P，Boulder（Zoomorph）P

基亚维斯特兰Quiahuiztlan

加勒比海Caribbean Ocean（Caribbean Sea）

加伊纳索Gallinazo

金巴亚Quimbaya

金塔纳罗奥（州）Quintana Roo

君士坦丁堡Constantinople

K

卡查Cacha（Raqch'i）

  比拉科查神殿Temple of the God Viracocha（Temple of Wira-qocha）

卡蒂岛Island of Coati

  "修院组群"（"阳女宫"）'Nunnery'（'Palace of the Virgins of the Sun'）

卡尔瓦约Carbaillo

卡哈马基亚Cajamarquilla

卡哈马卡Cajamarca

  贝伦医院Hospital de Belen

卡卡斯特拉Cacaxtla

  北广场North Plaza

  宫殿Palace

  红神殿Red Temple

  祭坛院Patio of the Altars

  建筑A，Building A

  建筑B，Building B

  建筑C，Building C

  建筑E，Building E

  建筑F，Building F

  金星神殿Venus Temple

  菱院Rhombus Patio

  嵌板廊Panelled Corridor

  丘台Y，Mound Y

  "兔堂"'Rabbit Building'

  下沉式院落Sunken Patio

  柱廊Colonnade

  柱厅Columned Hall

卡拉科尔Caracol

  卡纳金字塔Caana Pyramid

卡拉克穆尔Calakmul（Carakmul）

  大卫城Gran Acropólis

  结构I（神殿I），Structure I（Temple I）

  结构II（神殿II），Structure II（Temple II）

  结构III，Structure III

  结构VII，Structure VII

  佩克纳卫城Pequena Acropólis

  中央广场Plaza Central

卡利马河Calima River

卡利斯特拉瓦卡Calixtlahuaca

  "圆金字塔"（魁札尔科亚特尔-伊厄卡特尔神殿，风神殿）Round Pyramid（Temple of Quetzalcóatl-Ehécatl）

卡列洪-德瓦伊拉斯（盆地）Callejón de Huaylas

卡卢尤Caluyu

卡米纳尔胡尤Kaminaljuyú

  9号碑Stela 9

  10号碑Stela 10

  11号碑Stela 11

  芬卡-拉埃斯佩兰萨Finca La Esperanza

    丘台A，Mound A

    丘台B，Mound B

      丘台B-4，Mound B-4

  芬卡-米拉弗洛雷斯Finca Miraflores

    E III组群，Group E III

  石碑B，Stela B

  卫城Acropolis

    结构D-III-6，Structure D-III-6

卡涅特河Cañete River

卡斯蒂利亚（地区）Castille

卡斯蒂略（地区）Castillo

卡斯马河Casma River

卡塔克Katak

卡托切角Cape Catoche

卡瓦Kabáh

  城堡（库尔库尔坎神殿）Castillo（Temple de Kulkulkán）

  城市入口拱门Arc d'Entrée de la Cité

  宫殿Palace

  "卷席"宫（面具宫，结构2C-6）'Codz-Poop' Palace（Palais des Masques，Structure 2C-6）

  塞昆达府邸'Secunda Casa'

  特塞拉府邸'Terzera Casa'

卡瓦奇Cahuachí

卡亚俄Callao

卡尤布Cahyup

  结构2，Structure 2

坎昆Cancún

  结构4，Structure 4

坎库恩Cancuén

坎佩切（州）Campeche

坎塔Canta

坎塔马尔卡（省）Cantamarca

考卡河Cauca River

科巴塔Cobata

科利马（城市）Colima

科利马（州）Colima

科廖（省）Collao

科洛特利帕Colotlipa

科罗萨尔（圣里塔-科罗萨尔）Santa Rita Corozal

    结构1，Structure I

科马尔卡尔科Comalcalco

    北广场Plaza Norte

      神殿I，Templo I

      神殿II，Templo II

      神殿III，Templo III

    大卫城Gran Acrópolis

      宫殿（结构I）Palacio（Estructura I）

      神殿IV，Templo IV

      神殿V，Templo V

      神殿VI，Templo VI

      神殿VII，Templo VII

科姆琴Komchen

科潘Copán

    19号碑Stela 19

    2号祭坛Altar 2

    "观众看台"（检阅台，结构10L-11）Tribune des Spectateurs（Tribune de la Revue，Structure10L-11）

    祭坛D，Autel D

    祭坛G，Autel G

    祭坛L，Autel L

    祭坛N，Autel N，

    祭坛Q，Autel Q

    结构4（金字塔），Structure 4（Pyramid）

    结构8N-66，Structure8N-66

    结构（神殿，铭文殿）11（结构10L-11）Temple 11（Structure 10L-11，Temple of the Inscriptions）

    结构（神殿）22（结构10L-22）Temple 22（Structure10L-22）

    结构10L-9，Structure10L-9

    结构10L-16（神殿16）Structure10L-16（Temple 16）

      粉色紫罗兰神殿Templo de Rosalila

    结构10L-24，Structure10L-24

    结构10L-29，Structure10L-29

    结构22A，Structure22A

    罗萨利拉通道Rosalila Tunnel

    "美洲豹台阶"Escalier des Jaguars

    球场院Terrain de Pelote（Ball-Court）

    神殿26（结构10L-26，"象形文字台阶"神殿）Temple 26（Structure10L-26，Temple de l'Escalier Hiéroglyphique）

    石碑A，Stela A

    石碑B，Stela B

    石碑C，Stela C

    石碑D，Stela D

    石碑F，Stela F

    石碑H，Stela H

    石碑I，Stela I

    石碑M，Stela M

    石碑N，Stela N

    石碑P，Stela P

    "卫城"Acropolis

      大广场Great Plaza

      主广场Main Plaza

科潘河R.Copán

科恰班巴（省）Cochabamba

科斯卡特兰Coxcatlán

科苏梅尔岛Cozumel，Île de

科托什Kotosh

    白神殿Templo Blanco

    交叉手臂神殿Templo de las Manos Cruzadas

科瓦Cobá

    绘画组群Paintings Complex

    科瓦组群（组群B）Cobá Group（Group B）

      城堡（"教堂"）El Castillo（La Iglesia）

      球场院Juego de Pelota

    马坎索克组群Macanxoc Group

      1号碑Stela 1

    诺奥奇-穆尔组群Nohoch-Mul Group

    金字塔（城堡，结构1）Nohoch Mul Pyramid（El Castillo，Structure I）

    天象中心Centro de Astrologia

科温利奇Kohunlich

    11门建筑Building of the Eleven Doors

    27阶居住组群27 Steps Residential Compound

组群D，Complex D

组群E，Complex E

组群H，Complex H

拉德莫克拉西亚La Democracia

拉夫纳Labná

城堡Castillo（Mirador）

宫殿（结构I）Palais（Structure I）

拱门Arc

结构11，Structure 11

拉古纳-德洛斯塞罗斯Laguna de los Cerros

拉坎哈河Río Lacanjá

拉坎通河Lacantún River

拉科罗纳La Corona

拉克马达La Quemada

金字塔Pirámide Votiva

拉利伯塔德（省）La Libertad

拉马林切山Cerro de la Malinche

拉马奈Lamanai

结构N10-43（高神殿、城堡、金字塔）Structure N10-43（High Temple、El Castillo、Pyramid）

结构N10-9（美洲豹神殿）10-9（Jaguar Temple）

结构P9-56（N9-56，面具殿）Structure P9-56（N9-56，Mask Temple）

拉姆比铁科Lambityeco

拉纳斯（拉斯拉纳斯）Ranas，Las

拉森蒂内拉La Centinela

拉斯阿尔达斯Las Haldas

拉斯阿尼马斯Las Animas

拉斯利马斯Las Limas

拉斯梅塞德斯Las Mercedes

拉斯伊格拉斯Las Higueras

1号金字塔Pyramide N°1

莱登Leyden

莱切河Leche River

兰巴耶克Lambayeque

兰巴耶克河Lambayeque，R.

兰巴耶克（省）Lambayeque

兰乔-拉科巴塔Rancho la Cobata

兰斯Reims

老奇琴（伊格莱西亚）Old Chichén（Iglesia）

雷库艾Recuay

雷莫哈达斯Remojadas

里奥贝克Río Bec

神殿B（宫殿）Temple B（Palace）

里奥贝克（地区）Río Bec

里奥布兰科Rio Blanco

里奥奇基托Rio Chiquito

里科港Puerto Rico

里马克河Rímac River

利马Lima

卢克雷Lucre

卢林河Lurín River

伦库拉凯Runcu Raccay

伦帕河Río Lempa

罗达德罗山Rodadero Hill

罗得岛Rhode Island

罗马Roma

卡必托利诺山Capitoline Hill

洛斯阿塔韦略斯Los Atabillos

M

马安Maan

马查基拉Macháquila

4号碑Stela 4

马德雷山脉Sierra Madre

马格达莱纳河Magdalena River

马科瓦Macobá

马拉尼翁河Marañón River

马拉若岛Marajó Island

马兰加Maranga

马利纳尔科Malinalco

鹰豹岩凿神殿（圆神殿）Rock-Cut Temple of the Eagles and Jaguars

马纳瓜湖Managua，L.

马丘比丘Machu Picchu（Machu Piqchu）

国王宅邸（宫殿）Maison de l'Incas（Palais）

圣广场Sacred Plaza（Place Sacrée）

祭司宅House of Priest

三窗殿Temple of the Three Windows

主神殿Temple Principal

太阳历神殿（拴日殿）Temple of the Intihuatana（Solar Calendar）

贵族学校Calmecac School

国家宫National Palace

　　圣战金字塔（模型）Pyramid of Sacred Warfare

"祭司之家（学校）"Calmécac

魁札尔科亚特尔-伊厄卡特尔神殿Temple de Quetzalcóatl-Ehécatl

蒙特祖马二世宫Palais de Moctezuma II

"青年之家"Telpochcalli

球场院Tlachtli（Ball-court）

"蛇墙"Coatepantli

圣区（中心区）Teocalli

太阳神殿Temple of the Sun

太阳石（历法石）Sun Stone（Calendar Stone）

头骨架Tzompantli

月亮女神雕刻

中心广场Plaza Mayor

"主教座堂"'Sagrario' Métropolitain

"主神殿"'Templo Mayor'

墨西哥谷地Mexico，Valley of

墨西哥湾Gulf of Mexico

墨西哥峡谷Valley of Mexico

穆尔奇克Mulchic

穆赫雷斯岛Isla Mujeres

N

纳克贝Nakbé

　　1号石碑Stela 1

　　84号结构Structure 84

　　球场院Ball Court

纳库姆Nakum

　　结构A，Structure A

　　结构D，Structure D

　　结构N，Gebaeude N

　　神殿E，Tempel E

纳兰霍Naranjo

纳奇通Naachtún

纳斯卡Nazca

　　纳斯卡线画Nazca Lines

纳斯卡河谷Nazca Valley

纳亚里特（州）Nayarit

南海South Seas

瑙特拉河Rio Nautla

内佩尼亚河Nepeña River

内斯特佩山Cerro Nestepe

内瓦赫Nebaj

尼加拉瓜湖Lake of Nicaragua

尼科亚半岛Nicoya Peninsula

尼科亚海湾Golfe de Nicoya

尼罗河Nile

纽约New York

　　总督岛Governor's Island

纽约州New York State

努比亚（地区）Nubia

　　侯赛因神殿Temple of Gerf Hussein

诺库奇奇Nocuchich

诺皮洛阿（地区）Nopiloa

P

帕查卡马克Pachacamac

　　城堡Ciudadela

　　帕查卡马克神殿Temple of Pachacamac

　　太阳神殿Sun Temple

　　"修院组群"Nunnery（Mamacona）

帕茨夸罗湖Lac Pátzcuaro

帕尔帕河Palpa River

帕卡斯马约Pacasmayo

帕卡特纳穆Pacatnamú

帕拉卡斯Paracas

帕拉卡斯半岛Paracas Peninsula

帕拉蒙加Paramonga

　　"城堡"Fortress

帕拉斯卡（省）Pallasca

帕伦克Palenque

　　14号神殿Temple XIV

　　17号神殿Temple XII

　　19号神殿Temple XIX

　　北部组群Northern Group

　　被遗忘的神殿Olvidado Temple

　　伯爵殿Temple du Comte（Temple of the Count）

　　宫殿Palace

　　建筑A，Maison A（House A）

　　建筑B，Maison B（House B）

建筑C，Maison C（House C）

建筑E（"大白屋"），Maison E（House E，'Great White House'）

建筑H，Maison H（House H）

塔楼Tower

院落1（西院）Patio 1（West Courtyard）

院落2（东院）Patio 2（East Courtyard）

院落3，Patio 3

院落4（塔楼院）Patio 4（Tower Courtyard）

精美浮雕殿Temple du Beau Relief

美洲豹神殿Temple of the Jaguars

铭文殿（金字塔，建筑1）Temple of Inscriptions（Pyramid of Inscriptions，House no.1）

南神殿Southern Temple

球场院Ball Court

"十字组群"Cross Group

十字神殿Temple de la Croix（Temple of the Cross）

太阳神殿Temple du Soleil

叶状十字殿（3号建筑）Temple de la Croix Feuillue（Temple of the Foliated Cross，House No III）

"奴隶碑"Tablet of the Slaves

住宅B，House B

帕纳马尔卡Pañamarca

帕努科Pánuco

帕努科河Fleuve Pánuco（Pánuco River）

帕帕洛阿潘河Papaloapan River

帕潘特拉Papantla

帕切科Pacheco

帕萨马约河Pasamayo River

帕特拉奇克山Montagne Patlachique

帕西翁河Río Pasión

帕扬Payán

潘帕-德洛斯福西莱斯Pampa de los Fósiles

佩奥尔-埃斯纳达Peor es Nada

佩查尔Pechal

佩雷内河Perené，R.

佩滕（地区）Petén

佩滕伊察湖Petén Itzá，L.

蓬库里Punkurí

皮基拉克塔Pikillaqta

皮萨克Pisac

皮斯科Pisco

皮斯科河Pisco River

皮乌拉河Piura River

皮乌拉沙漠Desert of Piura

普埃布拉（州）Puebla

普埃布拉谷地Puebla，Valley of

普卡拉Pucará

普克（地区）Puuc

普拉森西亚Plasencia

普拉亚格兰德Playa Grande

普诺Puno

普韦布洛博尼托Pueblo Bonito

Q

齐班切Dzibanché

猫头鹰神殿（结构1）Temple of the Owl（Structure 1）

齐维尔查尔通Dzibilchaltún

七玩偶殿Temple des Sept Poupées（Temple of the Seven Dolls）

齐维尔诺卡克（伊图尔维德）Dzibilnocac（Iturbide）

结构A-1，StructureA-1

奇弗查Chibcha

奇霍伊河Chixoy River

奇卡马河Chicama River

奇坎纳Chicanná

建筑I，Édifice（Structure）I

建筑II，Édifice（Structure）II

建筑III，Édifice（Structure）III

建筑IV，Édifice（Structure）IV

建筑VI，Édifice（Structure）VI

建筑IX，Édifice（Structure）IX

建筑XX，Édifice（Structure）XX

蓄水池Chultun

奇科瑙特拉Chiconauhtla

奇克拉约Chiclayo

奇克林Chiclin

奇拉河Chira River

奇里帕Chiripa

奇利翁河Chillón River

奇马拉卡特兰Chimalacatlán

奇穆（契姆，奇莫）Chimu（Chimor）

奇普拉克Chiprak

奇钱卡纳夫湖Lake Chichankanab

奇琴伊察（另译奇岑伊扎，奇琴）Chichén Itzá（Chichén）

  "城堡"（库库尔坎神殿）Castillo（Temple of Kukulcan）

  大台神殿Temple of the Big Tables

  高级祭司墓（金字塔）High Priest's Grave（Osario，Pyramid of the High Priest）

  "红宅"Chichanchob（Casa Colorada，Red House）

  "教堂"Iglesia（Église）

  结构3 C6，Structure 3 C6

  金星平台（圆锥平台）Plate-Forme de Vénus（Platform of the Cones）

  "鹿宅"House of the Deer

  "奇文宅"Akab Dzib

  "千柱群"Groupe des Mille Colonnes

    千柱院Court of the Thousand Columns

  墙板殿Temple of the Wall Panels

  球场院Ball-Court

    美洲豹上殿Upper Temple of the Jaguars

      房间C，Room C

    美洲豹下殿（神殿E）Lower Temple of the Jaguars（Temple E）

  三梁殿Temple des Trois Linteaux

  圣路Sacred Way

  市场Mercado

    外廊Colonnade

  台坛神殿Temple of the Tables

  天象台Caracol

  头骨祭坛（平台）Tzompantli（Skull-Rack Platform）

  武士殿（金字塔）Temple of the Warriors（Temple des Guerriers，Pyramid of the Warriors）

    查克莫尔金字塔Pyramid of the Chacmool

    查克莫尔神殿Chacmool Temple

    "化石"查克莫尔神殿'Fossil' Chacmool Temple

    武士平台Warriors Platform

  蜥蜴井Xtoloc Cenote

  "献祭井"（圣井）Well of Sacrifice（Sacred Cenote）

  "修院组群"Complexe des Nonnes（Las Monjas）

    22号房间Room 22

      附属建筑Nonnery Annexe：

      修院金字塔Nonnery Pyramid

  鹰平台（鹰豹平台）Platform of the Eagles（Platform of the Eagles and the Jaguars，Plate-Forme des Jaguars et des Aigles）

奇瓦瓦（州）Chihuahua

恰帕-德科尔索Chiapa de Corzo

恰帕斯（州）Chiapas

钱波通Champotón

钱纳Channá

钱琴Chanchén

乔科拉Chocolá

乔卢拉Cholula

  东广场Place Est

  祭坛院（东广场）Court of the Altars（Place Est）

  魁札尔科亚特尔圣所Sanctuaire du Dieu Quetzalcóatl

  美洲大学Université des Amériques

  内金字塔Inner Pyramid

  "人工山"Tlachihualtepetl

  圣弗朗索瓦修道院Monastère Saint-François

  圣母济世教堂Église de Nuestra Senora de los Remedios

  特帕纳帕大金字塔（"卫城"）Grande Pyramide de Tepanapa（'Acropole'）

切内斯（地区）Chenes（Los Chenes）

钦博特Chimbote

钦查河Chincha River

钦查群岛Chincha Islands

钦聪灿Tzintzuntzan

  塔台组群Yácatas

钦库尔蒂克Chinkultic

琼比维尔卡斯（地区）Chumbivilcas

琼塔尔（地区）Chontal

琼乌乌Chunhuhu

丘基坦塔Chuquitanta

丘皮库阿罗Chupícuaro

丘伊克Kiuik

S

萨波塔尔Zapotal

萨卡拉Sakkara

  阶梯金字塔Stepped Pyramid（of Djoser）

萨卡特卡斯（城市）Zacatecas

萨卡特卡斯（州）Zacatecas

萨卡滕科Zacatenco

萨克贝Sacbey

萨库莱乌Zaculeu

广场I，Plaza I

广场II，Plaza II

广场III，Plaza III

神殿I，Temple I

萨夸尔帕Zacualpa

萨夸拉Zacuala

萨拉曼卡Salamanque

萨帕特拉岛Zapatera Island

萨奇拉Zaachila

1号墓Tomb 1

2号墓Tomb 2

萨斯维尔Xaxbil

萨瓦奇兹切Sabachtsché

萨瓦切Sabacché

塞拉Xelhá

塞罗布兰科Cerro Blanco

塞罗-德拉斯梅萨斯Cerro de las Mesas

6号碑Stela 6

塞罗蒙托索Cerro Montoso

塞罗斯Cerros

结构5C-2（神殿）Structure5C-2（Temple）

塞姆保拉Cempoala（Zempoala）

"壁炉殿"Temple des 'Cheminées'

大金字塔Grande Pyramide

大神殿Grand Temple（Templo Mayor）

魁札尔科亚特尔-伊厄卡特尔神殿Temple de Quetzalcóatl-Ehécatl

塞钦阿尔托Sechín Alto

塞钦峰Cerro Sechín

神殿平台Temple Platform

塞钦河Sechín River

塞丘拉Sechura

塞丘拉沙漠Desert of Sechura

塞瓦尔Seibal

3号碑Stèle3

8号碑Stèle 8

10号碑Stèle 10

结构A-1，Structure A-1

结构A-3，Structure A-3

南广场Southern Plaza

赛伊尔Sayil（Zayil）

宫殿（三层宫）Palais à Trois Étages

天象台El Mirador（Observatoire）

森波阿拉Zempoala

圣阿古斯丁（地区）San Agustín

祠堂组A，Mesita A

祠堂组B，Mesita B

祠堂组C，Mesita C

圣埃斯皮里图湾Espiritu Santo Bay

圣安德烈斯San Andrés

8号墓Tomb 8

圣地亚哥-德瓜塔Santiago de Guata

圣何塞-莫戈特San José Mogote

结构1，Structure1

结构2，Structure2

圣河Santa River

圣胡安河Rivière San Juan

圣丽塔Santa Rita

圣卢西亚-科楚马尔瓦帕（科楚马尔瓦帕）Santa Lucía Cotzumalhuapa（Cotzumalhuapa）

比尔瓦奥Bilbao

石雕1，Monument 1

石雕2，Monument 2

石雕3，Monument 3

石雕4，Monument 4

石雕5，Monument 5

石雕6，Monument 6

石雕11，Monument 11

石雕13，Monument 13

石雕14，Monument 14

石雕15，Monument 15

石雕21，Monument 21

圣路易斯波托西（埃尔埃瓦诺）San Luis Potosí（El Ébano）

圣罗萨-斯塔姆帕克Santa Rosa Xtampak

三层殿Three-story Temple Palace

圣洛伦索San Lorenzo

1号头像（"国王"）Colossal Head No.1（Monument 1，El Rey）

2号头像Colossal Head No.2（Monument 2）

3号头像Colossal Head No.3（Monument 3）

4号头像Colossal Head No.4（Monument 4）

5号头像Colossal Head No.5（Monument 5）

6号头像Colossal Head No.6（Monument 6）

7号头像Colossal Head No.7（Monument 7）

8号头像Colossal Head No.8（Monument 8）

9号头像Colossal Head No.9（Monument 9）

10号头像Colossal Head No.10（Monument 10）

圣马丁-帕哈潘San Martín Pajapan

雕像1号Monument 1

圣玛丽亚-乌斯帕纳潘Santa María Uxpanapan

圣米格尔-阿曼特拉San Miguel Amantla

圣伊西德罗-彼德拉帕拉达San Isidro Piedra Parada

什罗埃德Shroeder

斯基普切Xkipché

结构A1，Structure A1

斯基奇莫克 Xkichmook

斯堪的纳维亚（半岛）Scandinavia

斯库洛克Xculoc

"人像宫"'Palace of Figures'

斯拉夫帕克Xlabpak

结构I（主神殿），Structure I（Principal Temple）

斯拉帕克Xlapak

宫殿Palais

斯普伊尔Xpuhil

结构I，Structure I

结构IV，Structure IV

斯图加特Stuttgart

斯图梅尔Stumer

苏尔特佩克Sultepec

苏尔通Xultun

苏佩Supe

索诺拉（州）Sonora

T

塔胡穆尔科山Tajumulco

塔拉韦拉Talavera

塔毛利帕斯 Tamaulipas

塔穆因Tamuín

塔潘特拉Tapantla

塔斯科Tasco

塔瓦斯科（州）Tabasco

泰罗纳Tairona

坦博科罗拉多Tambo Colorado

坦卡Tancah

坦坎维茨Tancanhuitz

特奥（今梅里达城）T'ho（Mérida）

特奥蒂瓦坎Teotihuacán

阿特特尔科（拉普雷萨）Atetelco（La Presa）

宫殿（住宅组群）Dwelling Group（Palais）

"城堡"Ciudadela（Citadelle）

"大组群"Gran Conjunto

地下组群Ensemble dit du Souterrain

东大道Avenue de l'Est

祭坛宅É dificedes Autels

克索拉尔潘Xolalpan

魁札尔蝶宫Palais de Quetzalpapálotl（Quetzal-papillon）

羽螺神殿（宫）Temple des Conques à Plumes（Palais des Escargots à Plumes）

拉本蒂拉区La Ventilla

拉本蒂拉石碑Stèle de La Ventilla

"老城"'Cité Ancienne'

露天市场Tianguis

美洲豹宫Palace of the Jaguars

"农业庙"Temple of Agriculture

萨卡拉宫Palais Saqala

萨夸拉宫邸Palais de Zacuala

萨拉组群Complexe Shara

四殿宫Palace of the Four Temples

四小殿组群Ensemble des Quatre Petits Temples

太阳宫Palais du Soleil

太阳金字塔（东塔）Sun Pyramid（Pyramid of the Sun，Eastern Pyramid）

特奥潘卡斯科Teopancaxco

特蒂特拉宫Palais de Tetitla

特拉米米洛尔帕区Tlamimilolpa

特潘蒂特拉宫Palais de Tepantitla

瓦哈卡区Quartier d'Oaxaca

"亡灵大道"（Miccaotli，Road of the Dead，Avenue des Morts）

维金组群Groupe Viking

西大道Avenue de l'Ouest

亚亚瓦拉Yayahuala

鹰宅Maison de Aigles

羽蛇金字塔（羽蛇神殿，南金字塔） Pyramide de Quetzalcóatl（Temple de Quetzalcóatl，South Pyramid）

月亮金字塔Moon Pyramid

"柱列广场"Place des Colonnes

特奥潘索尔科Teopanzolco
　　特拉洛克和维齐洛波奇特利神殿（双梯道金字塔）Temple of Tlaloc and Huitzilopochtli（Twin-Stair Pyramid）
特奥萨库阿尔科Teozacualco
特奥特南戈Teotenango
特波斯特科Tepozteco
特波斯特兰Tepoztlán
特波斯特科Tepozteco
特蒂特拉Tetitla
特基斯基亚克Tequixquiac
特基斯特佩克Tequistepec
特卡马查尔科Tecamachalco
特拉蒂尔科Tlatilco
特拉尔马纳尔科Tlalmanalco
特拉科卢拉Tlacolula
特拉科潘（塔库瓦）Tlacopan（Tacuba）
特拉兰卡莱卡Tlalancaleca
特拉帕科扬Tlapacoyan
特拉斯卡尔特卡Tlaxcalteca
特拉斯卡拉Tlaxcala
特拉特洛尔科Tlatelolco
　　阿瓜间Caja de Agua
　　宫殿Palacio
　　画殿Templo Pinturas
　　角斗士平台Gladiators' Platform
　　历法殿Calendar Temple
　　露天市场Tianguis
　　"三文化广场" 'Place des Trois Cultures'
　　神殿Temple de Tlatelolco（grand cu）
　　圣地亚哥教堂Church of Santiago Tlatelolco
　　圣区Sacred Complex
　　伊厄卡特尔-魁札尔科亚特尔神殿Templo de Ehécatl-Quetzalcóatl
　　主神殿（金字塔）Templo Mayor（Main Pyramid）
特雷斯萨波特斯Tres Zapotes
　　石碑A，Stèle（Stela）A
　　石碑C，Stèle（Stela）C
　　石碑D，Stèle（Stela）D
　　头像A，Monument A
　　头像Q，Monument Q
特利兰-特拉帕兰Tlillan Tlapallan
特鲁希略Trujillo

特鲁希略谷地Trujillo Valley
特奈乌卡Tenayuca
　　金字塔[休科亚特尔神殿（火蛇殿）]Pyramid（Temple of Xiuhcoatl）
　　圣塞西利亚-阿卡蒂特兰（区）Santa Cecilia Acatitlán
　　　　阿兹特克金字塔-神殿 Aztec Pyramid-Temple
特诺奇卡（州）Tenochca
特帕尔卡特峰Cerro del Tepalcate
特佩阿普尔科Tepeapulco
特斯科科Texcoco
　　宫殿Palace
特斯科科湖Lake Texcoco
特斯库辛科Tezcutzinco
特斯米林坎Texmilincán
特索罗山Cerro del Tesoro
特瓦坎Tehuacán
特万特佩克（城市）Tehuantepec
特万特佩克（州）Tehuantepec
特万特佩克地峡Isthmus of Tehuantepec
铁拉登特罗（地区）Tierradentro
通贝斯Tumbez
图拉（托兰）Tula（Tollan）
　　I号球场院Terrain de Pelote I
　　II号球场院Terrain de Pelote II
　　埃尔科拉尔（区）El Corral
　　北金字塔（羽蛇-晨星殿，金字塔B，"拂晓堂主"）North Pyramid（Temple of Quetzalcóatl-Tlahuizcalpantecuhtli, Temple of Tlahuizcalpantecuhtli, Pyramid B, 'Lord of the House of Dawn'）
　　"被焚宫殿" Palais brûlé
　　大金字塔（东塔，太阳神殿，主神殿，金字塔C）Grande Pyramide（Eastern Pyramid, Temple du Soleil, Templo Mayor , Pyramid C）
　　结构3，Edificio 3
　　结构K，Edificio K
　　"蛇墙" Coatepantli
　　头骨架Tzompantli
　　羽蛇宫Palacio de Quetzalcóatl
　　"柱廊厅" Colonnaded Salons
图拉河Tula River
图兰辛戈Tulancingo
图卢马约河Tullumayo River
图卢姆Tulum
　　3号平台Platform 3

23号平台Platform 23

壁画殿（结构16）Temple des Fresques（Temple of the Frescoes, Structure 16）

城堡Castillo

大宫（柱宫）Great Palace（Casa de las Columnas）

大平台Great Platform

迪奥斯神殿（结构45）Templo del Dios del Viento（Structure 45）

宫殿Palace

观测塔殿Watch Tower Temple

赫诺特宅邸Genote House

结构22，Structure 22

结构25（官邸），Structure 25（Ruler's Residence）

结构34，Structure 34

结构45，Structure 45

礼拜堂Oratory

诺罗斯特宅邸（神殿？）Casa del Noroeste

神殿1，Temple 1

神殿5，Temple 5

神殿7（"降神殿"）Temple 7（Temple du Dieu-descendant）

神殿35（可能为水神殿）Temple 35

神殿54，Temple 54

葬仪平台Funerary Platform

图斯潘河Tuxpan River

图斯特拉Tuxtla

托波斯特Topoxte

托尔图格罗Tortuguero

托卢基拉Toluquilla

托卢卡（谷地）Toluca，Valley of

托卢卡Toluca

托纳卡特拉尔潘Tonacatlalpan

托纳拉河Tonalá River

托尼纳Toniná

球场院Ball Court

卫城Acropolis

齿纹宫Palace of Frets

金字塔Pyramid

冥府宫Palace of the Underworld

托托米瓦坎Totomihuacán

W

瓦尔迪维亚Valdivia

瓦尔盖奥克河Hualgayoc River

瓦尔梅河Huarmey River

瓦哈卡（城市）Oaxaca

瓦哈卡（州）Oaxaca

瓦哈克通Uaxactún

9号碑Stela 9

20号碑Stela 20

26号碑Stela 26

结构A-XVIII，Structure A-XVIII

结构A-V（建筑群A-5），Structure A-V（Ensemble A-5）

结构B-XIII，Structure B-XIII

组群A，Group A

组群B，Group B

组群E，Group E

建筑E-VII（面具殿）Édifice E-VII（Temple of Masks）

金字塔E-VII- sub，Pyramide E-VII-sub

建筑E-X，Édifice E-X

神殿E-I，Temple E-I

神殿E-II，Temple E- II

神殿E-III，Temple E- III

组群H，Group H

主广场Plaza Principal

瓦卡·德洛斯雷耶斯Huaca de los Reyes

瓦卡-德阿尔瓦拉多Huaca de Alvarado

瓦卡法乔Huaca Facho

瓦卡平塔达Huaca Pintada

瓦卡普列塔Huaca Prieta

瓦卡乔图纳Huaca Chotuna

瓦拉斯Huaráz

瓦里Huarí

瓦马丘科Huamachuco

马尔卡-瓦马丘科（城堡）Marca Huamachuco

瓦纳比丘Huayna Picchu（Wayna Picchu）

月亮神殿Temple of the Moon

瓦努科Huánuco

瓦帕尔卡尔科Huapalcalco

瓦斯特卡（地区）Huasteca

瓦塔奈河Huatanay River

瓦亚加河Huallaga River

万卡科Huancaco

城堡Castillo

Y

亚当斯（县）Adams County

  巨蛇丘Great Serpent Mound

亚古尔Yagul

  东院（3号院）Patio Oriental（Patio 3）

  建筑U（城堡，北金字塔）Edificio U（Cidadel，Pyramide Nord）

  六院宫Palacio de los Seis Patios

  南院（三陵院）Patio Méridional（Patio de la Triple Tumba）

  球场院Jeu de Pelote

  市政厅Sala de Consejo

  西大院（1号院）Grand Patio Occidental（Patio 1）

亚卡拉纳河Yacarana，R.

亚克萨Yaxha

亚克苏纳Yaxuná

  组群6E，Group 6E

    结构6E-53，Structure6E-53

    结构6E-120，Structure6E-120

    "舞蹈平台" Dance Platforms

  组群6F（北卫城），Group 6F（North Acropolis）

    结构6F-3，Structure 6F-3

亚马孙（地区）Amazonas

亚马孙河Amazon River

亚斯阿Yaxhá

  北卫城（西北卫城、中卫城）Acrópolis Norte（Acropole Nord-Ouest，Acropolis Central）

    神殿I，Templo I

    神殿II，Templo

    神殿III，Templo III

  东卫城（东北卫城）Acrópolis Este（Acropole Nord-Est）

    神殿216（红手殿），Templo216（Temple of the Red Hands）

  马勒组群Maler Group

  球场院Ball Court

  主卫城Acropole Principale

亚斯奇兰Yaxchilán

  1号碑 Stela 1

  6号碑 Stela 6

  11号碑Stela 11

  13号碑Stela 13

  15号碑Stela 15

  35号碑Stela 35

  8号楣梁Lintel 8

  13号楣梁Lintel 13

  14号楣梁Lintel 14

  15号楣梁Lintel 15

  17号楣梁Lintel 17

  18号楣梁Lintel 18

  24号楣梁Lintel 24（神殿23，Temple 23）

  26号楣梁Lintel（Architrave）26

  41号楣梁Lintel（Architrave）41

  53号楣梁Lintel（Architrave）53

  40号神殿Temple 40

  35号葬仪金字塔Burial Pyramids No 35

  36号葬仪金字塔Burial Pyramids No 36

  大卫城Great Acropolis

  建筑1，Building（Structure）1

  建筑6（岸边的红殿）Building（Structure）6（Temple Rouge du Rivage）

  建筑16，Building（Structure）19

  建筑18，Building（Structure）19

  建筑19（迷宫），Building（Structure）19（El Labarinto）

  建筑20，Building（Structure）20

  建筑21，Building（Structure）21

    7号楣梁Lintel 7

    16号楣梁Lintel 16

  建筑23，Building（Structure）23

    24号楣梁Lintel 24

    25号楣梁Lintel 25

  建筑30，Building（Structure）30

  建筑33（王宫），Building（Structure）33（Édifice 33, Palacio del Rey）

    1号楣梁Lintel 1

  建筑40，Building（Structure）40（Temple-Edifice XL）

  建筑42，Building（Structure）42

  建筑44，Building（Structure）44

    46号楣梁Lintel 46

  金字塔35Pirámide 35

  金字塔36Pirámide 36

  南卫城South Acropolis

  球场院Juego de Pelota

  小卫城Small（Little）Acropolis

伊达尔戈（城市）Hidalgo

伊达尔戈（州）Hidalgo

附录二　　人名（含民族及神名）中外文对照表

A

阿尔杜瓦，J.E.，Hardoy，J.E.

阿尔门达里斯，里卡多Almendáriz，Ricardo

阿古尔西亚·法斯克列，里卡多Agurcia Fasquelle，Ricardo

阿哈雅卡特尔Axayácatl

阿卡瓦纳Acahuana

阿科斯塔，豪尔赫Acosta，Jorge R.

阿拉瓦（人）Arawak

阿纳萨西（人）Anazasi（Anasazi）

阿塔瓦尔帕Atahualpa

阿托纳尔Atonal

阿维措尔Ahuitzol

阿因二世，亚克斯Ain II，Yax

阿兹特克（人）Aztec（Aztèque）

埃克霍尔姆，戈登·弗雷德里克Ekholm，Gordon Frederick

埃文斯，C.，Evans，C.

艾马拉（人）Aymara

安德鲁斯，E.W.，Andrews，E.W.

奥尔梅克（人）Olmec（Olmèque）

奥尔梅克-希卡兰卡（人）Olmec-Xicalanca

奥利弗，J.P.，Oliver，J.P.

奥利韦罗斯，阿图罗Oliveros，Arturo

奥梅堤奥托（神）Ometeotl

奥梅奇瓦特尔（神）Omecíhuatl

奥梅特库特利（神）Ometecuhtli

奥伊莱，拉斐尔·拉尔科Hoyle，Rafael Larco

奥伊佐特Auítzotl（Ahuitzotl）

B

巴尔Ball

巴尔卡塞尔，路易斯Valcárcel，Luis

巴拉达斯，何塞·佩雷斯·德Barradas，José Pérez de

巴拉姆二世，基尼奇·坎（钱·巴卢姆，"蛇豹"）B'alam II，K'inich Kan（Chan Bahlum）

巴拉姆三世，伊察姆纳赫Balam III，Itzamnaaj

巴拉姆，亚克苏温（"鸟豹"四世）Balam，Yaxuun（Bird Jaguar IV）

巴莱拉，布拉斯Valera，Blas

邦德利耶，阿道夫·弗朗西斯·阿方斯Bandelier，Adolph Francis Alphonse

贝尔，贝蒂Bell，Betty

贝尔林，海因里希Berlin，Heinrich

贝尔纳尔，伊格纳西奥Bernal，Ignacio

贝尔纳斯科尼，安东尼奥Bernasconi，Antonio

贝尔奈Bernai

贝尔佐尼Belzoni

贝拉斯克斯，胡安·路易斯Velasquez，Juan Luis

贝朗德，克劳德Belanger，Claude

本内特，温德尔Bennett，Wendell

比拉科查Viracocha

宾汉姆，海勒姆Bingham，Hiram

波夫，科尔内耶·德Pauw，Corneille de

波洛克，哈里·伊夫林·多尔Pollock，Harry Evelyn Dorr

波斯南斯基，A.，Posnansky，A.

波特，D.E.，Potter，David E.

伯德，朱尼厄斯·布顿Bird，Junius Bouton

博拉尔，W.，Bollaert，W.

布拉德，W.R.，Bullard，William R.

布兰顿，理查德Blanton，Richard

布雷纳德，G.W.，Brainerd，George W.

C

查尔丘特利奎（神）Chalchiuhtlicue

查克（另译恰克，神）Chac（Chaak）

查理五世Charles V

楚迪，约翰·雅各布·冯Tschudi，Johann Jakob von

D

道尔比尼，阿尔西德·查理·维克托·马里·德萨利纳d'Orbigny，Alcide Charles Victor Marie Dessalines

道森，L.E.，Dawson，L.E.

德鲁克，P.，Drucker，P.

德鲁伊特，布鲁斯Drewitt，Bruce

德萨阿贡，弗赖·贝尔纳迪诺de Sahagún, Fray Bernardino

迪尔，理查德，Diehl，Richard

迪佩Dupaix

蒂索克Tizoc

迭戈·贝拉斯克斯·德奎利亚尔Diego Velázquez de Cué-llar

杜兰，弗赖·迭戈Durán，Fray Diego

多夫莱尔，路易·尼古劳D'Owler，Luis Nicolau

F

梵天（神）Brahma

费姆佩列克Fempellec

芬特，比亚特丽丝·德拉Fuente，Beatriz de la

丰塞拉达·德莫利纳，马尔塔Foncerrada de Molina，Marta

佛兰，W.J.，Folan，William.J.

弗尔斯特曼，恩斯特Förstemann，Ernst

弗莱彻，B.，Fletcher，B.

弗朗西斯科·巴斯克斯·德科罗纳多Francisco Vázquez de Coronado

弗斯特，彼得Furst，Peter

G

盖顿，A.H.，Gayton，A.H.

甘恩，托马斯Gann，Thomas

哥伦布，克里斯托弗Columbus，Christopher（Colón，Cristóbal）

格雷厄姆，伊恩Graham，Ian

格雷罗，劳尔·弗洛雷斯Guerrero，Raúl Flores

格里哈尔瓦，胡安·德Grijalva，Juan de

格罗索，伊瓦拉Grosso，Ibarra

根德罗普，保罗Gendrop，Paul

H

哈伯兰Haberland

哈钦森，T.J.，Hutchinson，T.J.

海策Heizer

海登，多丽丝Heyden，Doris

赫尔穆特，N.M.，Hellmuth，Nicolas M.

黑尔弗里希，K.，Helfrich，K.

洪堡，弗里德里希·威廉·海因里希·亚历山大·冯Humboldt，Friedrich Wilhelm Heinrich Alexander von

胡安，约瑟夫Juan，Josef

霍洛特尔Xolotl

霍姆斯，威廉·亨利Holmes，William Henry

J

基德尔，A.V.，Kidder，A.V.

基纳特辛Quinatzin

基切玛雅（人）Quiché Maya

基希霍夫，保罗Kirchhoff，Paul

吉福德Gifford

吉普赛（人）Gypsy

吉耶曼，乔治Guillemin，George

加林多，胡安Galindo，Juan

加斯帕里尼，G.，Gasparini，G.

加伊，C.，Gay，C.

杰斐逊，托马斯Jefferson，Thomas

金斯伯勒Kingsborough

K

卡尔内克，E.E.，Calnek，Edward E.

卡兰查，安东尼奥·德拉Calancha，Antonio de la

卡卢尤Caluyu

卡乔特，R.卡里翁，Cachot，R. Carrión

卡瑟伍德，弗雷德里克Catherwood，Frederick

卡斯蒂略，贝尔奈·迪亚斯·德尔Castillo，Bernai Díaz del

卡斯塔涅达，卢西亚诺Castañeda，Luciano

卡索-安德拉德，阿方索Caso y Andrade，Alfonso

卡韦略·巴尔沃亚，米格尔Cabello Balboa，Miguel

卡维尔，西海·钱（"风暴天王"）K'awiil，Sijay Chan（Stormy Sky）

卡维尔，伊金·钱K'awiil，Yik'in Chan

卡维尔一世，哈萨夫·钱（阿·卡卡奥）K'awiil I，Jasaw Chan（Ah Cacao）

凯莉，I.，Kelly，I.

凯利，D.，Kelley，D.

坎彭，M.E.，Kampen，M.E.

考瓦路比亚·迪克洛，何塞·米格尔Covarrubias Duclaud，José Miguel

科，迈克尔·道格拉斯Coe，Michael Douglas

科，威廉·罗伯逊Coe II，William Robertson

科阿特利夸（神）Coatlicua

科尔特斯，埃尔南Cortés，Hernán

科尔瓦坎（部族）Colhuacan

科霍达斯，M.，Cohodas，M.

科沃，贝尔纳韦Cobo，Bernabe

科西霍（另译科奇乔，神）Cocijo

科约尔绍基（神，又作柯约莎克）Coyolxauhqui

克拉维赫罗，弗朗西斯科·哈维尔Clavigero，Francisco Javier

克雷基-蒙福尔，G. 德，Créqui-Montfort，G.de

克罗伯，A.L.，Kroeber，A.L.

克诺罗佐夫，尤里Knorozov，Yuri

库布勒，乔治Kubler，George

库尔蒂Courty

库格勒，弗兰茨·特奥多尔Kugler，Franz Theodor

库克，卡门Cook，Carmen

库里卡韦里（神）Curicáveri

夸乌特莫克（另译库奥赫特莫克）Cuautémoc（Cuauhtémoc）

魁札尔科亚特尔（克查尔科阿特尔，库库尔坎，神）Quetzalcóatl（Quetzalcohuātl，Kukulkán）

魁札尔科亚特尔-伊厄卡特尔（神）Quetzalcóatl-Ehécatl

昆崔，卡拉Cunchui，Calla

L

拉宾Rabin

拉坎东斯（人）Lacandons

拉蒙·德奥多涅斯-阿吉拉尔Don Ramon de Ordoñez y Aguilar

莱昂，N.，León，N.

赖歇，玛丽亚Reiche，Maria

兰达，弗雷·迭戈·德Landa，Fray Diego de

兰宁Lanning

兰松（神）Lanzón

勒泰利耶，夏尔·莫里斯Le Tellier，Charles Maurice

雷蒙迪，安东尼奥Raimondi，Antonio

雷纳尔，纪尧姆·托马斯·弗朗索瓦Raynal，Guillaume

Thomas François

里奥，安东尼奥·德尔 Río，Antonio del

里马奇，瓦尔帕Rimachi，Huallpa

里韦罗-乌斯塔里斯，马里亚诺·爱德华多·德Rivero y Ustáriz，Mariano Eduardo de

利特瓦克，海梅Litvak，Jaime

鲁宾，W.，Ruben，W.

鲁斯-吕利耶，阿尔贝托Ruz-Lhuillier，Alberto

伦德尔，赛勒斯·朗沃斯Lundell，Cyrus Longworth

罗，约翰Rowe，John

罗伯逊，威廉Robertson，William

罗卡，辛奇Roca，Sinchi

罗卡，印加Roca，Inca

罗伊斯，R.L.，Roys，R.L.

洛思罗普，S.K.，Lothrop，S.K.

M

马戈利斯，L.，Margolies，L.

马基纳，伊格纳西奥Marquina，Ignacio

马勒，泰奥伯特Maler，Teobert

马里坎奇Maricanchi

马奎休奇尔（神）Macuilxochil

玛雅（人）Maya

迈奥伊德（人）Mayoid（Mayoïde）

迈尔斯Miles

麦克尼什，理查德·斯托克顿MacNeish，Richard Stockton

曼格尔斯多夫，保罗·克里斯托夫Mangelsdorf，Paul Christoph

梅萨Mesa

门塞尔Menzel

蒙特霍（小蒙特霍，蒙特霍二世），弗朗西斯科·德Montejo II，Francisco de

蒙特祖马二世Montezuma（Moctezuma）II

蒙特祖马一世（大帝）Montezuma（Moctezuma）I

蒙田，米歇尔·埃康·德Montaigne，Michel Eyquem de

米登多夫，E. W.，Middendorf，E. W.

米恩斯，P.A.，Means，P.A.

米开朗琪罗Michelangelo

米克斯科亚特尔（神）Mixcóatl

米克斯科亚特尔Mixcóatl

米克特兰堤库特里（神）Mictlantecutli
米勒，阿瑟Miller，Arthur
米勒，弗洛伦西亚Müller，Florencia
米隆，勒内Millon，René
米斯特克（人）Mixtecs（Mixtèques）
明昌克曼Minchançaman
莫雷诺，希门尼斯Moreno，Jiménez
莫利，西尔韦纳斯·格里斯沃尔德Morley，Sylvanus Griswold
莫奇卡（人）Mochica
莫泽Moser
莫兹利，阿尔弗雷德·珀西瓦尔Maudslay，Alfred Percival
墨西卡（人）Mexica
穆尔希耶拉戈（神）Murciélago

N

内贝尔Nebel
内萨瓦尔科约特尔Nezahualcóyotl
纳纳瓦特辛（神）Nanahuatzin
纳瓦特（人）Nahuatl（Náhuat）
奈姆拉普Naymlap
南亨平科Nangenpinco
尼文，W.，Niven，W.
聂鲁达，巴勃鲁Neruda，Pablo
诺帕尔特辛Nopaltzin

P

帕查卡马克（神）Pachacamac
帕查库蒂Pachacuti（Pachacutec）
帕多克，约翰Paddock，John
帕卡尔（大王）Pakal（Pacal the Great，K'inich Janaab' Pakal）
帕森斯，L.，Parsons，L.
帕斯，奥克塔维奥Paz，Octavio
帕斯托里，埃丝特Pasztory，Esther
帕瓦赫吞（神）Pawajtuun
帕永，何塞·加西亚Payón，José García
彭德格斯特，D.M.，Pendergast，D.M.
皮皮尔（人）Pipils
皮萨罗·冈萨雷斯，弗朗西斯科Pizarro González，Francisco

皮陶-克索比（神）Pitao Cozobi
普赖斯，B.J.，Price，B.J.
普罗斯库里亚科娃，塔季扬娜Proskouriakoff，Tatiana（Proskuriakova，Tat'yana Avenirovna）
普彤（人）Putun

Q

奇玛尔玛Chimalma
奇奇梅克（人）Chichimec
奇特拉丽丘Citlalicue
乔皮克，M.H.，Tschopik，M.H.

S

萨巴特克（人）Zapotecs（Zapotèque）
塞尔登，约翰，Selden，John
塞茹尔内，劳蕾特Séjourné，Laurette
桑德斯，W.T.，Sanders，William T.
森泰奥特尔（神）Centéotl
沙里奥，让Chariot，Jean
尚，罗曼·皮尼亚Chán，Román Piña
舍德尔，R.P.，Schaedel，R.P.
舍恩杜贝，奥托Schöndube，Otto
舍尔哈斯，P.，Schellhas，P.
史密斯，A.莱迪亚德，Smith，A. Ledyard
斯蒂芬斯，约翰·劳埃德Stephens，John Lloyd
斯科帕斯Scopas
斯奎尔，E.G.，Squier，E. G.
斯平登，H.J.，Spinden，H. J.
斯特朗，W.D.，Strong，W.D.
斯特林，马修·威廉Stirling，Matthew Williams
索奇奎特萨尔（神）Xochiquetzal
索耶Sawyer

T

塔格尔，H.D.，Tuggle，H.D.
塔拉斯卡（人）Tarasca（Tarasques）
泰卡纳莫Taycanamo
汤普森，E.H.，Thompson，E. H.
汤普森，约翰·埃里克·悉尼（爵士），Thompson，Sir John Eric Sidney

特波斯特卡特尔（神）Tepoztecatl
特库希斯特卡特尔（神）Tecuciztécatl
特拉尔泰库特利（神）Tlaltecutli
特拉洛克（神）Tláloc
特拉索尔特奥特尔（神，又作特拉索莉捷奥特莉、特拉佐蒂奥托）Tlazoltéotl（Tlaçolteotl，Tlaelquani）
特拉维斯卡尔潘特库特利（神）Tlahuizcalpantecuhtli
特莱洛特拉克（部族）Tlailotlac
特里克，奥布里，Trik，Aubrey
特略，J.C.，Tello，J.C.
特罗伊克Troike
特洛克-纳瓦克（神）Tloque-Nahuaque
特洛特辛Tlotzin
特诺奇Ténoch
特诺奇卡（部族）Tenochca
特帕内克（部族）Tepanec
特乔特拉拉Techotlala
特斯卡特利波卡（神）Tezcatlipoca
提佐克Tízoc
托尔特克（人）Toltec（Toltèques）
托尔特克-奇奇梅克（人）Toltèques-Chichimèques
托克马达，弗赖·胡安·德Torquemada，Fray Juan de
托纳蒂乌（托南辛，神）Tonatiuh
托皮尔辛Topiltzin
托斯卡诺，萨尔瓦多Toscano，Salvador
托托纳克（人）Totonac（Totonaque）
托泽，A.M.，Tozzer，A.M.

W

瓦尔德克（男爵），让-弗雷德里克·马克西米利安Waldeck，Jean-Frédéric Maximilien de，Baron
瓦尔拉特，马修Wallrath，Matthew
瓦利亚塞Wallace
瓦斯特克（人）Huastec（Huaxtèque）
威济洛波特利（神）
威拉德Willard
威利，G.，Willey，G.
威廉Williams
威纳，查理Wiener，Charles
韦弗，缪里尔·波特Weaver，Muriel Porter
韦马克Huémac

韦斯特海姆，保罗Westheim，Paul
韦韦特奥特尔（神）Huehuetéotl
维奥莱-勒-迪克Viollet-le-Duc
维加，加尔西拉索·德拉Vega，Garcilaso de la
维齐洛波奇特利（神）Huitzilopochtli
温-阿哈夫（神）Hun Ajaw
温宁，哈索·冯，Winning，Hasso von
沃尔夫，埃里克·罗伯特Wolf，Eric Robert
乌勒，马克斯Uhle，Max
乌纳布-库（神）Hunab Ku
乌伊斯托希瓦托（神）Huixtocihuatl

X

西佩托堤克（神，"剥皮之主"）Xipe Totec（Our Lord the Flayed One）
西佩-托特克（神）Xipe Tótec
希洛内（神）Xilonen
希帕克特里（神）Cipactli
希斯韦特Gisbert
夏内，克劳德-约瑟夫·德西雷Charnay，Claude-Joseph Désiré
休科亚特尔（神）Xiuhcóatl
休奇皮里（神）Xochipilli
修堤库特里（神）Xiuhtecuhtli

Y

亚历山大（大帝）Alexandre le Grand
亚威佐特Ahuitzotl
伊察姆纳（神）Itzamna
伊察姆纳赫（神）Itzamnaaj
伊厄科特尔（神）Ehecatl
伊顿，杰克Eaton，Jack
伊维蒂马尔Ihuitimal
伊希切尔（神）Ixchel
伊兹柯阿特尔Itzcóatl
印加，托帕Inca，Topa
尤姆-卡克斯（神）Yum Kax
尤潘基，图帕克Yupanqui，Tupac

Z

泽勒，爱德华Seler，Eduard

附录三　主要参考文献

George Kubler：***The Art and Architecture of Ancient America，the Mexican，Maya and Andean Peoples***，Yale University Press，1990

Paul Gendrop，Doris Heyden：***Architecture Mésoaméricaine***，Paris，Berger-Levrault，1980

Eduardo Matos Moctezuma：***Trésors de l'Art au Mexique***，La Bibliothèque des Arts，2000

Nikolai Grube（edited by）：***Maya，Divine Kings of the Rain Forest***，Könemann

Henri Stierlin：***The Maya，Palaces and Pyramids of the Rainforest***，Taschen，1997

Tatiana Proskouriakoff：***An Album of Maya Architecture***，New York，Dover Publications，Inc.，2002

Jeff Karl Kowalski（edited by）：***Mesoamerican Architecture as a Cultural Symbol***，New York·Oxford，Oxford University Press，1999

Mary Ellen Miller：***The Art of Mesoamerica，from Olmec to Aztec***，Thames & Hudson，2001

Nigel Hughes：***Maya Monuments***，Antique Collectors' Club，2000

Michael E.Smith：***The Aztecs***，Blackwell Publishers，2002

Dolores Gassós：***The Mayas***，Chelsea House Publishers，1997

Nigel Davies：***The Ancient Kingdoms of Peru***，Penguin Books，2006

Carolina A Miranda and others：***Discover Peru***，Lonely Planet，2013

Michael E.Moseley：***The Incas and Their Ancestors，the Archaeology of Peru***，Thames & Hudson，2001

Fabio Bourbon：***The Lost Cities of the Mayas，the Life，Art，and Discoveries of Frederick Catherwood***，Artes de México，1999

B.J.Novitski：***Rendering Real and Imagined Buildings***，Rockport Publishers，1998

Spiro Kostof：***A History of Architecture，Settings and Rituals***，Oxford University Press，1995

Dan Cruickshank（ed.）：***Sir Banister Fletcher's A History of Architecture***，20th edition，Architectural Press，1996

George Mansell：***Anatomie de l'Architecture***，Berger-Levrault，Paris，1979

Henri Stierlin：***Comprendre l'Architecture Universelle***，II，Office du Livre，Paris，1977

J.G.Heck：***Heck's Pictorial Archive of Art and Architecture***，Dover Publications，Inc.，1994

John Julius Norwich（general editor）：***Great Architecture of the World***，Da Capo Press，2000

Jukka Jokilehto：***A History of Architectural Conservation***，Butterworth-Heinemann，2002

Leonardo Benevolo：***Storia della Città***，Editori Laterza，Roma，1975

Henry A.Millon（edited by）：***Key Monuments of the History of Architecture***，Harry N.Abrams，Inc.，Publishers，New York

D.M.Field：***The World's Greatest Architecture，Past and Present***，Chartwell Books，Inc.

Chris Scarre（edited by）：***The Seventy Wonders of the Ancient World***，Thames & Hudson，1999

Marvin Trachtenberg，Isabelle Hyman：***Architecture，from Prehistory to Post-modernism***，Harry N.Abrams，Inc.，1986

Colin Renfrew（foreword）：***Virtual Archaeology***，Thames & Hudson，1997

Jonathan Glancey：***The Story of Architecture***，A Dorling Kindersley Book，2000

Patrick Nuttgens：***Les Merveilles de l'Architecture***，Editins Princesse，1980

图 版 简 目

·上册·

第一章 导论

第一部分 墨西哥文明

第二章 墨西哥中部地区（前古典及古典时期）

第三章 墨西哥中部地区（后古典时期）

第四章 墨西哥海湾地区

第五章 墨西哥其他地区

·中册·

第二部分 玛雅及其邻近地区

第六章 玛雅（古典时期，一）

第七章 玛雅（古典时期，二）

第八章 玛雅（托尔特克时期）

第三部分 印加文明

引言

第九章 安第斯山北部及中北部地区

第十章 安第斯山中部地区